Cocos Creator
微信小游戏开发实战

王绍明　编著

电子工业出版社.

Publishing House of Electronics Industry

北京·BEIJING

内 容 简 介

本书旨在为微信小游戏开发者或想进入微信小游戏开发行列的人提供一个快速学习微信小游戏开发的入口。本书涵盖了 Cocos Creator 游戏引擎开发的基础知识、编辑器各个面板的使用方法、UI 系统、控制系统、物理引擎、音/视频播放等内容，并对多个真实项目的开发进行了讲解，使读者能够快速了解 Cocos Creator 游戏引擎的知识点、开发流程、项目结构、开发思路，进而熟练使用 Cocos Creator 编辑器的各个面板。

本书实用性较强，适合零基础的学习者，也适合想要学习 Cocos Creator 开发的从业人员。针对 Cocos Creator 游戏引擎的知识点及应用，本书提供了大量的练习项目，供零基础的开发者、游戏爱好者进行实战练习，快速掌握小游戏开发的方法。

图书在版编目（CIP）数据

Cocos Creator 微信小游戏开发实战 / 王绍明编著. —北京：电子工业出版社，2020.4

ISBN 978-7-121-38615-2

Ⅰ．①C… Ⅱ．①王… Ⅲ．①移动电话机－游戏程序－程序设计 Ⅳ．①TP317.67

中国版本图书馆 CIP 数据核字（2020）第 034495 号

责任编辑：张月萍　　　特约编辑：田学清

印　　刷：河北虎彩印刷有限公司

装　　订：河北虎彩印刷有限公司

出版发行：电子工业出版社

　　　　　北京市海淀区万寿路 173 信箱　　　　邮编：100036

开　　本：787×1092　　1/16　　印张：30.25　　字数：774 千字

版　　次：2020 年 4 月第 1 版

印　　次：2025 年 3 月第 4 次印刷

定　　价：118.00 元

凡所购买电子工业出版社图书有缺损问题，请向购买书店调换。若书店售缺，请与本社发行部联系，联系及邮购电话：（010）88254888，88258888。

质量投诉请发邮件至 zlts@phei.com.cn，盗版侵权举报请发邮件至 dbqq@phei.com.cn。

本书咨询联系方式：010-51260888-819，faq@phei.com.cn。

前　　言

在 2018 的微信公开课 Pro 上，时任微信游戏的产品总监孙春光向我们展示了小游戏的相关数据：上线不到 20 天，小游戏累积用户 3.1 亿人次；"跳一跳"的日活跃用户超过 1 亿人次。小游戏不需要下载、安装、注册，有些小游戏在网络信号不好的情况下还可以离线运行，而且都是以简单化、轻量级、短时间为主的，进入门槛十分低。再加上微信 9.8 亿人次的日活跃用户数，小游戏想不火都难。

还有一组数据：在小游戏的用户来源中，只有 37% 是游戏活跃用户，41% 是游戏流失用户，22% 是非游戏用户。可以说，小游戏吸引了 63% 的非重度游戏用户，这不禁让人想起了当年 QQ 空间、开心网等社交平台上偷菜游戏盛行的光景。"跳一跳"在 2018 年单月的搜索量为 2.7 亿次，广告收入达 1 亿元左右。

小游戏之所以成了风口，因为它是基于微信这个超强的社交平台的。基于微信的许多功能在行业内几乎都能掀起风浪，比如微信公众号的出现，让其他企业也开始了内容平台的建设。微信小程序上线后，许多应用也纷纷效仿，但是这些应用不是为了跟风而跟风。

借此风口，小游戏从业者迎来了一波高潮，目前市面上急需优秀的小游戏开发者，各大招聘平台、游戏类贴吧及论坛，都在疯狂招聘小游戏开发人员，但难以招聘到，大量的市场缺口决定了小游戏开发者的高薪和就业前景。而在小程序开发工具中，Cocos Creator 是其中的佼佼者。

正是在这种情况下，我们编写了本书，希望可以帮助广大开发者快速学习掌握小程序开发。本书从小游戏的发展历程开始讲起，然后对 Cocos Creator 游戏引擎的开发工具进行介绍，讲解 Cocos Creator 游戏引擎的基本知识、编辑器的各个面板的安装与使用、常用的图像组件、UI 组件、动作系统、事件监听、物理系统、音视频播放、热更新等知识点。书中有大量的实战项目讲解，使零基础的开发人员可以快速熟悉 Cocos Creator 编辑器的使用方法，掌握 Cocos Creator 开发微信小游戏的知识，深入了解使用 Cocos Creator 游戏引擎开发小游戏项目的项目结构、跨平台构建发布、游戏功能实现的脚本编写思路。

因作者水平和成书时间有限，本书难免存有疏漏和不当之处，敬请广大读者批评指正。

本书特色

1. 涵盖面广

本书包括 Cocos Creator 游戏引擎的基础知识、编辑器的各个面板的使用、脚本开发的一些常用方法、UI 组件、物理系统、事件监听等知识点，并在相关章节对进阶知识进行了讲解，如 Cocos Creator 的内存管理、编辑器的扩展、热更新等内容。

2. 循序渐进

本书对 Cocos Creator 游戏引擎的知识进行分层讲解，由易到难，由浅入深，由初识、了解到项目实战，循序渐进，逐渐掌握 Cocos Creator 开发小游戏。本书内容层次明确，非常适合零基础读者进行学习、训练。

3. 实例引导

本书涵盖了大量的项目，并通过项目介绍了 Cocos Creator 游戏引擎的知识点的应用。本书从项目开发的角度出发，引导初学者快速掌握 Cocos Creator 项目开发的基本方法，深入了解项目结构、项目功能实现的思考方式、相关知识点的使用技巧，以及同类别的游戏功能的归类，以达到提升初学者的项目开发能力及思考能力的目的。

4. 注释详尽

由于本书涉及的代码很多，为了让读者轻松掌握代码的功能，代码注释非常详细。

本书内容及体系结构

第 1 章　小游戏

本章主要讲解了小游戏的发展历程及其当前的市场行情，并对 Cocos Creator 游戏引擎进行了简单介绍，引入了一个项目"Hello World"。

第 2 章　编辑器

本章主要讲解了 Cocos Creator 编辑器各个面板的安装与使用，包括编辑器中的层级管理器、属性检查器、资源管理器、场景编辑器、控制台等不同的面板，以及各个面板的使用场景、操作方法、操作技巧等。

第 3 章　脚本开发

本章主要讲解了 Cocos Creator 游戏引擎的脚本开发；脚本中的属性管理、常用方法；脚本间的相互引用；游戏场景的切换；事件的监听；计时器的实现等。使用这些常用的脚本只能开发一些简单的游戏项目。

第 4 章　子系统

本章讲解了 Cocos Creator 游戏引擎的子系统，学习 Cocos Creator 的图像、渲染、动画系统、物理系统、音频和视频等知识。

第 5 章　UI 系统

本章讲解了 Cocos Creator 游戏引擎的 UI 系统，学习 Cocos Creator 开发中的一些常用 UI 组件，以及这些 UI 组件的特性及使用场景，利用这些 UI 组件可以快速搭建游戏项目的场景。

第 6 章　Cocos Creator 提高

本章讲解了 Cocos Creator 游戏引擎的进阶知识，包括 Cocos Creator 编辑器的扩展、热更新的原理及实现、内存管理、微信的关系链等扩展知识。

第 7 章　精准射击

本章通过讲解"精准射击"这一简单项目，加深读者对 Cocos Creator 编辑器的使用熟练度，以及对脚本中的一些常用方法的理解，巩固前面所学的知识。

第 8 章　摇杆控制

本章通过讲解"摇杆控制"这一简单项目，使读者理解与应用脚本中的触摸事件，使读者掌握摇杆控制这类游戏的实现原理及编写思路，巩固前面所学的知识。

第 9 章　跳一跳

本章通过讲解"跳一跳"这一简单项目，使读者初步认识物理系统中的碰撞，掌握键盘控制角色这类游戏的实现原理及编写思路，巩固前面所学的知识。

第 10 章　地图路径

本章通过讲解"地图路径"这一简单项目，使读者掌握游戏项目中不规则地图路径的制作与读取，控制角色沿着不规则地图路径行走，巩固前面所学的知识。

第 11 章　触摸控制角色移动射击

本章通过讲解"shoot"这一简单项目，学习触摸控制角色移动、射击的编写思路，掌握触摸控制角色这类游戏的实现原理及编写思路，巩固前面所学的知识。

第 12 章　NPC 的控制

本章通过讲解"NPC"这一简单项目，使读者初步认识游戏中的 NPC，掌握 NPC 这类游戏的实现原理及编写思路，巩固前面所学的知识。

第 13 章　天气效果——雨

本章通过讲解"rain"这一简单项目，使读者掌握通过脚本编写实现天气效果的思路，巩固前面所学的知识。

第 14 章　打地鼠

本章通过讲解"打地鼠"这一简单项目，使读者掌握按规则生成角色这类游戏的实现原理及编写思路，巩固前面所学的知识。

第 15 章　消消乐

本章通过讲解"消消乐"这一简单项目，使读者掌握消除这类游戏的实现原理及编写思路，巩固前面所学的知识。

第 16 章　捕鱼达人

本章通过讲解"捕鱼达人"这一简单项目，使读者理解不规则地图路径的实现原理，巩固前面所学的知识。

第 17 章　趣味套牛

本章通过讲解"趣味套牛"这一简单项目，使读者能够使用 Cocos Creator 编辑器完整地开发一个项目，利用 Cocos Creator 编辑器构建/发布微信小游戏到微信平台，实现游戏中的一些简单动画，了解按钮单击事件及处理的编码思路，巩固前面所学的知识。

第 18 章　趣味桌球

本章通过讲解"趣味桌球"这一简单项目，使读者掌握复杂碰撞系统这类游戏的实现原理及编写思路，巩固前面所学的知识。

第 19 章　点我+1

本章通过讲解"点我+1"这一简单项目，使读者掌握"点我+1"游戏的逻辑实现思路，巩固前面所学的知识。

第 20 章　跑酷

本章通过讲解"熊猫跑酷"这一简单项目，使读者理解碰撞系统，并掌握跑酷这类游戏的实现原理及编写思路，巩固前面所学的知识。

第 21 章　抽奖游戏

本章通过讲解"转盘抽奖游戏"这一简单项目，使读者掌握弱联网在线的游戏数据请求与响应、简单的抽奖动画的脚本编写思路，巩固前面所学的知识。

第 22 章　疯狂坦克

本章通过讲解"疯狂坦克"这一简单项目，使读者通过学习项目代码的拆分、复杂场景的搭建、多关卡的关卡搭建，加深对碰撞系统的理解，巩固前面所学的知识。

第 23 章　橡皮怪

本章通过讲解"橡皮怪"这一简单项目，使读者通过学习计时器在游戏中的使用方法，加深对碰撞系统的理解，巩固前面所学的知识。

第 24 章　棍子英雄

本章通过讲解"棍子英雄"这一简单项目，使读者通过学习整个项目代码的拆分思路、纯颜色规则图形的绘制、Cocos Creator 游戏引擎的本地存储管理，巩固前面所学的知识。

本书读者对象

- 微信小游戏开发的初学者。
- 游戏开发的初学者。
- Cocos Creator 游戏引擎的初学者。
- JavaScript 前端工程师。
- 其他对微信小游戏感兴趣的各类人员。

目　　录

第一篇　基础知识

第二篇　实战案例

第一篇

基础知识

第 1 章　小游戏

本章主要讲解小游戏的现状及发展历程，而且针对微信小游戏的现状做进一步分析，对微信小游戏官方开发工具 Cocos Creator 游戏引擎及 Cocos Creator 游戏开发编辑器进行简单介绍，了解学习 Cocos Creator 的安装与启动，并使用 Cocos Creator 编辑器开发了一个项目"Hello World"。

1.1　初识小游戏

本节主要讲解小游戏的发展历程；微信小游戏目前的巨大市场与利润；小游戏开发人员的市场需求。

1.1.1　小游戏是什么

电子游戏自出现起，至今几十年间发展迅速。何为小游戏，严格来说，是没有标准答案的，当年的一款大游戏，如今都可以被看作一款小游戏，这是科技不断发展的结果。由于现阶段人们的工作压力比较大，没有太多时间和精力去玩大游戏，因此真正的小游戏越来越流行，碎片时间游戏越来越受欢迎，这类游戏被称为桌面游戏，而且这类游戏全由 Flash 做成。这类游戏的一个特点是容量较小，并且是轻量的，占用玩家时间很短，玩家可以在碎片时间进行休闲娱乐。

小游戏的发展时间不长，一直未得到广泛关注，最初国内知名的小游戏网站比较少，如 4399 游戏、小黑游戏、7K7K 游戏和 2144 游戏，它们都是以收集大量的小游戏并摆列在网站上为主要卖点的。其中，4399 小游戏网站是这类网站的代表，号称中国最大的 Flash 游戏集中网站，在 2012 年提供了 8 万余款 Flash 游戏，并将游戏分为动作、体育、益智、射击、搞笑、冒险、棋牌、策略、敏捷、综合、休闲、装扮、儿童和测试游戏等主要类别，玩家可以根据类别选择自己喜欢的游戏。

从 2007 年年底开始，网页游戏的市场日趋火爆，越来越受到人们的欢迎，而小游戏作为网页游戏的一个重要组成部分，也受到了人们广泛的喜爱与关注。另外，Facebook、MySpace、校内网、开心网等一大批 SNS 社交网站也迅速崛起，集成小游戏成了这些 SNS 社交网站留住用户的重要手段。体积较小、休闲和娱乐性很强的小游戏，尤其是 Flash 小游戏就成了 SNS 社交网站最热门的选择，这大大促进了小游戏的发展。Facebook 是这类网站的代表，其网站上就有一些比较受欢迎的游戏，如 Green Path。而且，自 2008 年以来，以小游戏概念为核心，引入 SNS

社区的网站也得到了极大发展。这类网站比较突出的特点是精选一些休闲型和趣味性较好的小游戏，并且充分开发这些游戏的增值点，引入积分上传机制，具备好友实时对战和擂台赛机制，鼓励玩家组队比拼，将休闲娱乐与竞技文化相结合；具有完备的 Web 2.0 功能，如圈子、标签、博客/日期和实时聊天功能。米多网的 UI 风格简洁，与 Facebook、MySpace 网站风格相近，米多网面向白领及高端用户，充分发挥了小游戏的参与性强，娱乐性也强的优势，使玩家可以在游戏中发现新的朋友和关系，将孤立的小游戏改造成一种新型的通信利器，是小游戏+SNS 社区的典范。

随着互联网的快速发展，依托于各大平台，尤其是拥有近 10 亿流量入口的微信平台，小游戏得到了突破性的发展，新时代快节奏的生活，更是促进了小游戏的发展。

微信平台的构建，为小游戏提供了巨大的流量入口及变现入口，并为其提供了完整的商业模式生态圈。很多国内外的公司纷纷加入微信小游戏平台，进行疯狂的扩张及变现。

1.1.2　微信小游戏

微信小游戏是轻量级的、根植于微信客户端的游戏，在微信客户端搜索、点击进入试玩，不需要下载安装，大大提升了游戏体验和进入游戏的便捷度。微信小游戏利用了微信社交圈，在游戏中，玩家可以和好友一起玩，提升了游戏的娱乐性，同时也提升了微信自身的活跃度。

在 2017 年 12 月 28 日这一天，微信 6.6.1 版本正式开放了微信小游戏，微信小游戏从此诞生，与此同时，微信官方公布了微信小游戏的开发文档和简易的开发工具。

微信上线的第一款小游戏是"跳一跳"。2018 年 1 月，微信入口单月搜索量近 3 亿次，此款游戏虽然简单，但给微信带来了新的突破和机遇，大大丰富了微信的内容及活跃度，为微信打开了一扇新的大门。

"跳一跳"的游戏规则很简单：玩家通过点击手机屏幕控制一枚棋子从一个方块跳到另一个方块，跳跃成功则得分，跳跃失败则游戏结束，而跳跃至方块中心点或一些特殊方块，会得到额外的分数奖励。"跳一跳"每周都会刷新玩家的分数排名，此外，它还具备了丰富的游戏玩法，提升了娱乐性和用户参与度，增加了好友一起跳的机制。在游戏中，玩家还可以创建虚拟房间，和好友轮流控制方块的跳跃。

微信团队开发这款"跳一跳"小游戏，就是希望在这个快节奏的时代，提醒大家"停下来，放松一下"，或独自享乐，或和好友进行比赛，给自己一些享受乐趣的时间和机会。甚至有一些网友表示，"跳一跳"的游戏操作虽然看似"简单粗暴"，但若细细品味这些操作，就会发现其中还透着一丝若有若无的生活智慧，如"适当停止是为了更大的收获""欲速则不达""与'快'相比，'稳'更重要"等，可见游戏带来娱乐的同时，也带来了一些其他价值。

微信小游戏并不是一场革命，传统的手机游戏依然有生存空间，微信小游戏由于不需要下载安装包且较轻量，游戏时比较流畅，更适合休闲类游戏的生长和发展。

未来的微信小游戏将是广告（高活跃）和虚拟道具（高收入）齐头并进的局面，在前期以高活跃为主，当活跃度达到一定程度后，再发力高收入。

未来，小游戏将和 APP 游戏打通，玩家可以在 APP 游戏中分享小游戏及小程序给微信好友，也可以通过小游戏唤醒 APP 游戏，并且这一功能将开放给所有厂商。

由于微信小程序具有"即点即玩"的特点，微信小游戏和微信其他业务完全打通以后，将会有更大的发展空间。比如，在微信公众号文章底部附上小游戏链接，用户看完文章以后点击进去就能玩；微信小游戏在微信朋友圈进行信息流广告投放，也能实现十分有效的拉新。

微信小游戏在前期会专注于"高传播性"与"口碑较好"的游戏类型定位。微信官方希望在前期给微信小游戏树立的形象就是"小而美"，通过精品游戏提高整个微信小游戏平台的格调。

微信官方也表示已经和许多厂商建立了合作关系，未来会有多款育碧旗下 Ketchapp 作品接入微信小程序平台。

微信针对旗下小游戏开发，开放了 200 多个 API 及 30 多个功能项，丰富了游戏内容及玩法，使微信小游戏富有巨大的想象空间和开发空间。

微信小游戏可通过道具内购、流量广告快速变现，通过关联微信小程序、微信公众号进行二次变现。微信小游戏自带关系链，可以利用病毒式传播降低推广成本。微信官方提供细腻、健全的管理端，可对小游戏进行实时监控、数据统计、广告变现接入与统计。微信小游戏具有轻量级、高转发、变现快的特点。

随着微信小游戏更多 API 的开放，游戏类型等级会实现多元化，变现方式也会随着商业的成熟变得多元化。

1.1.3　微信小游戏官方开发工具

微信小游戏的运行环境为微信的原生环境，其 JavaScript 代码并不是通过浏览器来执行的，而是通过 JSVM 层独立的 JavaScript 引擎来执行的。微信小游戏的 JavaScript 代码，在 Android 平台使用 Google 的 V8 引擎来执行，在 iOS 平台使用苹果的 JavaScriptCore 引擎来执行。

JavaScript 引擎只负责解释执行 JavaScript 逻辑，并没有支持渲染接口，渲染接口和诸多微信功能接口都是通过脚本绑定技术实现的，当脚本层调用接口时，会自动转发到原生层调用原生接口。微信小游戏的运行环境用的就是这种技术，将 iOS 和 Android 原生平台实现的渲染、用户、网络、音频等接口绑定为 JavaScript 接口，这就是微信原生层模块到小游戏层模块的实现原理。

使用微信官方开发工具生成的文件结构如下。

- game.js：小游戏入口文件。
- game.json：小游戏配置文件。
- JavaScript：脚本文件。

微信小游戏的生命周期如下。

```
// 退出当前小游戏
wx.exitMiniProgram(Object object)
// 返回小程序启动参数
LaunchOption wx.getLaunchOptionsSync()
// 监听小游戏隐藏到后台的事件，锁屏、按Home键退到桌面、显示在聊天界面顶部等操作会触
// 发此事件
wx.onHide(function callback)
// 取消监听小游戏隐藏到后台的事件，锁屏、按Home键退到桌面、显示在聊天界面顶部等操作
```

```
// 会触发此事件
wx.offHide(function callback)
// 监听小游戏回到前台的事件
wx.onShow(function callback)
// 取消监听小游戏回到前台的事件
wx.offShow(function callback)
```

微信小游戏和微信小程序使用的开发工具是一样的，只是在创建项目的时候选择的初始化类型不同。本书使用 Cocos Creator 开发微信小游戏，在测试、构建发布的时候，也需要使用微信小游戏开发工具。

1.2　Cocos Creator 游戏引擎

接下来主要介绍 Cocos Creator 游戏引擎及 Cocos Creator 的优缺点。

1.2.1　关于 Cocos Creator

1. Cocos Creator 游戏引擎的初步认识

（1）Cocos Creator 是一个功能非常全面的游戏引擎，开发者可以使用它来完成游戏开发、场景搭建、游戏逻辑实现、开发者偏好设置、游戏项目设置及游戏发布运行。从整个游戏的开发到发布运行，开发者都可以在 Cocos Creator 中操作。

（2）Cocos Creator 简单、各个面板独立，可以供开发团队进行很好的协作式开发。设计人员可以在 Cocos Creator 游戏引擎中进行游戏场景的搭建；开发人员可以在 Cocos Creator 游戏引擎中进行脚本编写，实现游戏的某些功能或逻辑。设计人员和开发人员在 Cocos Creator 游戏引擎中各自负责自己的工作，二者互不影响，提升了游戏的开发效率。

（3）Cocos Creator 由多个面板构成，包含设计、开发、预览、调试、发布的整个工作流所需的全功能一体化编辑器，更提供了开发者自主调整编辑器模块、扩展编辑器模块，具备很好的自主性及扩展性。

（4）Cocos Creator 目前支持多个平台发布，如 Web、iOS、Android 等平台，开发者在 Cocos Creator 游戏引擎中可以将开发的游戏同步发布至多个平台，根据发布平台配置相关信息，进行一次开发多平台发布运行。

（5）Cocos Creator 游戏引擎具有很好的扩展性，开发者可以通过安装特定插件 C++/Lua for Creator 在编辑器里编辑 UI 和场景，并且导出通用的数据文件，在 Cocos2d-x 引擎中加载运行。

2. Cocos Creator 的定位

Cocos Creator 提供了场景面板，在场景编辑面板中，设计人员可以通过拖曳快速搭建游戏场景、创作游戏动画，配合开发人员编辑脚本文件挂载到场景节点上，实现游戏的核心逻辑和功能。Cocos Creator 游戏引擎在 Cocos2d-x 引擎的基础上实现了彻底的脚本化、组件化、数据驱动等特性。

相比微信官方提供的小游戏开发工具，使用 Cocos Creator 可以快速开发微信小游戏，降低了学习成本、开发难度，提高了开发效率，缩短了开发周期，并且在一定程度上加快了小游戏的发展速度。

1.2.2　Cocos Creator 工作流程

在小游戏的开发阶段，Cocos Creator 可以为用户带来巨大的效率提升和创造力提升，但 Cocos Creator 所带来的提升不仅限于开发层面。对于一款成功的小游戏来说，开发、调试、SDK 集成、多平台发布、测试、上线这一整套工作流程要不断迭代重复，最终才能符合玩家的需求，而小游戏只有不断给玩家带来新奇和挑战，才能保持游戏的活跃度和游戏黏性。

Cocos Creator 的工作流程图如图 1-1 所示。

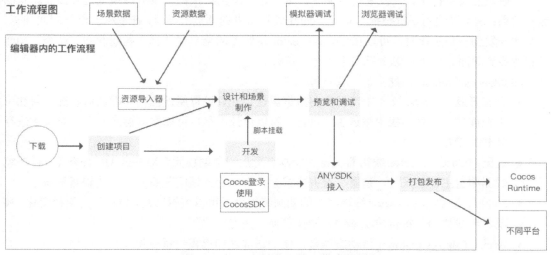

图 1-1　Cocos Creator 的工作流程图

Cocos Creator 有一个突出的特点是它整合了很多工具，开发者只需要在 Cocos Creator 中操作即可完成整个项目的开发、测试、预览、发布、上线，不需要再打开其他软件，大大提升了开发效率。这样一来，开发者就有大量的时间投入到游戏的核心逻辑、功能的实现上，丰富游戏的玩法，提升游戏的性能，为玩家带来更好的游戏体验。

（1）使用 Cocos Creator 编辑器创建和导入资源。

使用 Cocos Creator 将本地的图片、声音等资源拖曳到 Cocos Creator 的资源管理器面板中即可完成资源导入。开发者也可以在 Cocos Creator 中直接创建场景、预制体、动画、脚本文件、粒子等各类资源。

（2）使用 Cocos Creator 编辑器搭建场景内容。

使用 Cocos Creator 将一些项目资源添加到资源管理器面板后，利用项目中的资源就可以在编辑器的场景编辑面板中搭建游戏场景。场景是可见内容，在这里可以看到游戏的场景效果，设计人员可以根据游戏要求进行内容创作，协作开发。

通过场景编辑器添加不同的节点，这些节点用于展示游戏中的页面、音效资源（如游戏背景音效、游戏角色音效、NPC 音效等），也作为后续实现游戏交互功能的载体（开发者编辑脚本实现功能，将脚本文件挂载到节点上实现游戏效果）。

（3）使用 Cocos Creator 编辑器添加组件脚本，实现交互功能。

开发者可以根据游戏需要，在各个节点上挂载各种内置组件和自定义的脚本组件，来实现游戏的核心逻辑、玩家的交互、游戏的某个功能。从最基本的动画播放、按钮响应、触摸响应，到驱动整个游戏逻辑的主脚本和玩家角色的控制、NPC 的决策和思考、游戏背景的循环等，几乎游戏中所有的功能逻辑都是通过编辑挂载的脚本到场景中的对应节点来实现的。简单来说就是通过编辑脚本文件来实现游戏的逻辑、功能，并且将这些编辑的脚本文件挂载到对应的游戏节点上，实现整个游戏效果。

（4）使用 Cocos Creator 编辑器预览和发布。

在游戏开发过程中，开发者可以随时预览，通过浏览器预览、模拟器预览查看当前场景的运行效果；也可以使用手机扫描 Cocos Creator 编辑器中的预览二维码，在手机上进行游戏预览。当游戏开发到一定阶段时，可以在 Cocos Creator 编辑器的菜单栏选择"构建发布"命令，构建发布游戏到桌面、手机、Web 等多个平台上运行。

（5）Cocos Creator 功能上的一些特性如下。

- 分工开发：在脚本文件中可以声明数据属性，并且设置属性的初始默认值，这些属性可以在属性检查器面板中被调整、设置，所以设计人员也可以参与游戏开发，对参数进行调整、设置。
- 适配：Cocos Creator 编辑器支持智能画布适配和免编程元素对齐的 UI 系统（可以在编辑器中自主调整尺寸、位置、对齐方式），可以轻松适配任意分辨率的设备屏幕。
- 动画系统：Cocos Creator 编辑器中的动画编辑面板可以编辑动画，如动画的路径变化（移动、曲线移动、特定曲线移动、图像变换、角度变化等）。
- 调试：Cocos Creator 支持动态语言，使动态调试和远程调试变得简单、方便。
- 构建发布：借助 Cocos2d-x 引擎，开发者可以在菜单栏中选中"构建发布"命令，根据平台需要配置参数，进行一次开发多平台发布运行。
- 很好的扩展性：可进行插件扩展、编辑器扩展，极大适应了不同团队和项目的需要。

1.2.3　Cocos Creator 技术架构

Cocos Creator 中包含了游戏引擎、资源管理、场景编辑、游戏预览、游戏多平台发布等游戏开发中所需的全部功能，并且将所有的功能、工具链整合为一体，大大方便了开发人员的开发工作。

Cocos Creator 是以数据驱动、组件化为核心的一种游戏开发工具，在数据驱动、组件化等基础上融合了成熟的 JavaScript API 体系。这样一方面可以适应 Cocos Creator 系列引擎开发者的用户习惯，另一方面可以为美术人员、策划人员提供完备的内容创作生产（如场景、动画等）环境和实时预览（如浏览器预览、模拟器预览、手机预览）测试环境。

Cocos Creator 编辑器不仅提供了强大完整的工具链，还提供了开放式的插件架构，开发者能够使用 HTML+JavaScript 等前端通用技术轻松扩展编辑器功能，根据团队情况定制适合的工作流程，提高工作效率。

Cocos Creator 技术架构如图 1-2 所示。

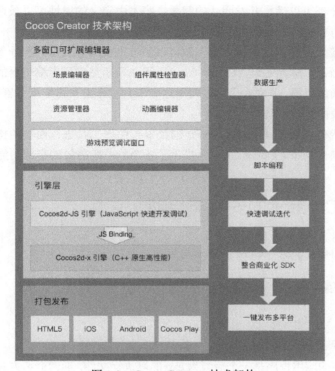

图 1-2　Cocos Creator 技术架构

游戏引擎和编辑器的结合，可以实现数据驱动（脚本）和组件化（节点脚本组件）的开发方式，以及设计师和程序员的合理分工合作，进而实现团队的协作式高效开发。

- 设计师可以在场景编辑器中搭建场景的图像表现，实现游戏场景。
- 程序员可以编辑脚本文件，并且将其挂载到场景任意物体上的功能组件（节点）。
- 设计师的主要工作是为需要展现特定行为的物体挂载组件，并且运行预览，以及通过调试各项参数达到游戏所需效果。
- 程序员的主要工作是编辑开发游戏所需要的数据结构和资源。
- 设计师的主要工作是在场景编辑器中通过图形化的界面配置各项数据和资源。

上面所述的工作流的开发理念是团队的协作式开发，让开发者根据自己的职能做擅长的工作，快速参与开发工作，能够顺畅地和团队其他成员配合，协作式高效开发。

Cocos Creator 支持 Windows 系统和 Mac 系统，双击该应用程序的图标即可启动运行该应用程序。相比传统的 Cocos2d-x，该应用程序将对配置开发环境的要求完全免除，运行之后就可以进行游戏的场景搭建或功能开发。

在数据驱动的工作流基础上，Cocos Creator 使游戏场景搭建成为游戏开发的核心，游戏场景搭建工作和游戏功能开发工作可以同步进行，协作式开发，不论是美术人员、策划人员，还是开发人员，都可以在生产过程的任意时刻单击"预览"按钮，在浏览器、移动设备模拟器、移动设备真机上运行预览游戏，测试游戏的最新状态，完成各自的工作。

在 Cocos Creator 项目开发过程中，程序员、设计人员、策划人员可以同时协作式开发，不论是先搭建场景再添加功能，还是先实现功能模块再由设计人员进行场景搭建，最后进行组合调试，Cocos Creator 都可以满足开发团队的需要。脚本中定义的属性可以最适合的视觉体验呈现在编辑器中，为内容生产者提供了便利。

Cocos Creator 应用程序项目中的内容资源可以通过拖曳的方式由外部导入，比如图片、声音、图集、骨骼动画等，除此之外，Cocos Creator 还在不断完善更新编辑器的各种功能，包括目前已经完成的动画编辑器，美术人员可以使用这个工具制作出非常细腻且富有表现力的动画，并且可以随时在场景中预览动画。

开发完成的游戏可以通过 Cocos Creator 的菜单栏图形工具进行简单的构建发布到各个平台，从设计研发到测试发布，Cocos Creator 提供了各个阶段所需的全部功能面板。

1.3　Cocos Creator 的安装与启动

本节开始正式讲解 Cocos Creator 的安装与启动。

1.3.1　下载与安装

1. 从官网下载 Cocos Creator 安装包

2. 在 Windows 系统中安装

Windows 系统中的应用程序是一个后缀为.exe 的可执行文件，通常命名方式为 CocosCreator_vX.X.X_20XXXXXX_setup.exe，其中，vX.X.X 是 Cocos Creator 的版本号，如 v1.2.2，后面的数字代表版本日期编号。

注意：日期编号在使用内测版时更新比较频繁，如果当前 PC 端已安装的版本号和安装包的版本号相同，则无法自动覆盖安装相同版本号的安装包，需要先卸载之前的版本才能继续安装。

应用程序的安装路径通常默认为 C:\CocosCreator，安装路径可以在安装过程中进行更改。Cocos Creator 将占据系统盘中大约 1.25GB 的空间，在安装前需要整理系统盘，保证有足够的空间。

若安装失败，可以尝试通过命令行执行安装程序。

```
CocosCreator_v1.2.0_2016080301_setup.exe /exelog "exe_log.txt" /L*V "msi_log.txt"
```

先使用以上命令执行安装程序，或者为应用程序创建快捷方式，并且将该命令行参数填入快捷方式的目标属性中获取安装日志，然后将生成的安装日志（exe_log.txt 和 msi_log.txt）提交给开发团队寻求帮助。

3. 在 Mac 系统中安装

Mac 系统中的 Cocos Creator 安装文件是 DMG 镜像文件，可以先双击"DMG"文件，然后将 CocosCreator.app 拖曳到应用程序文件夹快捷方式或任意其他位置，再双击拖动出来的 CocosCreator.app 就可以开始使用了。

注意： 如果下载后无法打开，提示 DMG 或 app 文件已损坏，或者来自身份不明的开发者，则先在 Finder（访达）中找到目标文件，打开 DMG 或 app 文件，在弹出的对话框中单击"打开"按钮即可。然后进入到系统偏好设置，选择"安全性与隐私"选项，单击"仍要打开"按钮，之后软件就可以正常启动了。

4. 运行 Cocos Creator

在 Windows 系统中，直接双击解压后的文件夹中的 CocosCreator.exe 文件即可启动运行 Cocos Creator。

在 Mac 系统中，双击拖动出来的 CocosCreator.app 应用图标即可启动运行 Cocos Creator，也可以按照自己的习惯为入口文件设置快速启动、Dock 或快捷方式，方便随时运行。

5. 版本兼容性和回退方法

将 Cocos Creator 版本升级后，使用新版本的编辑器可以打开旧版本的项目，但在项目开发到一半时升级新版本可能会遇到一些问题。因为在旧版本中，引擎和编辑器的实现可能存在 Bug 和一些不合理的问题，这些问题可以通过用户项目和脚本的特定使用方法来规避，但当新版本修复这些 Bug 和问题时，可能使现有的项目产生一些新问题。

当出现版本升级造成的问题时，开发者可以联系 Cocos Creator 开发团队寻求解决办法，也可以卸载新版本重新安装旧版本。

在安装旧版本过程中可能遇到如下问题。

（1）在 Windows 系统中安装旧版本时可能会提示"已经有一个更新版本的应用程序已安装"，如果确定已经通过控制面板正确卸载了新版本的 Cocos Creator，可以访问微软官方解决无法安装或卸载程序的帮助页，按照提示下载相关小工具并修复问题，就可以继续安装旧版本了。

（2）使用新版本 Cocos Creator 编辑过的项目，在旧版本 Cocos Creator 中打开时可能会遇到编辑器面板无法显示内容的问题，这时候可以尝试通过主菜单中的"布局→恢复默认布局"选项来修复此问题。

1.3.2 Dashboard

Dashboard 是所有 Cocos Creator 开发项目的入口管理界面。此页面包含如下功能。

- 提供最近打开项目的项目列表预览。
- 提供创建新项目的入口，并且设定项目名称及路径。
- 提供打开本地的 Cocos Creator 开发的项目。
- 帮助信息：获取 Cocos Creator 游戏引擎的相关文档。

运行 Cocos Creator，使用 Cocos Creator 开发者账户进行登录。打开 Dashboard，界面如图 1-3 所示。

图 1-3　Dashboard 界面

在 Dashboard 中可以直接创建项目、打开项目、通过文件夹打开项目、寻求帮助、了解关于 Cocos Creator 的使用及知识点。

1.4　Hello World

使用 Cocos Creator 游戏引擎自带的项目模板 Hello World 编写第一个小项目：Hello World。

1.4.1　打开项目

（1）启动 Cocos Creator，打开 Dashboard 界面，在此界面可以新建项目、打开已有项目、获取帮助信息，如图 1-4 所示。

Dashboard 界面包括以下选项卡。

- 最近打开项目：列出最近打开项目的名称目录，第一次启动运行 Cocos Creator 时，这个列表是空的，会提示新建项目。可以在此页面快速访问近期打开的项目。
- 新建项目：选择此选项卡进入创建新项目的指引界面，通过此界面进行项目创建。在创建项目的时候，可以直接创建项目，也可以选择 Cocos Creator 提供的项目模板。Cocos Creator 提供的项目模板包括不同类型的游戏基本架构，以及学习用的范例资源和脚本。
- 打开其他项目：若项目没有在最近打开项目的列表里，可以单击此选项卡浏览和选择需要打开的项目。
- 帮助：帮助信息，包括各种新手指引信息和文档的静态页面，可以访问 Cocos Creator 用户手册、帮助文档，方便学习掌握该开发工具及使用语言。

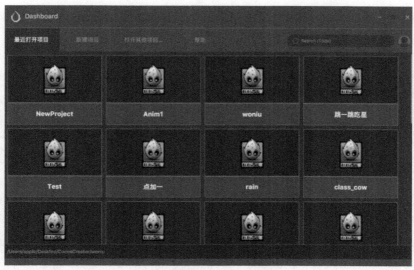

图 1-4　Dashboard 界面

（2）新建项目，可使用 Cocos Creator 提供的项目模板进行快速创建，新建项目模板界面如图 1-5 所示。

图 1-5　新建项目模板界面

1.4.2　编写项目

1. 创建项目

在 Dashboard 中打开"新建项目"选项卡，选中 Hello World 项目模板，在项目路径中指定一个新项目存放路径，路径的最后一部分就是项目文件夹名称。填好路径后单击"新建项目"按钮，就会自动以 Hello World 项目模板创建项目并打开。

2. 打开场景，开始开发

Cocos Creator 应用程序是以脚本开发（数据驱动、逻辑实现）和场景搭建为核心的开发方式。首次打开一个项目时，默认不会打开任何场景，若想看到 Hello World 模板中的内容，需要先打开场景资源文件。

打开 Hello World 项目，Cocos Creator 编辑器展示如图 1-6 所示。

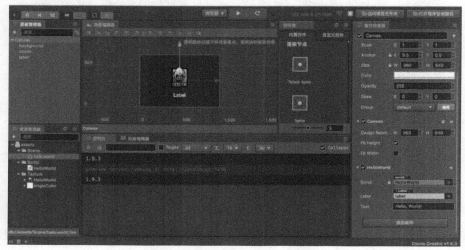

图 1-6　打开 Hello World 项目

- 层级管理器：放置场景里的节点内容列表。
- 资源管理器：放置项目中的所有资源。
- 场景编辑器：放置游戏场景预览和编辑。
- 属性检查器：放置连接 Hello World 项目的脚本属性。
- 控件库：放置一些控件。
- 控制台：放置一些输出、错误、警告等。
- 动画编辑器：编辑动画。

3. 预览场景

Cocos Creator 也提供了模拟器用于预览场景，可以在设置项目时设置模拟器的屏幕尺寸、类型，通常选择的预览运行平台是浏览器，预览按钮区域如图 1-7 所示。

图 1-7　预览按钮区域

单击图 1-7 中的第二个按钮，运行程序，预览效果如图 1-8 所示。

图 1-8　Hello World 项目预览效果

4．修改文字

Cocos Creator 游戏引擎以脚本编写（数据驱动）为核心的开发特性的优点就在于当需要改变 Hello World 项目的问候文字时，开发者不需要再编辑脚本代码，只需直接在场景编辑器面板中修改场景中保存的文字属性为想要显示的文字即可，方法如下。

（1）在"层级管理器"中选中"Canvas"节点，"Hello World"组件脚本就挂在这个节点上。

（2）在"属性检查器"面板下方找到"Hello World"组件属性，将"Text"属性中的文本改成"你好，世界！"。

（3）运行浏览器预览项目，效果如图 1-9 所示。

图 1-9　你好，世界!

我们利用 Cocos Creator 提供的项目模板，快速创建了 Hello World 项目，并且通过场景编辑器更改了项目的文字。通过这个模板项目，我们初步认识了 Cocos Creator 编辑器的组成及各个面板的基本样式，学习了 Cocos Creator 编辑器的预览方式，了解了 Cocos Creator 项目的基本构成。

1.5　项目结构

本节需要了解 Cocos Creator 开发项目的基本结构，清晰地认识整个项目构成，学习并掌握 Cocos Creator 游戏开发的项目管理，为团队协作式开发打下基础，做好项目结构的管理，提升项目的可读性。

1．项目文件夹结构

第一次启动 Cocos Creator 创建项目，打开项目后，项目文件夹的一般结构如下。

```
ProjectName（项目文件夹）
├──assets
├──library
├──local
├──settings
├──temp
└──project.json
```

新建 Hello World 模板项目，文件夹如图 1-10 所示。

- local：本地设置。
- settings：项目设置。
- project.json：项目标志。

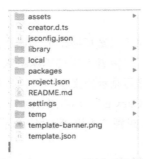

图 1-10　Hello World 模板项目的文件夹

2. 资源文件夹（assets）

资源文件夹用来放置游戏中所有的本地资源（图片、声音文件、预制体、动画文件等）、脚本文件、第三方库文件。只有在 assets 文件夹目录下的内容才能显示在资源管理器中。assets 中的每个文件在导入项目后都会生成一个名字相同的.meta 文件，.meta 文件用于存储文件作为资源导入后的信息和与其他资源的关联。第三方工具生成的工程、设计原文件等，如 TexturePacker 的.tps 文件或 Photoshop 的.psd 文件，可以选择放在 assets 文件夹外面进行管理。

3. 资源库（library）

资源库文件夹是将 assets 文件夹中的资源导入后生成的文件，文件的结构和资源的格式将被处理成最终游戏发布时需要的形式，若使用版本控制系统管理你的项目，这个文件夹是不需要进入版本控制的。当 library 文件夹丢失或损坏的时候，只要删除整个 library 文件夹后重新打开并运行该项目，就会生成资源库文件。

4. 本地设置（local）

本地设置文件夹中包含该项目的本地设置，如 Cocos Creator 编辑器的面板布局、窗口大小、位置等信息，一般不需要关心该文件夹的文件内容，只需要按照习惯设置编辑器布局即可。一般 local 文件夹也不需要进入版本控制，只是针对编辑器的偏好进行设置。

5. 项目设置（settings）

项目设置文件夹中保存项目及相关的设置，如项目构建发布菜单里的包名、场景、平台选择等，这些设置需要和项目一起进行版本控制。

6. project.json

project.json 文件夹存储一些标志信息，通常和 assets 文件夹一起，作为验证 Cocos Creator 项目合法性的标志。一般只有包括了这两个内容的文件夹，才能使用 Cocos Creator 应用程序打开项目。目前 project.json 本身只用来规定当前使用的引擎类型和插件存储位置，也进入版本控制。

7. 构建目标（build）

使用默认发布路径发布项目后，编辑器会在项目路径下创建目录，并且存放所有目标平台的构建工程。

因为每次构建发布项目后，资源 ID 可能会发生变化，而且构建原生工程时体积很大，所以建议此目录不进入版本控制。

第 2 章　编辑器

本章主要介绍 Cocos Creator 应用程序的编辑器模块，了解每个面板的作用及使用方法，快速熟练地掌握 Cocos Creator 编辑器的使用方法，以进行小游戏开发。编辑器由多个面板组成，所有面板可以自由组合、移动，方便开发者开发使用，主要面板如下。

1. 资源管理器面板

资源管理器面板主要用于放置项目中的资源，在资源管理器面板中开发者根据需要创建不同类别的文件夹，例如 assets 文件夹放置资源文件、Scene 文件夹放置场景文件、Script 文件夹放置脚本文件等，以方便区分资源。资源管理器面板以树状结构显示文件夹，并且会自动同步在操作系统中对资源文件夹进行的添加、删除、修改、查询等操作。

向项目中导入资源有以下两种方式：

- 通过鼠标拖曳的方式将资源添加到项目中。
- 通过菜单命令导入项目资源。

2. 场景编辑器面板

场景编辑器面板主要用于显示和编辑场景，设计人员可进行游戏场景的搭建，以及整个场景的参数设置调整，项目中所有可见的场景都在这里进行编辑搭建。在场景编辑器面板中，可以通过拖曳鼠标或者使用工具栏命令来调整场景的大小、位置、锚点、角度等。

3. 层级管理器面板

层级管理器面板主要用于展示项目中的所有节点、子节点及节点间的层级关系。层级管理器面板中的节点展示也是以树状形式列表展示的。在场景编辑器中看到的内容都可以在层级管理器中找到对应的节点，在场景编辑器中编辑场景时，层级管理器中的节点也会变化，这两个面板的内容会同步显示，通常开发者会同时使用这两个面板进行游戏场景的搭建。

4. 属性检查器面板

属性检查器面板主要用于查看、编辑当前选中的节点和组件属性，在这个面板中可以自定义节点属性数据、设置脚本属性、添加组件。

5. 控件库面板

控件库面板就是放置控件的地方，Cocos Creator 常用的控件会被放置在这个面板中。开发者可以直接通过拖曳鼠标的方式将控件添加到场景中，进行场景编辑，也可以将用户的预制资源（prefab）添加到控件库里，方便再次使用。

6. 控制台面板

控制台面板主要用于显示信息，如显示报错、警告、成功、打印、其他 Cocos Creator 编辑器和引擎生成的日志信息。不同重要级别的信息以不同颜色展示。

7. 工具栏面板

工具栏面板主要是一些信息展示及一些编辑器常用工具，工具栏面板中包含场景编辑工具、预览游戏的操作按钮、远程测试和调试时使用的访问地址、连接的设备数，可以访问项目文件夹和打开程序安装路径。

8. 主菜单（项目设置、构建发布、构建预览）

主菜单就是 Cocos Creator 应用程序的主菜单，和其他应用程序一样，在主菜单设置里提供各种编辑器个性化的全局设置，包括原生开发环境、游戏预览样式、脚本编辑工具等。

项目设置里提供各种项目特定的个性化设置，如分组管理、模块设置、项目预览、自定义引擎等。

2.1 资源管理器

本节主要讲解 Cocos Creator 编辑器的资源管理器模块的作用及使用方法，初步认识资源管理器面板的操作方法及资源管理的项目化，学习并掌握使用资源管理器管理项目中的所有资源。

2.1.1 资源管理器面板

资源管理器面板主要用来访问和管理项目中的资源。在开发游戏或创建新项目时，添加游戏资源或项目资源到项目，就是将资源添加到 Cocos Creator 编辑器的资源管理器面板中。下面以"Hello World"项目为例，简单介绍资源管理器的资源分类。

项目中的资源文件夹的资源文件、脚本文件、其他文件都是以树状结构显示的，需要注意的是，只有放在项目文件夹的 assets 目录下的资源才会被显示出来，在编辑器中资源管理器面板如图 2-1 所示。

图 2-1　资源管理器面板

- "+"按钮是创建按钮，用来创建新资源。
- 文本输入框可以用来搜索过滤文件名包含特定文本的资源。
- 搜索按钮可以用来选择搜索的资源类型。
- 面板主体是资源文件夹的资源列表，可以通过单击鼠标右键或拖曳鼠标对资源进行创建、删除、修改、移动。
- 单击文件夹前面的小三角"▼"用来切换文件夹的展开/折叠状态。按住"Alt"或"Option"键的同时单击该按钮，除了执行文件夹自身的展开/折叠操作，还同时展开/折叠该文件夹下的所有子节点。

2.1.2　资源管理

项目中所有的资源都放置在资源列表中，以一定结构显示，文件夹结构通常由开发者自定义设置（在开发的时候，在资源管理器面板中自定义文件夹管理项目文件），在资源管理器中可以展开/折叠展示文件夹。在项目中，除了文件夹，资源列表中展示的都是资源文件，资源列表中的文件会隐藏扩展名，以图标指示文件或资源的类型，如"Hello World"项目中包括以下三种核心资源。

- JavaScript 脚本资源：放置编写的 JavaScript 脚本文件，以"js"为文件扩展名。开发者通过编辑这些脚本文件实现游戏逻辑。
- 图片资源：放置图片素材，用于设置游戏的背景、角色等图片，包括"jpg""png"等图像文件，图标会显示为图片等缩略图。
- 场景资源：放置场景文件，双击可打开场景文件，之后可对该场景进行编辑开发。

1.　创建资源

目前，在资源管理器中可以创建以下几种资源：文件夹、脚本文件、场景、粒子文件、动画文件、自动图集配置和艺术数字配置。

单击资源管理器面板中的创建按钮，即可弹出资源列表菜单，选择要创建的资源类型进行创建即可。

2.　选择资源

在资源管理器中可以进行以下资源选择操作：

- 单击直接选中单个资源。
- 按住"Ctrl"键或"Command"键并单击资源，可以选择多个资源。
- 按住"Shift"键并单击资源，可以连续选择多个资源。

3.　资源操作

- 移动资源：选中资源并拖曳可以移动资源。
- 删除资源：选中资源并单击鼠标右键，在弹出的快捷菜单中选择"删除"命令。
- 在搜索框中进行条件搜索，进行资源过滤。
- 对资源进行复制、重命名等操作。
- 在资源中选中文件，在资源管理器或 Finder 中显示文件，在操作系统的文件管理窗口中打开文件资源。

- 打开 Library 中的资源：在资源管理区可以打开资源数据。
- 可以在控制台选中当前文件查看资源的 UUID 和路径。

4. 常见的资源

常见的资源有场景资源、图像资源、图集资源、自动图集资源、预制资源、字体资源、脚本资源、粒子资源、声音资源、骨骼动画资源、瓦片资源、JSON 资源、文本资源等。

2.2 场景编辑器

本节正式讲解 Cocos Creator 编辑器中的场景编辑器模块，以及场景编辑器的使用方法及作用。场景编辑器就是对游戏/项目中可见内容进行编辑的模块，游戏中的可见内容都可以在这里快速进行编辑创建。

2.2.1 场景编辑器面板

使用 Cocos Creator 编辑器新建一个"Hello World"项目并运行，"Hello World"项目的场景编辑器如图 2-2 所示。

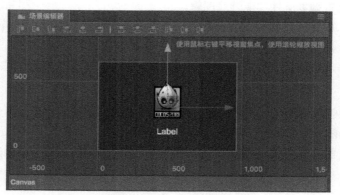

图 2-2   场景编辑器面板

场景编辑器是游戏中可见内容搭建区域，开发者可以选择和摆放场景图像、角色、特效、UI、NPC、文本等各类游戏元素，也可以选中并通过变换工具修改节点的位置、旋转、缩放、尺寸等属性；设计人员可以进行游戏效果场景的搭建、场景参数的初始设置、调试。在场景编辑器面板中可以看到游戏场景的基本效果，可以通过运行模拟器、浏览器查看整个游戏场景构建后的效果。

2.2.2 场景编辑器的使用

1. 移动

选中场景并拖曳，可以平移视图，改变场景的位置。

2. 定位

滑动鼠标的滚轮，以当前鼠标悬停位置为中心对视图进行缩放。

3. 坐标系和网络

场景视图的背景会显示一组标尺和网络，表示世界坐标系中各个点的位置信息，以（0，0）点作为世界坐标系的原点。

使用鼠标滚轮缩小视图时，每个刻度代表 100 像素的距离。根据当前视图缩放尺度的不同，会在不同刻度上显示代表该点到原点距离的数字，单位是像素。

1）笛卡儿坐标系

Cocos Creator 使用的坐标系与 Cocos2d-x 引擎和 OpenGL 使用的坐标系是一样的，都是笛卡儿坐标系，即定义右手系，原点在左下角，x 轴向右，y 轴向上，z 轴向外。我们通常使用的坐标系就是笛卡儿坐标系，如图 2-3 所示。

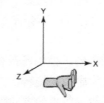

图 2-3　笛卡儿坐标系

2）锚点

锚点是节点的重要属性，决定了节点的尺寸、位置。锚点由 anchor X 和 anchor Y 两个值表示，取值范围都是 0～1。在属性检查器的 Node 部分可以看到 Anchor 属性，并且进行初始化设置。比如（0.5，0.5）表示锚点位于节点长度乘以 0.5 和宽度乘以 0.5 的地方，也是节点的中心位置。若锚点为（0，0）则表示节点的左下角为中心位置。

4. 设计分辨率指示框

场景视图中的紫色线框表示场景中默认显示的内容区域（可见区域），大小由设计分辨率决定。

5. 选取节点

当鼠标悬浮到场景的节点上时，节点的约束框将会以灰色单线显示出来，此时单击鼠标就会选中该节点。选中节点后就可以使用变换工具进行设置节点位置、旋转、缩放等操作。

6. 节点的约束框

在鼠标悬浮或选中状态下都能看到节点约束框（灰色或蓝色的线框），约束框的矩形区域表示节点的尺寸属性大小。若节点不包含图像渲染组件（如 Sprite），仍可以为节点设置尺寸属性，而节点约束框以内的透明区域都可以被鼠标悬浮和单击选中。

需要注意的是，节点的尺寸属性在多分辨率适配、排版中有非常重要的作用。

当鼠标悬浮在节点上时，不仅可以看到节点的约束框，也可以看到显示的节点名称。当节点比较密集时，开发者可以根据鼠标悬浮时显示的节点名称确定要选择的目标，避免选取节点时错乱。

7. 变换工具

控制节点的变换工具如图 2-4 所示。

图 2-4 控制节点的变换工具

在打开编辑器时，移动变换工具默认处于激活状态，这个工具也可以通过单击主窗口工具栏中的第一个按钮激活，或者在使用场景编辑器时按 W 键，即可激活移动变换工具。

当开发者在场景视图中选中节点时，可看到节点中心（或锚点所在的位置）出现了由红、绿色两个箭头和蓝色方块组成的移动控制手柄。

移动控制手柄是在特定编辑状态下，场景编辑器中显示出的可用鼠标进行交互操作的控制器。这些控制器只用来辅助编辑，在游戏运行时不会显示。

各工具的特点如下。

- 移动变换工具：用于场景节点的移动，控制场景整体平移节点图像。
- 旋转变换工具：用于场景以节点为中心的旋转，控制场景整体旋转节点图像。旋转变换工具的手柄由箭头和圆环组成，箭头所指的方向表示当前节点旋转属性的角度，拖曳箭头或圆环内任意一点就可以旋转节点，松开鼠标之前，可以在控制手柄上看到当前旋转属性的角度值。
- 缩放变换工具：用于场景节点的缩放，控制场景整体缩放节点图像，缩放节点时会同比缩放所有的子节点。
- 矩形变换工具：用于场景节点图片大小的更改，控制场景节点图像整体的宽、高改变。在 UI 元素的排版中，经常会需要使用矩形变换工具精确地控制节点四条边的位置和长度，对于必须保持原图片宽高比的图像元素，通常不使用矩形变换工具来调整尺寸。
- 位置（Position）：节点的位置由 x 和 y 属性组成，可以直接在场景编辑器中拖曳鼠标进行设置，也可以通过属性检查器进行设置。
- 旋转（Rotation）：节点的旋转只有一个旋转角度值，用于进行节点的旋转。
- 缩放（Scale）：缩放由 scale x 和 scale y 两个属性组成，影响节点的大小，scale x 和 scale y 两个值分别表示节点在 x 轴和 y 轴的缩放率。
- 尺寸（Size）：节点尺寸属性由 Width（宽度）和 Height（高度）两个值构成，规定节点约束框的大小。

8. 节点和组件

Cocos Creator 应用程序的开发工作流程都以组件式为核心，如场景搭建、功能实现。组件式架构也称为组件—实体系统（Entity-Component System），通俗地讲，就是以组合的方式（而非以继承的方式）构建实体。

在 Cocos Creator 开发中，节点是非常重要的点，是承载组件的实体（组件需要挂载在节点上），开发者通过各种功能组件，将编辑的脚本组件挂载到节点上，让节点具有多种功能。

9. 创建节点

开发者可以通过层级管理器左上角的"创建节点"按钮快速创建节点，并且根据需要选择不同类型的节点，如精灵（Sprite）、文字（Label）、按钮（Button）等，创建的节点可以在场景编辑器和层级管理器两个模块中同步显示，可对创建的节点进行命名，方便读取游戏项目。创建节点的方法如图 2-5 所示。

图 2-5　创建节点的方法

开发者也可以从资源管理器面板中拖曳图片、字体等资源到层级管理器面板中，直接在层级管理器中生成相应的图像渲染节点。搭建游戏场景的时候，开发者可以采用这种方式进行快速搭建，还可以调整场景的初始参数。

10．组件（Component）

在层级管理器中单击创建的节点，可以在属性检查器面板中查看该节点的属性，例如选中 Sprite 节点并查看该节点的属性，就可以在属性检查器面板中看到 Sprite 组件的详细属性。

在属性检查器面板中，以 Node 标题开始的部分就是节点的属性，在这里开发者可以做一些基本的属性设置，如节点的尺寸、位置、旋转、缩放、锚点、颜色、透明度等信息，开发者也可以对这些信息做初始值的设定。

Node 标题下面就是 Sprite 组件的属性，如 Sprite Frame，开发者可以通过设置这个属性来设置游戏中渲染的图像文件。

在节点的属性检查器中，我们仍然可以为节点添加其他组件，以实现节点的多功能性，达到项目的预期效果。

要注意的是，一个节点上只能添加一个渲染组件，常见的渲染组件有 Sprite（精灵）、Label（文字）、Particle（粒子）等。

2.3　层级管理器

本节开始正式了解 Cocos Creator 编辑器中的层级管理器模块，学习层级管理器的使用方法及作用。层级管理器主要用于放置项目节点，在这里可以创建、删除、移动节点，也可以对节点进行其他操作，如重命名等。

2.3.1　层级管理器面板

层级管理器面板几乎可以放置项目中的所有节点，包括当前选定打开的场景中的所有节点，并且不关心节点是否包括可见的图像。开发者可以在此面板选择、创建、删除、移动节点，也可以通过拖曳一个节点到另一个节点来建立节点的父子关系。单击选中节点后，节点会以蓝底色高亮显示。当前被选中的节点在场景编辑器中会显示蓝色边框，并且同步更新属性检查器中的内容。层级管理器面板如图 2-6 所示。

图 2-6　层级管理器面板

- "+"按钮是创建按钮，用来创建不同类型的节点。
- 文本输入框用来搜索过滤节点，搜索过滤类型分为 Node 和 Component 两种类型。
- 左右箭头按钮可以用来切换节点的展开/折叠状态。
- 主体是节点列表，可以通过右键菜单或拖曳操作对资源进行添加、删除、修改、重命名等。
- 节点前面的小三角"▼"按钮用来切换节点树的展开/折叠状态。

2.3.2　层级管理器的使用

1. 创建节点

创建节点有以下两种方法。

- 单击"+"按钮，或者单击鼠标右键，在弹出的快捷菜单中选择"创建节点"命令，之后可以选择不同的节点类型，如精灵（Sprite）、文字（Label）、按钮（Button）等，可以根据需要选择节点。
- 从资源管理器中拖曳图片、字体或粒子等资源到层级管理器中，Cocos Creator 会自动为选中的资源创建相应的图像渲染节点。

2. 删除节点

选中要删除的节点，单击鼠标右键，在弹出的快捷菜单中选择"删除"命令，或者按 Delete 键，还可以按 Command +Backspace 组合键。若选中的节点包含子节点，子节点也会被删除，而且无法恢复。

3. 建立和编辑节点层级关系

节点间具有上下级关系，子节点依赖于父节点，开发者可以通过拖曳节点调整节点间的关系。若将节点 A 拖曳到节点 B 上，就使节点 A 成为节点 B 的子节点。

和资源管理器一样，在层级管理器中也可以通过树状视图表示节点的层级关系。单击节点左边的三角图标，即可展开或收起子节点列表。

4. 更改节点的显示顺序

开发者可以通过拖曳节点的方式，更改节点在列表中的顺序。层级管理器橙色的方框表示节点所属父节点的范围，绿色的线表示节点将会被插入的位置。

节点在列表中的排列顺序决定了它在场景中的显示顺序。在层级管理器中，显示在下面的节点的渲染顺序在后，即下面的节点是后绘制的，因而最下面的节点在场景编辑器中显示在了最前面。

5. 其他

在层级管理器中，选中节点并单击鼠标右键，也可以进行其他操作，如复制、粘贴、重命名、锁定节点、查看节点 UUID 和路径（在一些复杂场景中，有时候需要获取节点的完整层级路径，方便我们在脚本运行时访问该节点）等操作。

2.4 属性检查器

本节开始正式了解 Cocos Creator 编辑器中的属性检查器模块，以及属性检查器的使用方法与作用。在属性检查器中查看节点的 Node 属性及组件，添加一些常用组件、脚本组件，设置节点初始化数据、脚本组件初始化数据。

2.4.1 属性检查器面板

属性检查器面板主要用于编辑当前选中的节点和组件属性。在场景编辑器或层级管理器中选中节点，就会在属性检查器中显示该节点的属性和节点上所有组件的属性，可查看节点的一些基本属性，如位置、角度、颜色、透明度等，也可以添加编辑一些节点组件，第一个属性通常是节点自己的属性 Node（如 Position、Rotation、Scale、Anchor、Size、Color、Opacity、Skew、Group 等）。

空节点的属性如图 2-7 所示。

运行"Hello World"项目，在属性检查器中查看 Canvas 节点的属性，如图 2-8 所示。

图 2-7　空节点的属性检查器界面

图 2-8　Canvas 节点的属性

属性检查器面板包含：节点名称及开关、节点激活开关、节点设置按钮、节点属性 Node、节点的组件、组件开关、组件属性、组件设置按钮及帮助文档入口。

2.4.2 属性检查器的介绍

1．节点名称和激活开关

属性检查器面板左上角的复选框表示节点的激活状态，如果节点处于非激活状态，节点上所有与图像渲染相关的组件都会被关闭，整个节点（包括子节点）都会被有效隐藏。节点一般默认为激活状态。

节点激活开关的右边显示的是节点的名称，和层级管理器中的节点名称一致。

2．节点属性

在属性检查器面板中，节点名称下面显示的是节点属性，节点属性排列在"Node"标题的下面，单击"Node"标题前面的按钮可以将节点的属性折叠或展开。"Node"标题右侧有一个节点设置按钮，可以重置节点属性、修改组件属性、粘贴复制组件。

节点的属性除了位置（Position）、旋转（Rotation）、缩放（Scale）、尺寸（Size）等变换属性，还包括锚点（Anchor）、颜色（Color）、不透明度（Opacity）、倾角（Skew）等。一般情况下，若开发者修改节点的属性，可以立刻在场景编辑器中看到节点的外观、位置、角度、颜色等比较明显的变化。

3．组件属性

节点属性下面显示的是节点上挂载的所有组件和组件属性。和节点属性相似，单击组件的名称就会切换该组件属性的折叠或展开状态。若节点上挂载了很多组件，开发者可以通过折叠不常修改的组件属性来获得更大的可见窗口进行操作。组件名称的右侧有帮助文档按钮和组件设置按钮。通过帮助文档按钮可以跳转到与该组件相关的文档介绍页面，通过组件设置按钮可以对组件执行移除、重置、上移、下移、复制、粘贴等操作。

用户可以创建脚本组件，并在脚本中声明属性，之后将脚本组件挂载到某个节点下，实现项目的某些功能、逻辑。不同类型的属性在属性检查器中有不同的控件外观和编辑方式。

4．编辑属性

属性是脚本组件中声明的公开并可被序列化存储在场景和动画数据中的变量。通过属性检查器可以快捷地修改属性的设置，开发者不需要编程就可以调整游戏数据和玩法。

开发者通常将属性分为"值类型"和"引用类型"两大类。

5．值类型属性

值类型包含数字、字符串、枚举等简单的占用很少内存的变量类型。

- 数值（Number）：可以直接用键盘输入数字，也可以按输入框旁边的上下箭头逐步增减属性值。
- 向量（Vec2）：向量的控件由两个数值组合在一起，并且输入框会以 x 和 y 标识每个数值对应的子属性名。

- 字符串（String）：直接用键盘在文本框里输入字符串，字符串输入控件分为单行和多行两种，多行文本框可以按回车键换行。
- 布尔（Boolean）：以复选框的形式进行编辑选择，处于选中状态时属性值为 true，处于非选中状态时属性值为 false。
- 枚举（Enum）：以下拉菜单的形式进行编辑选择，单击枚举菜单，从弹出的菜单列表里选择一项，即可完成对枚举值的修改。
- 颜色（Color）：单击颜色属性预览框会弹出"颜色选择器"窗口，在此窗口可以用鼠标直接选择需要的颜色，或者在 RGBA 颜色输入框中直接输入指定的颜色。单击"颜色选择器"窗口以外的任何位置会关闭窗口，并以最后选定的颜色作为属性颜色。

6．引用类型属性

引用类型包含比较复杂的对象，如节点、组件、资源等。与值类型属性各种各样的编辑方式不同，引用类型通常只有一种编辑方式：拖曳节点或资源到属性栏中。

引用类型的属性在初始化后会显示"Node"，因为无法通过脚本为引用类型的属性设置初始值。可以根据属性的类型将相应类型的节点、资源拖曳到属性栏来完成引用赋值。

需要拖曳节点赋值的属性栏上会显示白色的标签，标签显示为"Node"，表示任意节点都可以被拖曳上去；标签显示组件名为"Sprite""Animation"等，则需要拖曳挂载了相应组件的节点才行。

需要拖曳资源赋值的属性栏上会显示蓝色的标签，标签上显示的是资源的类型，如"spriteframe""prefab""font"等。只要从资源管理器中拖曳相应类型的资源到属性栏就可以完成赋值。

需要注意的是，脚本文件也是一种资源，所以在组件中使用的脚本资源引用属性也是用蓝色标签标示的。

2.5　设置

本节开始正式了解 Cocos Creator 编辑器的一些基本设置和项目开发设置。根据自己的偏好对 Cocos Creator 编辑器进行账号偏好设置，学习并掌握这些基本设置，有助于，提高项目开发效率。

2.5.1　编辑器设置

Cocos Creator 应用程序提供了对编辑器的个性化设置。开发者可以根据自己的喜好对编辑器进行个性化偏好设置，设置编辑器的语言、样式、开发环境、预览环境等，以满足自己的使用习惯。

打开 Cocos Creator 编辑器，在菜单栏中选择"设置"选项，即可进入编辑器个性化设置页面。编辑器的基本设置有四大类。

1．常规设置

常规设置界面如图 2-9 所示。

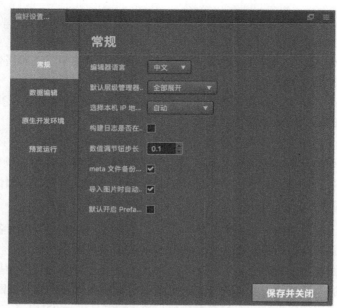

图 2-9　常规设置界面

- 编辑器语言：可以设置编辑器的语言，如中文、英文，修改语言设置后要重新启动 Cocos Creator 设置才能生效。
- 默认层级管理器节点为折叠状态：设置层级管理器节点树中所有子节点的默认状态，有"全部展开""全部折叠""记住上一次状态"三种选项。
- 选择本机 IP 地址：设置自动 IP，开发者也可以手动选择一个本机 IP 作为预览时的默认地址和二维码地址。
- 构建日志是否在控制台显示：当为选中状态时，构建发布原生项目的过程日志会直接显示在控制台面板里；当为非选中状态时，构建发布原生项目的日志会保存。可以通过控制台左上角的日志按钮的"Cocos Creator 日志"选项打开文件查看。
- 数值调节钮步长：在属性检查器中，所有数值属性输入框的旁边都有一组上下箭头，可以用于步长的数值属性有 Rotation、Scale 和 Anchor，默认步长都是 0.1，而"数值调节钮步长"设置的就是每次单击步进按钮或拖曳鼠标时数值变化的步长幅度。例如，如果你在脚本中使用的数字以整数为主，就可以把步长设置为 1，以更方便地进行调节。（注意：修改步长后要刷新编辑器窗口，设置的步长才会有效）
- meta 文件备份时显示正确：在 meta 文件所属的资源丢失时，是否弹出对话框提示备份或删除 meta 文件。如果选择备份，可以手动恢复资源，并将 meta 文件手动复制回项目 assets 目录，防止与资源相关的重要设置（如场景、预制体）丢失。
- 导入图片时自动裁剪：导入图片时，是否自动裁剪图片的透明像素。不论默认选择如何，导入图片之后都可以在图片资源上手动设置裁剪选项。
- 默认开启 Prefab 自动同步模式：新建预制体时，是否自动开启预制体资源上的"自动同步"选项。开启自动同步模式后，保存预制体资源，修改时会自动同步场景中所有该预制体的实例。

2．数据编辑

数据编辑的设置界面如图 2-10 所示。

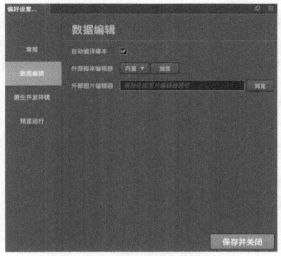

图 2-10　数据编辑设置界面

- 自动编译脚本：是否自动监测项目中脚本文件的变化，并自动触发编译。关闭此选项后，也可以通过菜单命令"开发者→手动编译脚本"进行编译。
- 外部脚本编辑器：可以选用任意外部文本编辑工具的可执行文件，作为在资源管理器里双击脚本文件时的打开方式。可以单击"预览"按钮选择偏好的文本编辑器的可执行文件，也可以单击"移除"按钮切换脚本编辑器。不推荐使用内置的脚本编辑器。
- 外部图片编辑器：在资源管理器中双击图片文件时，默认打开图片的应用程序路径。

3．原生开发环境

设置构建发布平台（iOS、Android、Mac、Windows）时需要的开发环境路径及一些平台需要的参数配置，如图 2-11 所示。

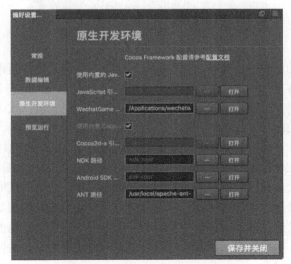

图 2-11　原生开发环境设置界面

- 使用内置的 JavaScript 引擎：是否使用 Cocos Creator 安装路径下自带的"engine"路径作为 JavaScript 引擎路径。此引擎用于场景编辑器里场景的渲染、内置组件的声明和其他 Web 环境下的引擎模块。
- JavaScript 引擎路径：除了使用自带的"engine"，也可以前往 engine 克隆一份引擎到本地任意位置进行定制。
- 使用内置 Cocos2d-x 引擎：是否使用 Cocos Creator 安装路径下自带的 Cocos2d-x 路径作为 Cocos2d-x C++引擎路径。这个引擎用于构建发布时所有原生平台（iOS、Android、Mac、Windows）的工程构建和编译。
- Cocos2d-x 引擎：如果不使用内置的 Cocos2d-x 引擎，可以手动指定 Cocos2d-x 路径。（注意：使用 Cocos2d-x 引擎必须从 Cocos2d-x-lite 或该仓库的分支下载）
- WechatGame 程序路径：设置 WechatGame 的程序路径。
- NDK 路径：设置 NDK 路径。
- ANT 路径：设置 Android SDK 路径。

4. 预览运行

单击 Cocos Creator 编辑器中的"预览运行"按钮，可以预览项目，一般选择 Cocos Creator 自带的模拟器或浏览器预览运行，如图 2-12 所示。

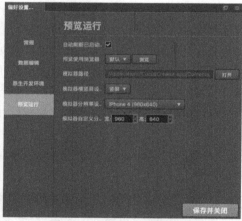

图 2-12　预览运行设置界面

- 自动刷新已启动的预览：当运行预览项目时，保存场景或重新编译脚本后是否需要刷新正在预览的设备。
- 预览使用浏览器：可以在下拉菜单中选择系统默认的浏览器，或者单击"浏览"按钮手动指定浏览器的路径。
- 模拟器路径：从 v1.1.0 版开始，Cocos Creator 使用的 Cocos 模拟器会放置在 Cocos2d-x 引擎路径下。在使用定制版引擎时，需要自己编译模拟器到引擎路径下。单击"打开"按钮，可以在文件系统中打开当前指定的模拟器路径，方便调试时定位。
- 模拟器横竖屏设置：指定预览模拟器运行时是横屏显示还是竖屏显示。
- 模拟器分辨率设置：从预设的设备分辨率中选择一个作为模拟器的分辨率。
- 模拟器自定义分辨率设置：如果预设的分辨率不能满足要求，可以手动输入屏幕宽、高设置模拟器的分辨率。

2.5.2　项目设置

项目设置面板可以通过主菜单的"项目→项目设置"命令打开，包括所有与特定项目相关的设置。这些设置会保存在项目的"settings/project.json"文件里。如果需要在不同开发者之间同步项目设置，要将"settings"目录加入版本控制。项目设置主要有四个模块。

1．分组管理

分组管理主要为碰撞体系统提供分组支持，如图 2-13 所示。

2．模块设置

模块设置主要是对 Web 版游戏引擎中使用的模块进行裁剪，达到减小引擎包体的目的。在模块列表中，被选中的模块在打包时将被引擎包含，未被选中的模块会被裁剪掉。在这里设置裁剪能够大幅度地减小引擎包体，建议打包后进行完整测试，避免在场景和脚本中使用裁剪掉的模块，如图 2-14 所示。

3．项目预览

项目预览分页提供的选项和设置面板里的预览运行分页类似，包括初始预览场景、默认 Canvas 设置、设计分辨率、模拟器设置类型等，对当前项目生效，如图 2-15 所示。

- 初始预览场景：设置预览场景，设置单击"预览运行"按钮时，会打开项目中的哪个场景。如果设置为"当前打开场景"，就会运行当前正在编辑的场景，也可以设置成一个固定的场景（例如需要从登录场景开始游戏）。
- 默认 Canvas 设置：包括设计分辨率和适配屏幕宽度/高度，用于规定在新建场景或使用 Canvas 组件时，Canvas 中默认的设计分辨率数值，以及 Fit Height、Fit Width。
- 模拟器设置类型：设置模拟器预览分辨率和屏幕朝向，设为"全局"时，会使用设置里的模拟器分辨率和屏幕朝向的设置；设为"项目"时，会显示三种模拟器设置，分别为模拟器横竖屏设置、模拟器分辨率设置、模拟器自定义分辨率。

4．服务

集成 Cocos Creator 数据统计，允许优选发布，最后统计完整数据。

图 2-13　分组管理界面

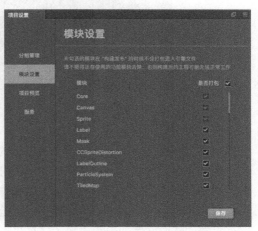

图 2-14　模块设置界面

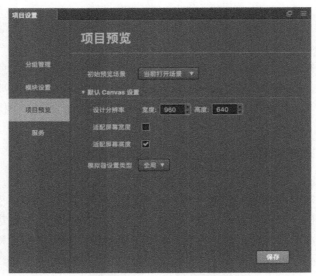

图 2-15　项目预览界面

2.6　其他

本节开始正式了解 Cocos Creator 编辑器的控制台、主菜单、编辑器布局的知识和使用，学习并掌握 Cocos Creator 编辑器的各个面板的使用。

2.6.1　控制台

控制台面板主要用来显示报错、警告、其他 Cocos Creator 编辑器和引擎生成的日志信息，不同重要级别的信息会以不同的颜色展示，如图 2-16 所示。

图 2-16　控制台界面

1.　日志等级

- 日志：灰色文字，通常显示正在进行的操作。
- 提示：蓝色文字，显示重要的提示信息。
- 成功：绿色文字，表示当前执行的操作已成功完成。
- 警告：黄色文字，提示用户最好进行处理的异常情况，但不处理也不会影响项目运行。
- 报错：红色文字，表示出现了严重错误，必须解决这个错误才能进行下一步操作或运行游戏。

2. Console 设置

- 清除：清除控制台面板中的所有当前信息。
- 过滤输入：根据输入的文本过滤控制台中的信息，如果选择了"Regex"复选框，输入的文本会被当作正则表达式来匹配文本。
- 信息级别：可选定信息级别，日志报错级别可以查看信息。
- 切换文字：控制调整控制台的字号。
- 合并同类信息：该选项处于激活状态时，相同的信息会被合并成一条，并在信息旁边以黄色数字提示有多少条同类信息被合并了。

3. 查看日志

- 打开日志文件：单击日志文件打开并查看日志。
- 复制日志：选中日志即可复制日志，以便使用其他工具打开或使用日志。
- 查看日志信息：若日志含有调用堆栈信息或详细信息，则会在日志左侧显示一个小三角按钮，单击小三角按钮就可以查看日志的隐藏信息。

2.6.2 主菜单

1. Cocos Creator 主菜单

包括软件信息、设置、窗口控制（隐藏、显示全部、最小化、退出编辑器）等功能。

2. 文件

包括场景文件的打开和保存，以及从其他项目导入场景和资源的功能。

- 打开项目：关闭当前打开的项目，并打开 Dashboard "最近打开项目"的分页。
- 新建场景：关闭当前场景并创建一个新场景，新创建的场景需要手动保存才会添加到项目路径下。
- 保存场景：保存当前正在编辑的场景，如果是使用"新建场景"菜单选项创建的场景，在第一次保存时会弹出对话框，选择场景文件保存的位置和文件名即可。场景文件以".fire"作为扩展名。
- 资源导入：将资源导入当前项目中。
- 资源导出：导出项目中的资源。
- 导入项目：从其他场景和 UI 编辑工具中导入场景和项目资源。

3. 编辑

常用的编辑功能有撤销、重做、复制、粘贴等。

- 撤销：撤销上一次对场景的修改。
- 重做：重新执行上一次撤销的对场景的修改。
- 复制：复制当前选中的节点或字符到剪贴板。
- 粘贴：粘贴剪贴板中的内容到场景或属性输入框中。
- 选择全部：若焦点在场景编辑器内则选中所有节点，若焦点在控制台则选中所有日志信息。

4．节点

利用菜单创建节点，并设置一些属性。

- 关联节点到预制体：先选中场景中的一个节点和资源管理器中的一个预制体，然后选择此菜单项，即可关联选中的节点和预制体。
- 还原成普通节点：选中场景中的一个预制节点，执行该命令将预制节点转化成普通节点。
- 创建空节点：在场景中创建一个空节点，如果执行该命令前在场景中已经选中了节点，新建的节点会成为选中节点的子节点。
- 创建渲染节点：创建预设好的包含渲染组件的节点。
- 创建 UI 节点：创建预设好的包含 UI 组件的节点。

5．组件

通过菜单直接创建组件：添加碰撞组件、物理组件、渲染组件、用户脚本组件、UI 组件等。

6．项目

运行、构建项目及项目个性化设置。

- 运行预览：在浏览器或模拟器中运行项目。
- 刷新已运行的预览：刷新已经打开的预览窗口。
- 构建发布：打开构建发布面板并配置信息。
- 项目设置：进行项目的个性化设置。

7．其他

- 面板：包括资源管理器、控制台、层级管理器、控件库、场景编辑器、动画编辑器。
- 布局：包括默认布局、竖屏布局、经典布局。
- 扩展：包括插件扩展、扩展商店、Any SDK。
- 开发者：包括脚本和编辑器扩展开发的相关功能。
- 帮助：包括相关学习文档、论坛。

2.6.3　工具栏

工具栏在编辑器主窗口的正上方，包含五组控件按钮和信息，主要为特定面板提供编辑功能，如图 2-17 所示。

图 2-17　工具栏

（1）第一组为场景编辑器节点变换属性：移动、旋转、缩放、尺寸。

（2）第二组按钮控制场景编辑器中变换工具的显示模式。

- 锚点（位置模式）：变换工具将显示在节点锚点（Anchor）所在位置。
- 中心点（位置模式）：变换工具将显示在节点中心点所在位置（受约束框大小影响）。
- 本地（旋转模式）：变换工具的旋转（手柄方向）将和节点的旋转（Rotation）属性保持一致。
- 世界（旋转模式）：变换工具的旋转（手柄方向）保持不变，x 轴手柄、y 轴手柄和世界坐标系方向保持一致。

（3）第三组按钮用于运行预览游戏。

- 选择预览平台：单击下拉菜单选择预览平台，有模拟器、浏览器两种选项。
- 预览运行：在浏览器或模拟器中运行当前的编辑场景。
- 刷新设备：在所有正在连接本机预览游戏的设备上重新加载当前场景（包括本机浏览器和其他连接本机的移动设备）。

（4）第四组信息为预览地址，显示运行 Cocos Creator 的计算机的局域网地址，连接同一局域网的移动设备可以访问这个地址来预览和调试游戏。数字显示连接的设备数量。

（5）第五组信息为以下两项。

- 访问项目文件夹：打开项目所在的文件夹。
- 打开程序安装路径：打开程序的安装路径。

2.6.4　编辑器布局

编辑器布局就是指 Cocos Creator 应用程序中各个面板的位置、大小、排列顺序、层叠情况等。Cocos Creator 编辑器的使用方法比较灵活，开发者可以根据自己的偏好对面板的位置、大小、排列进行调整。

通过选择主菜单里的"布局"选项，从预设的几种编辑器面板布局中选择最适合当前项目的布局。在预设布局的基础上，还可以继续对各个面板的位置和大小进行调整。对布局的修改会自动保存在项目所在文件夹下的"local/layout.windows.json"文件中。

1. 调整面板大小

将鼠标悬浮到两个面板之间的边界线上，当鼠标指针发生变化后，拖动鼠标调整相邻两个面板的大小。若面板设置了最小尺寸，达到尺寸限度后就无法继续缩小面板了。

2. 移动面板

单击面板的标签栏并拖曳，可以将面板整个移动到编辑器窗口的任意位置。在移动面板的过程中，蓝色半透明的方框会指示松开鼠标后面板将被放置的位置。

3. 层叠面板

拖曳一个面板的标签栏的时候，还可以移动鼠标到另一个面板的标签栏区域。在目标面板的标签栏出现橙色显示时松开鼠标，就能够将两个面板层叠在一起，此时只能显示其中一个面板。层叠面板在桌面分辨率不足或排布使用率较低时比较常用，层叠的面板可以随时被拖曳出来，恢复永远在最上面的显示。

2.6.5　控件库

1. 认识控件库

控件库是一个简单的可视化控件仓库，简单地讲就是放控件的面板，开发者可以将控件库中的控件直接拖曳到场景编辑器或层级管理器中，快速完成项目场景搭建。控件库面板如图 2-18 所示。

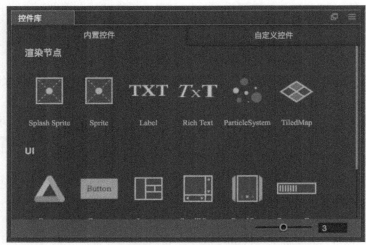

图 2-18　控件库面板

使用默认窗口布局时，控件库会默认显示在编辑器中。若使用的编辑器布局中没有显示控件库，则可以通过主菜单的"面板→控件库"命令打开控件库，并将其拖曳到编辑器的任意位置。

2．目前控件库的类别

1）内置控件

如图 2-18 所示，内置控件陈列所有编辑器内置的预设节点，拖曳这些控件到场景编辑器中，即可快速生成包括默认资源的精灵（Sprite）、包含背景图和文字标题的按钮（Button），以及已配置好的内容和滚动条的滚动视图（ScrollView）等。

控件库里包含的控件和主菜单中的节点菜单里可添加的预设节点是一致的，通过控件库创建新节点更加快捷方便，这里会提供一些 Cocos Creator 自带的控件。

2）自定义控件

自定义控件页面显示的都是开发者自主创建的预制资源，这样方便重复使用，不必多次创建。先将创建好的预制资源添加到控件库面板中，再从资源管理器中拖曳相应的预制资源到自定义控件分页，即可创建自定义控件面板列表。

右击自定义控件中的元素，即可进行重命名、从控件库中删除该控件、更换控件图标等操作。同使用内置控件一样，可以用拖曳的方式在场景中便捷地使用自定义控件。

2.6.6　构建预览

选择项目预览的平台，可以选择 Cocos Creator 提供的模拟器，也可以选择浏览器，如图 2-19所示。

图 2-19　构建预览菜单

选中浏览器后单击"预览"按钮，预览效果如图 2-20 所示。

图 2-20　浏览器预览效果

选中 Cocos Creator 编辑器的模拟器后单击"预览"按钮，预览效果如图 2-21 所示。

图 2-21　模拟器预览效果

第 3 章　脚本开发

本章主要讲解 Cocos Creator 游戏开发中最重要的一部分——脚本开发，学习脚本的创建、编写、挂载到节点，以及脚本的动态方法和属性声明，快速掌握脚本的开发及使用方法，实现游戏项目中的逻辑与功能。

3.1　认识脚本

本节主要讲解 Cocos Creator 游戏开发过程中脚本文件的创建和使用，以及一些基本知识，对脚本有一个初步的认知。

3.1.1　创建和使用脚本

Cocos Creator 的脚本文件一般用 JavaScript 语言编写，而且 Cocos Creator 的脚本主要通过扩展组件（将脚本组件挂载到节点上）开发实现某些功能和逻辑。目前，Cocos Creator 除了支持 JavaScript 语言还支持 CoffeeScript 语言。通过编写脚本文件给游戏中的场景节点赋予一些功能及属性，也通过脚本文件控制驱动场景中的可变角色。

在脚本文件中也可以动态地控制游戏中的节点，通过回调函数对节点进行动态添加、动态删除、修改属性、控制节点显示/隐藏等操作。

在资源管理器面板中，开发者可以单击"创建"按钮创建 JavaScript 脚本文件如图 3-1 所示。

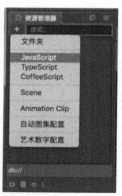

图 3-1　创建 JavaScript 脚本文件

创建的脚本文件打开如下：

```
// class
cc.Class({
    // 继承基类
    extends: cc.Component,
    // 声明属性
    properties: {
        // foo: {
        //     // ATTRIBUTES:
        //     default: null,
        //     type: cc.SpriteFrame, // 可选,默认值为 typeof default
        //     serializable: true,   // 可选,默认值为 true
        // },
        // bar: {
        // get 方法
        //     get () {
        //         return this.bar;
        //     },
        // set 方法
        //     set (value) {
        //         this.bar = value;
        //     }
        // },
    },
    // LIFE-CYCLE CALLBACKS:
    // 初始化
    // onLoad () {},
    // 开始
    start () {
    },
    // 刷新
    update (dt) {},
});
```

在 Cocos Creator 中编辑脚本比较自由,开发者可以根据自己的喜好选择相应的工具,如 Vim、Sublime、VCCode、WebStorm 等进行脚本编辑。选择自己偏爱的脚本编辑工具之后,在 Cocos Creator 编辑器的设置中进行基本偏好设置,就可以在资源管理器中双击打开选中的脚本文件进行编辑。

3.1.2 添加脚本到场景节点中

创建完脚本文件之后,要将它添加到节点上(挂载到节点上):选中节点并查看它的属性检查器,在属性检查器面板中,将新建的节点命名为"hello",单击"添加组件"按钮,选中要添加的脚本文件,即可将编写的脚本文件挂载到选中的节点上,如图 3-2 所示。

节点添加脚本文件成功,即将脚本文件挂载到节点上,如图 3-3 所示。

当然也可以像拖曳文件一样，拖曳脚本资源到节点的属性检查器面板中，自动将脚本文件挂载到选中的节点上，这种直接拖曳挂载的方式更加简捷。

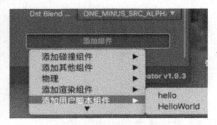

图 3-2　为节点添加脚本文件

图 3-3　节点成功添加脚本文件

3.1.3　cc.Class

脚本文件通常使用 cc.Class 声明类型，cc.Class 是一个常用的 API，调用 cc.Class 传入一个原型对象，在原型对象中以键值对的形式设定类型的参数，创建需要的类。

1. 定义 cc.Class

```
// 创建一个类赋值给 Sprite 变量
var Sprite = cc.Class({
    name: "spriteName" // 定义类名，用于序列化，一般可省略
});
```

2. 实例化

如果 Sprite 变量是一个 JavaScript 构造函数，可以直接创建一个对象。

```
var obj = new Sprite();
```

3. 判断类型

开发过程中需要对类型做出判断，通常使用 JavaScript 原生的 instanceof 进行判断。

```
cc.log(obj instanceof Sprite);
```

4. 构造函数

在 JavaScript 脚本文件中，一般使用 ctor 声明构造函数。

```
var Sprite = cc.Class({
    // 声明
    ctor: function(){
        // 判断类型
        cc.log(this instanceof Sprite);
    }
});
```

5. 实例方法

```
// 创建一个类赋值给 Sprite 变量
var Sprite = cc.Class({
    // 定义类名，用于序列化，一般可省略
```

```
    name: "spriteName",
    // 声明叫 "print" 的实例方法
    print: function(){}
});
```

6. 继承

JavaScript 脚本语言开发通常使用 extends 实现继承。

```
// 父类
var Farclass = cc.Class();
// 子类
var Childclass = cc.Class({
    // 继承
    extends: Farclass
});
```

继承后，cc.Class 会统一调用父类构造函数，开发者不需要显式调用。

```
// 父类
var Farclass = cc.Class({
    // 声明构造函数
    ctor: function(){
        // 实例化，父类构造函数会自动调用
        cc.log("Farclass ");
    }
});
// 子类
var Childclass = cc.Class({
 // 继承
    extends: Farclass
});
// 类
var Sclass = cc.Class({
extends: Childclass,
// 声明构造函数
ctor: function(){
        // 调用子构造函数
        cc.log("Sclass-");
    }
});
var  sclass = new Sclass();
```

代码输出为：Fclass、Sclass。

7. 声明属性

开发者在脚本文件中可以给组件声明属性，在 cc.Class 的 properties 字段中填写名字和属性参数即可。如果声明多个属性，属性之间直接用逗号分隔。

```
// class
cc.Class({
extends: cc.Component,
// 声明属性
    properties: {
    // 用户 ID
    userID:20,
    // 用户名称
    userName:"Foobar"
    },
});
```

声明属性之后，选中挂载的节点，查看属性检查器中的脚本组件就可以看到声明的属性了，如图 3-4 所示。

图 3-4　查看组件属性

在脚本文件中声明组件属性时，开发者可以直接对属性设置默认值。

```
// class
cc.Class({
extends: cc.Component,
// 声明属性
properties: {
    // 声明属性并直接设置默认值
    userID:20,          // number
    userName:"Foobar",  // string
    lod:false,          // boolean
    target:null,        // object
    },
});
```

当声明的属性具备类型时，需要用构造函数完成声明。

```
// 声明属性
properties:{
    // 节点
    target:cc.Node,
    pos: cc.Vec2,
    // 颜色
    color:new cc.color(255,255,255,120),
}
```

8. 完整声明

完整声明就是声明含有属性声明的参数，声明的属性声明参数控制属性在属性检查器中显示的方式，以及属性在场景序列化过程中的行为。

```
// 声明属性
properties:{
    // code 属性设置了三个参数：default、displayName、tooltip
    // 将这三个参数分别指定出来
    // code 的默认值为 0
    // 属性名为 "Code(player)"
    // 当鼠标移动到参数上时，显示对应的 tooltip
    code:{
        default:0,
        displayName:"Code(player)",
        tooltip:"The code of player",
    }
}
```

- default：设置属性的默认值，通常为 0，仅在组件第一次添加到节点时才会用到。
- type：属性的数据类型。
- visible：是否显示属性，设为 false 则不在属性检查器面板中显示该属性。
- serializable：是否序列化属性，设为 false 则不序列化（保存）该属性。
- displayName：属性名称，在属性检查器中显示该属性并指定属性名称。
- tooltip：在属性检查器面板中添加属性的 tooltip。

9. 数组声明

当进行数组声明时，default 不能为 0，需要设置为 "[]"，如果需要设置 type 为构造函数，将 cc.Integer、cc.Float、cc.Boolean、cc.String 放在 "[]" 中。

```
// 声明
properties:{
    // 名称数组
    names:{
        default:[],
        // 用 type 指定数组中每个元素都是字符串类型
        type: [cc.String]
    },
    // 序号数组
    items:{
        default:[],
        // type 数组，这样写提高代码的可读性
        type:[cc.Node]
    }
}
```

10. get 声明和 set 声明

在脚本文件中设置了 get 声明或 set 声明以后，访问属性的时候就能触发预定义的 get 方法或 set 方法。

```
// 声明
properties:{
    // 预定义 get 方法和 set 方法
    width:{
        // get 方法
        get:function(){
            return this._width;
        },
        // set 方法
        set:function(value){
            this._width = value;
        }
    },
}
```

3.1.4 访问节点和其他组件

开发者可以在属性检查器面板中直接修改节点属性和组件，也可以通过脚本文件动态修改节点属性和组件，如节点的添加、删除、属性、是否显示/隐藏等，以实现动态的游戏效果。

1. 获取组件所在的节点

可以通过 this.node 获取组件所在的节点。

```
// 开始函数
start: function(){
    // 获取节点
    var node = this.node
    // 设置节点的 X
     node.x = 100;
}
```

2. 获取其他组件

可以通过 getComponent 获取其他组件。

```
// 开始函数
start: function(){
    // 获取 cc.label 类的组件
    var label = this.getComponent(cc.label);
    // 设置文本内容
    var text = this.name + '字符串';
    // 修改文本内容
    label.string = text;
}
```

为 getComponent 传入一个类名，开发者定义组件时，类名就是脚本的文件名，字母区分大小写，如"Hello.js"的类名就是"Hello"。

```
// 开始函数
start: function(){
        // 获取 cc.Label 类的组件
        var tex = this.getComponent("Hello");
        // 节点上的 getComponent 方法的作用与此一致
        cc.log(this.node.getComponent(cc.Label));
        cc.log(this.getComponent(cc.Label));
        // 若找不到组件，getComponent 返回 null，若仍访问 null，运行程序会在控制台
        // 输出"TypeError"错误
        // 判断
        var label = this.getComponent(cc.Label);
        if(laebl){
            // 文本字段
            label.string = "hello";
        }else{
            // 报错
            cc.error("wrong");
        }
    }
```

3. 利用属性检查器设置节点

在属性检查器中直接为节点设置需要的对象。

```
// class
cc.Class({
    // 继承
  extends: cc.Component,
    // 声明
  properties: {
        // 声明 player 属性
        player:{
            // 默认值
            default:null,
            // 对象类型
            type:cc.Node
        }
    },
});
```

在 properties 里声明了一个 player 属性，默认值为 null，指定对象类型为 cc.Node，等同于声明了 public cc.Node player＝null。编译脚本文件，选中节点，在属性检查器中可以看到脚本组件如图 3-5 所示。

把层级管理器中的任意一个节点拖曳到 player 控件，如图 3-6 所示。

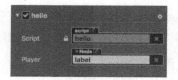

图 3-5　声明属性　　　　　　　　　　　图 3-6　设置属性

这时候就可以在脚本文件中直接访问 player。

```
// class
cc.Class({
extends: cc.Component,
  // 声明
  properties: {
      // 声明 player 属性
      player:{
          default:null,
          type:cc.Node
      }
},
// 开始方法
start : function ({
      // 打印字段"player"的 name
      cc.log("player 是"+ this.player.name);
    })
});
```

4. 利用属性检查器设置组件

在上面的代码中，若将 type 由 cc.Node 改为 player，在脚本文件中就可以直接调用，不用写 getComponent 进行调用。

```
// class
cc.Class({
    extends: cc.Component,
    // 声明
    properties: {
        // 声明 player 属性
        player:{
            default:null, // 默认值
    type:player // 类型
        }
    },
    // 开始方法
    start : function (){
        // 赋值给 this.player
        var playert = this.player;
        this.checkplayer(playert);
    }
});
```

也可以将默认值 null 改为数组[]，这样就可以在属性检查器中同时设置多个对象。

5. 查找子节点

为方便统一调用管理子节点，将子节点统一放置在一个父物体中。

```
// class
cc.Class({
    extends: cc.Component,
    // 声明
    properties: {
    },
    // 开始方法
    start : function (){
        // 获取子节点
        var nons = this.node.children;
        // 设置子节点
        this.node.getChildrenByName("nons 1");
        // 根据路径查找
        cc.find("nons 01/Hello",this.node);
    }
});
```

6. 全局名字查找

当 cc.find 只传入第一个参数时，表示将从场景根节点开始逐步逐级查找。

```
this.findnode = cc.find("Canvas/Mune/findnode");
```

7. 访问已有变量的值

访问已有变量的值有两种方式：一是通过全局变量访问，二是通过模块访问。

（1）通过全局变量访问。使用全局变量要谨慎，不要滥用。

```
// 定义一个全局对象 window.Global
window.Global = {
    // 属性
    gNode: null,
    gLabel: null,
};
// 访问全局对象
cc.Class({
    extends: cc.Component,
    // 初始化方法
    onLoad: function(){
        // 设置 Global
        Global.gNode = this.node; // 节点
        Global.gLabel = this.getComponent(cc.Label); // 字段
    },
    // 开始方法
    start:function(){
```

```
        // 初始化设置 Global 的字段
        var text = "GG";
        Global.gLabel.string = text;
    }
});
```

（2）通过模块访问，可以使用 require 实现脚本的跨文件操作。

```
// Global.js
// 声明对象
module.exports = {
    // 设置默认值
    gNode:null,
    gLabel:null,
};
// 使用 require 获取对方的 exports 的对象
var Global = require("Global");
cc.Class({
    extends:cc.Component,
    // 初始化方法
    onLoad:function(){
        // 设置
        Global.gNode = this.node;
        Global.gLabel = this.getComponent(cc.Label);
        // 文本设置
        var text = "GG";
        Global.gLabel.string = text;
    }
});
```

3.1.5 常用节点和组件接口

1. 激活或关闭节点

通常节点默认是激活状态，可以通过 active 属性设置节点的状态。

```
this.node.active = false;
```

当一个节点处于关闭状态的时候，它的所有组件都是被禁用的，而且它的所有子节点也是被禁用的。当子节点被禁用时，子节点的 active 属性不会发生变化。父节点的 active 属性关闭，对子节点的 active 属性没有影响。

开发者可以通过 activeInHierarchy 判断当前节点是处于激活状态还是关闭状态。若节点处于可被激活状态，修改 active 属性为 true 可激活该节点。

- 在场景中重新激活该节点和它的所有子节点。
- 该节点和它的子节点的所有组件都可以使用，update 方法每帧都会执行。
- 如果这些组件上有 onEnable 方法，该方法也会被执行。

若节点处于激活状态，修改 active 属性为 false 可关闭节点操作。

- 如果组件上有 onDisable 方法，该方法会被执行。
- 在场景中会隐藏该节点和它的子节点。
- 该节点和它的子节点的组件都会被禁用，不再执行组件中的 update 方法。

2. 更改节点的父节点

```
// 父节点为 parentNode，子节点为 this.node
this.node.parent = parentNode;
```

或者

```
this.node.removeFromParent(false);
parentNode.addChild(this.node);
```

3. 索引节点的子节点

```
// 子节点
this.node.children
// 子节点数量
this.node.childrenCount
```

4. 更改节点的属性（位置、旋转、缩放、尺寸等）

1）更改节点位置属性

```
// 直接赋值
this.node.x = 100;
this.node.y = 100;
//使用 setPosition
this.node.setPosition(100,100);
this.node.setPosition(cc.v2(100,100));
// 设置 position 变量
this.node.position = cc.v2(100,100);
```

2）更改节点旋转属性

```
this.node.rotation = 90;
```

或者

```
this.node.setRotation(90);
```

3）更改节点缩放属性

```
this.node.scaleX = 2;
this.node.scaleY = 2;
```

或者

```
this.node.setScale(2);
this.node.setScale(2,2);
```

4）更改节点尺寸属性

```
this.node.width = 100;
this.node.height = 100;
```

或者

```
this.node.setContentSize(100,100);
this.node.setContentSize(cc.size(100,100));
```

5）更改节点锚点的位置属性

```
this.node.anchorX = 1;
this.node.anchorY = 1;
```

或者
```
this.node.setAnchorPoint(1,1);
```

5. 颜色和不透明度

```
// 更改渲染组件的颜色
sprite.node.color = cc.Color.RED;
// 设置不透明度
sprite.node.opacity = 100;
```

6. 常见的组件接口

- cc.Component：所有组件的基类，通常都要继承它。
- this.node：组件所属的节点实例，常用于获取当前节点。
- this.enabled：用来控制渲染组件的显示/隐藏，以及是否每帧都执行该组件的 update 方法。
- update：刷新方法，组件的成员方法，在组件的 enabled 属性为 true 时，其中的代码会每帧都执行。
- onLoad：初始化方法，组件所在节点的初始化执行的方法（将如节点添加到节点树）。
- start：开始方法，该方法会在组件第一次调用 update()方法之前执行，在组件的 onLoad() 方法之后执行。若想在所有组件初始化加载完毕之后实现一些场景，可以在 start()方法中编写代码。

3.2 脚本常用函数与方法

本节主要讲解脚本编写的一些常用方法及函数，它们在游戏开发中会经常被用到，例如进行游戏的初始化设置、游戏的逻辑代码实现、游戏的帧刷新处理、游戏场景切换等。

3.2.1 生命周期

组件脚本的生命周期回调函数有： onLoad、start、update、lateUpdate、onDestroy、onEnabled 及 onDisable。

一般在 onLoad 函数中进行组件初始化编写。OnLoad 回调会在节点首次激活时触发，比如当游戏中所有场景被载入时，或者所有节点被激活时。在 onLoad 阶段，开发者可以获取场景中的其他节点，以及节点关联的数据。onLoad 方法在 start 方法被调用前执行，便于安排脚本的初始化顺序，在 onLoad 方法中进行初始化操作。

```
// class
cc.Class({
    // 继承基类
    extends: cc.Component,
        // 声明
        properties: {
        // 图像
        tSprite:cc.SpriteFrame,
```

```
        // 节点
        gun:cc.Node,
    },
    // 初始化
    onLoad: function(){
        // 初始化 sprite
        this._tSprite = this.tSprite.getRect();
        this.gun = cc.find('hello/gun',this.node);
    },
});
```

　　start 方法通常用于初始化中间状态的数据，这些初始数据可能会在调用 update 方法时发生变化。start 回调函数会在组件第一次激活前被调用，在第一次执行 update 函数之前触发。

```
// class
cc.Class({
    // 继承基类
    extends: cc.Component,
    // 开始方法
    start: function(){
        // 时间
        this.timer = 0.0;
    },
    // 刷新
    update:function(dt){
        // 时间变化
        this.timer+=dt;
        // 判断
        if(this.timer >= 10.0){
            console.log('timer');
            // 停止
            this.enabled = false;
        }
    }
});
```

　　update 回调函数用于游戏刷新，游戏中每帧渲染前更新物体的行为、状态、方位等都在该方法中执行。

```
// class
cc.Class({
    extends: cc.Component,
    // 刷新
    update:function(dt){
        // 节点位置
        this.node.setPosition(0.0,20*dt);
    }
});
```

update 回调函数会在所有动画更新前执行，而 lateUpdate 回调函数则在组件更新之后执行，在游戏开发中做一些后续补充操作。

```
// class
cc.Class({
    extends: cc.Component,
    // 刷新
    update:function(dt){
      // 节点位置
      this.node.setPosition(0.0,20*dt);
    },
    // 刷新后
    lateUpdate:function(dt){
        // 节点角度
        this.node.rotation = 20;
    }
});
```

当节点的 active 属性从 false 变为 true 时，会激活 onEnabled 回调函数；当组件的 enabled 属性从 false 变为 true 时，也会激活调用 onEnabled 回调函数。

onEnabled 回调函数在 onLoad 方法之后或 start 方法之前调用。

onDisable 回调函数会在组件的 enabled 属性从 true 变为 false 或节点的 active 属性从 true 变为 false 时被调用，与 onEnabled 回调函数相反。

当组件或节点调用了 destroy 方法，则会调用 onDestroy 回调函数，在当前帧结束时统一回收组件。

3.2.2 创建和销毁节点

1. 创建节点

除了在层级管理器面板中创建节点，也可以通过 new cc.Node() 编写脚本，动态创建节点。

```
// class
cc.Class({
  // 继承基类
  extends: cc.Component,
  // 声明
  properties: {
    sprite: { // 精灵
      default: null, // 默认值
      type: cc.SpriteFrame, // 类型
    },
  },
  // 开始
  start: function () {
    // 获取节点
    var node = new cc.Node('Sprite');
```

```
        var sp = node.addComponent(cc.Sprite);
        // 设置节点图像
        sp.spriteFrame = this.sprite;
        node.parent = this.node;
    },
});
```

2. 快速克隆已有节点

通过 cc.instantiate 方法可以快速克隆已有节点。

```
// class
cc.Class({
    extends: cc.Component,
    // 声明
    properties: {
        // 节点
        target: {
            default: null, // 默认值
            type: cc.Node, // 类型
        },
    },
    // 开始
    start: function () {
        // 场景
        var scene = cc.director.getScene();
        // 克隆节点
        var node = cc.instantiate(this.target);
        node.parent = scene;
        // 节点位置
        node.setPosition(10,10);
    },
});
```

3. 创建预制节点

设置一个预制体，通过 cc.instantiate 方法生成节点。

```
// class
cc.Class({
    extends: cc.Component,
    // 声明
    properties: {
        // 节点
        target: {
            default: null, // 默认值
            //type: cc.Node,
            type:cc.Prefab, // 类型
        },
    },
```

```
    // 开始
    start: function () {
    // 场景
    var scene = cc.director.getScene();
    // 克隆节点
    var node = cc.instantiate(this.target);
    node.parent = scene;
    // 节点位置
    node.setPosition(10,10);
    },
});
```

4. 销毁节点

通过 node.destroy() 函数销毁节点。在调用 node.destroy() 函数销毁节点时，节点不会被立刻移除，而是在当前帧更新结束后统一进行销毁。节点被销毁后，该节点处于无效状态，不可使用，可以通过 cc.isValid 方法查看节点是否被销毁。

```
// class
cc.Class({
    extends: cc.Component,
    // 声明
    properties: {
        // 节点
        target: {
          default: null, // 默认值
          //type: cc.Node,
          type:cc.Prefab, // 类型
         },
        },
        // 开始
        start: function () {
        // 场景
        var scene = cc.director.getScene();
        // 克隆节点
        var node = cc.instantiate(this.target);
        node.parent = scene;
        // 位置
        node.setPosition(10,10);
         // 3 秒后销毁目标节点
         setTimeout(function () {
            // 销毁节点
            this.target.destroy();
         }.bind(this), 3000);
        },
        // 刷新
        update: function (dt) {
          // 是否是目标
        if (cc.isValid(this.target)) {
```

```
        // 角度
        this.target.rotation += dt * 10.0;
    }
  },
});
```

　　使用 destroy 方法销毁节点会激活组件上的 onDestroy 回调函数；而使用 removeFromParent 方法移除节点，节点不一定完全从内存中释放，因为程序中有些地方可能仍会引用此对象，出现内存泄漏。

　　📝 **注意**：在开发过程中，若某个节点不再被使用，可以直接使用 destroy 方法将其销毁，不需要使用 removeFromParent 方法，也不需要将 parent 属性设置为 null。

3.2.3　加载和切换场景

1. 切换场景

使用场景名称切换场景，调用 cc.director.loadScene（场景名）。

```
cc.director.loadScene("SceneName");
```

2. 场景加载回调

场景加载完毕之后进行初始化操作。

```
// 回调函数 onSceneLaunched
cc.director.loadScene("SceneName",onSceneLaunched);
```

3. 预加载场景

可以使用 cc.director.preloadScene 进行场景预加载，使用 cc.director.loadScene 会在加载场景之后切换运行新场景。

```
// 场景预加载
cc.director.preloadScene("TwoScene",function(){
    cc.log("Pre Scene");
});
```

之后调用 cc.director.loadScene("TwoScene")即可切换场景。

3.2.4　获取和加载资源

1. 资源属性声明

在 Cocos Creator 中，所有继承 cc.Asset 的类型统称为资源，如 cc.SpriteFrame、cc.Prefab 等，它们自动加载。

```
// class
cc.Class({
  extends: cc.Component,
  // 声明
  properties: {
```

```
//声明一个 assets 属性
spriteFrame:{
    default:null, // 默认值
    type: cc.SpriteFrame // 类型
}
},
});
```

2. 在属性检查器中设置资源

在脚本文件中声明如下。

```
// class
cc.Class({
    extends: cc.Component,
    // 声明
    properties: {
        // 声明一个 assets 属性
        spriteFrame:{
            default:null,
            type: cc.SpriteFrame
        },
        // 文本属性
        texture:{
            default:null, // 默认值
            type:cc.Texture2D // 类型
        }
    },
});
```

把该脚本添加到节点后，选中节点并查看属性检查器，如图 3-7 所示。

之后可以从资源管理器中拖曳资源到属性检查器中的脚本组件，拖曳图片"HelloWorld"之后如图 3-8 所示。

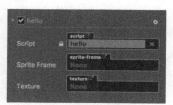

图 3-7　资源属性

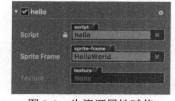

图 3-8　为资源属性赋值

这样就可以在脚本文件中获取设置的资源。

```
// class
cc.Class({
    extends: cc.Component,
    properties: {
        //声明一个 assets 属性
        spriteFrame:{
            default:null, // 默认值
```

```
            type: cc.SpriteFrame // 类型
        },
        // 文本属性
        texture:{
            default:null, // 默认值
            type:cc.Texture2D // 类型
        }
    },
    // 初始化
    onLoad:function(){
        // 获取资源
        var spriteFrame = this.spriteFrame;
         var texture = this.texture;
         // 设置精灵图像
        spriteFrame.setTexture(texture);
    },
});
```

3. 动态加载

```
// 加载 prefab
        cc.loader.loadRes("test assets/prefab", function (err, prefab) {
            var newNode = cc.instantiate(prefab);
            cc.director.getScene().addChild(newNode);
        });
        // 加载 AnimationClip
        var self = this;
        cc.loader.loadRes("test assets/anim", function (err, clip) {
            self.node.getComponent(cc.Animation).addClip(clip, "anim");
        });
        // 加载 SpriteFrame
        var self = this;
        cc.loader.loadRes("test assets/image", cc.SpriteFrame, function
(err, spriteFrame) {
            self.node.getComponent(cc.Sprite).spriteFrame = spriteFrame;
        });
        // 加载 SpriteAtlas（图集），并且获取其中一个 SpriteFrame
        // 注意：atlas 资源文件通常会和一个同名的图片文件放在一个目录下，所以需
        // 要在第二个参数指定资源类型
        cc.loader.loadRes("test assets/sheep", cc.SpriteAtlas, function
(err, atlas) {
            var frame = atlas.getSpriteFrame('sheep_down_0');
            sprite.spriteFrame = frame;
    });
```

4. 释放资源

可以调用 cc.loader.readRes 或 cc.loader.releaseAsset 释放资源；调用 cc.loader. releaseRes 传入资源路径及类型参数。

```
// 设置资源路径、参数
cc.loader.releaseRes("test assets/image", cc.SpriteFrame);
cc.loader.releaseRes("test assets/anim");
// 调用 releaseAssets 释放特定的资源
cc.loader.releaseAsset(spriteFrame);
```

5. 批量加载资源

可以通过调用 cc.loader.loadResDir 加载相同路径下的多个资源。

```
// 加载 test assets 目录下的所有资源
cc.loader.loadResDir("test assets", function (err, assets) {
// ...
});
// 加载 test assets 目录下的所有 SpriteFrame，并且获取它们的路径
cc.loader.loadResDir("test  assets",  cc.SpriteFrame,  function  (err,
assets, urls) {
// ...
});
```

6. 加载远程资源和设备资源（从服务器远程加载资源）

```
// 远程 url 带图片路径名
var remoteUrl = "http://tupian/tp.png";
cc.loader.load(remoteUrl, function (err, texture) {
    // Use texture to create sprite frame
});
// 远程 url 不带图片路径名，要指定远程图片文件类型
remoteUrl = "http://tupian/emoji?id=1234";
cc.loader.load({url: remoteUrl, type: 'png'}, function () {
    // Use texture to create sprite frame
});
// 使用绝对路径加载资源，如相册
var absolutePath = "/dara/data/some/path/to/image.png"
cc.loader.load(absolutePath, function () {
    // Use texture to create sprite frame
});
```

7. 资源的依赖和释放

加载资源后，全部的资源会被临时缓存到 cc.loader 中，以避免重复加载资源时发送无意义的 http 请求。有时候资源是相互依赖的，这样加载同一张贴图时不用重复发送请求。

在 JavaScript 中垃圾回收是延迟的，在 cc.loader 中实际上是用户根据游戏逻辑管理资源。若观察到游戏内存曲线异常，可以查看游戏逻辑，看代码是否有内存泄漏。

下面是一个简单的内存处理实例。

```
// 直接释放某个贴图
cc.loader.release(texture);
// 释放一个 prefab 及所有它依赖的资源
var deps = cc.loader.getDependsRecursively('prefabs/test');
```

```
cc.loader.release(deps);
// 如果在 prefab 中有一些和场景其他部分共享的资源，而且你不希望它们被释放，那么可以
将这些资源从依赖列表中删除
var deps = cc.loader.getDependsRecursively('prefabs/test');
var index = deps.indexOf(texture2d._uuid);
if (index !== -1)
    deps.splice(index, 1);
cc.loader.release(deps);
```

3.3　事件

本节开始正式学习 Cocos Creator 中常见的事件，如监听事件、发射事件、系统内置事件、玩家输入事件等，利用事件实现游戏中的功能和逻辑。

3.3.1　监听事件和发射事件

1. 监听事件

在脚本文件中，可以通过访问节点 this.node 注册、监听组件的事件，整个事件处理在 cc.Node 中完成。组件监听事件可以通过 this.node.on() 函数来注册。

```
// class
cc.Class({
    extends: cc.Component,
    // 声明
    properties: {
    },
    // 初始化
    onLoad:function(){
        // 注册事件
        this.node.on('down',function(event){
            console.log('hello');
        });
    },
});
```

this.node.on() 函数可以传递三个参数。

```
// class
cc.Class({
    extends: cc.Component,
    // 声明
    properties: {
    },
    // 初始化
    onLoad:function(){
        // 注册事件
```

```
        this.node.on('down',function(event){
            console.log('hello');
        });
        // 使用函数绑定
        this.node.on('go', function ( event ) {
            this.enabled = false;
        }.bind(this));
        // 使用第三个参数
        this.node.on('go', function (event) {
            this.enabled = false;
        }, this);
    },
});
```

这里也可以使用 once 方法，只监听事件回调一次，在监听函数响应后就会关闭监听事件。

2. 关闭监听事件

使用 this.node.off 方法关闭监听事件。要注意的是，off 方法的参数必须和 on 方法的参数一一对应才能够关闭监听事件。

```
// class
cc.Class({
    extends: cc.Component,
    // 声明
    properties: {
    },
    // 声明方法
    hello: function () {
        console.log('Hello');
    },
    // enable 方法
    onEnable: function () {
        // 注册事件
        this.node.on('foobar', this.hello, this);
      },
    // disable 方法
    onDisable: function () {
        // 关闭事件
        this.node.off('foobar', this.hello, this);
    },
});
```

3. 发射事件

开发者可以用两种方式发射事件：emit 和 dispatchEvent。二者的区别在于后者可以用作事件传递。

```
this.node.emit('hello', msg);
```

4. 派送事件

发射事件之后就要进行事件派送，Cocos Creator 采用的是冒泡派送方式。冒泡派送方式会将事件发起节点不断地向上传递给它的父节点，直到根节点，或者在某个节点的响应函数中做了处理，否则会一直传递下去。

```
// 在节点 c 的组件脚本中
this.node.dispatchEvent( new cc.Event.EventCustom('foobar', true) );
// 如果希望在 b 节点截获事件后就不再将事件传递
// 通过调用 event.stopPropagation() 函数来完成
// 节点 b 的组件脚本
this.node.on('foobar', function (event) {
    event.stopPropagation();
```

要注意的是，在发送用户自定义的事件时，不可以直接创建 cc.Event 对象，因为该对象是抽象类，要创建 cc.Event.EventCustom 对象派送事件。

5. 事件对象

下面针对 cc.Event 对象介绍几个重要的 API。

- Type：String 类型，事件的类型即事件名。
- Target：cc.Node 类型，接收事件的原始对象。
- currentTarget：cc.Node 类型，接收事件的当前对象，若事件在冒泡阶段，当前对象可能会和原始对象不同。
- getType：Function 类型，获取事件的类型。
- stopPropagation：Function 类型，停止事件，事件将不再向父节点传递，当前节点的剩余监听器仍然会接收事件。
- stopPropagationImmediate：Function 类型，立即停止事件传递，事件将不再传递给父节点，并且当前节点的剩余监听器也不会接收事件。
- getCurrentTarget：Function 类型，获取当前接收到的事件的目标节点。
- detail：Function 类型，自定义事件的信息（属于 cc.Event.EventCustom）。
- setUserData：Function 类型，设置自定义事件的信息（属于 cc.Event.EventCustom）。
- getUserData：Function 类型，获取自定义事件的信息（属于 cc.Event.EventCustom）。

3.3.2　系统内置事件

目前 Cocos Creator 支持鼠标、触摸、键盘、重力传感四种系统事件。与节点有关的系统事件我们称之为节点系统事件。系统事件依然遵循注册方式，可以使用枚举类型直接使用事件名称注册事件的监听器。事件名称的定义可以遵循 DOM 事件标准。

```
// 使用枚举类型注册
node.on(cc.Node.EventType.MOUSE_DOWN, function (event) {
    console.log('down');
}, this);
// 使用事件名称注册
node.on('down', function (event) {
    console.log('down');
}, this);
```

1. 鼠标事件类型和事件对象

下面简单介绍几个常用鼠标事件类型。

- cc.Node.EventType.MOUSE_DOWN：当鼠标在目标节点区域按下时。
- cc.Node.EventType.MOUSE_ENTER：当鼠标移入目标节点区域时，不论是否按下。
- cc.Node.EventType.MOUSE_MOVE：当鼠标在目标节点区域移动时，不论是否按下。
- cc.Node.EventType.MOUSE_LEAVE：当鼠标移出目标节点区域时，不论是否按下。
- cc.Node.EventType.MOUSE_UP：当鼠标从按下状态松开时。
- cc.Node.EventType.MOUSE_WHEEL：当鼠标滚动时。

常见的鼠标事件的 API 如表 3.1 所示。

表 3.1　常见的鼠标事件的 API

函　数　名	返回值类型	意　　义
getScrollY	Number	获取鼠标滚轮滚动的 y 轴距离
getLocation	Object	获取鼠标位置对象，对象含 x 和 y 属性
getLocationX	Number	获取鼠标的 x 轴位置
getLocationY	Number	获取鼠标的 y 轴位置
getPreviousLocation	Object	获取鼠标事件上次触发时的位置对象，对象含 x 和 y 属性
getData	Object	获取鼠标距离上一次事件移动的距离对象，对象含 x 和 y 属性
getButton	Number	cc.Event.EventMouse.BUTTON_LEFT/ cc.Event.EventMouse.BUTTON_RIGHT/ cc.Event.EventMouse.BUTTON_MIDDLE

2. 触摸事件类型和事件对象

常用的系统提供的触摸事件类型如表 3.2 所示。

表 3.2　常用的系统提供的触摸事件类型

枚举对象定义	对应的事件名	事件触发的时机
cc.Node.EventType.TOUCH_START	touchstart	手指触点落在目标节点区域
cc.Node.EventType.TOUCH_MOVE	touchmove	手指在目标节点区域内移动
cc.Node.EventType.TOUCH_END	touchend	手指在目标节点区域内离开屏幕
cc.Node.EventType.TOUCH_CANCEL	touchcancel	手指在目标节点区域外离开屏幕

触摸事件常用的 API 如表 3.3 所示。

表 3.3　触摸事件常用的 API

API	类　型	意　　义
touch	cc.Touch	与当前事件关联的触点对象
getID	Number	获取触点的 ID，用于多点触摸的逻辑判断
getLocation	Object	获取触点的位置对象，对象包含 x 和 y 属性
getLocationX	Number	获取触点的 x 轴位置
getLocationY	Number	获取触点的 y 轴位置
getPreviousLocation	Object	获取触点上一次触发事件时的位置对象，对象包含 x 和 y 属性
getStartLocation	Object	获取触点初始时的位置对象，对象包含 x 和 y 属性
getDelta	Object	获取触点距离上一次事件移动的距离对象，对象包含 x 和 y 属性

触摸事件支持节点树的事件冒泡，如图 3-9 所示。

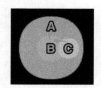

图 3-9　事件冒泡

在图 3-9 中，节点 A 拥有一个子节点 B，节点 B 拥有一个子节点 C。假设 A、B、C 节点都监听了触摸事件，当在 B 节点区域内按下鼠标时，事件首先在 B 节点触发，B 节点监听器接收到事件，将事件向其父节点传递，A 节点的监听器将接收到事件。这就是整个冒泡过程。

当在 C 节点区域按下鼠标时，事件首先在 C 节点触发，并通知在 C 节点上注册的事件监听器。C 节点会通知 B 节点这个事件，B 节点会负责检查触点是否发生在自我区域内，如果发生在自我区域内，则通知自己的监听器处理事件，否则不予处理。接着 A 节点会接收到事件，由于 C 节点完整地在 A 节点下，所以注册在 A 节点的事件监听器都将接收到触摸事件。

从整个触摸事件监听过程不难看出，要根据节点区域判断是否分发事件。若想终止事件，可以调用 event 的 stopPropagation 函数主动停止冒泡过程。

cc.Node 的常用其他事件如表 3.4 所示。

表 3.4　常用的其他 cc.Node 事件

枚举对象定义	对应的事件名	事件触发的时机
无	position-changed	修改位置属性时触发
无	rotation-changed	修改旋转属性时触发
无	scale-changed	修改缩放属性时触发
无	size-changed	修改宽高属性时触发
无	anchor-changed	修改锚点属性时触发

3.3.3　玩家输入事件

和节点树不相关的全局事件就是全局系统事件，全局系统事件由 cc.systemEvent 统一派发，如键盘事件、设备重力传感事件。要注意的是，在 Cocos Creator 开发过程中，目前不建议直接使用 cc.eventManager 注册任何事件，cc.eventManager 的用法后续可能会进行更改。

在全局系统事件中，键盘事件、设备重力传感事件是通过 cc.systemEvent.on (type,callback, target)注册的。其中，Type 类型有以下几种。

- cc.SystemEventType.KEY_DOWN（按下键盘）。
- cc.SystemEventType.KEY_UP（释放键盘）。
- cc.SystemEventType.DEVICEMOTION（设备重力传感）。

1.　键盘事件

（1）事件监听器类型：cc.SystemEventType.KEY_DOWN 和 cc.SystemEventType.KEY_UP。

（2）事件触发后的回调函数：自定义回调函数 callback(event)。

（3）回调函数：KeyCode、Event。

简单示例如下。

```
// class
cc.Class({
    extends: cc.Component,
    // 初始化
    onLoad: function () {
        // 添加键盘事件
        cc.systemEvent.on(cc.SystemEvent.EventType.KEY_DOWN,this. onKeyDown,
this);
        cc.systemEvent.on(cc.SystemEvent.EventType.KEY_UP, this.onKeyUp,
this);
    },
    // 销毁
    onDestroy () {
        // 关闭事件
        cc.systemEvent.off(cc.SystemEvent.EventType.KEY_DOWN,this.onKeyDown,
this);
        cc.systemEvent.off(cc.SystemEvent.EventType.KEY_UP,this.onKeyUp,
this);
    },
    // 按下键盘
    onKeyDown: function (event) {
        switch(event.keyCode) {
            // A
            case cc.macro.KEY.a:
                console.log('Press a key');
                break;
        }
    },
    // 释放键盘
    onKeyUp: function (event) {
        switch(event.keyCode) {
            // A
            case cc.macro.KEY.a:
                console.log('release a key');
                break;
        }
    }
});
```

2. 设备重力传感事件

（1）事件监听器类型：cc.SystemEvent.EventType.DEVICEMOTION。

（2）事件触发后的回调函数：开发者可以自定义回调函数 callback(event)。

（3）回调参数：Event。

简单示例如下。

```
// class
cc.Class({
    extends: cc.Component,
```

```
        // 初始化
        onLoad () {
            // 开启重力传感事件
            cc.systemEvent.setAccelerometerEnabled(true);
            cc.systemEvent.on(cc. SystemEvent. EventType. DEVICEMOTION, this.
onDeviceMotionEvent, this);
        },
        // 销毁
        onDestroy () {
            // 关闭重力传感事件
            cc.systemEvent.off(cc.SystemEvent. EventType. DEVICEMOTION, this.
onDeviceMotionEvent, this);
        },
        // 监听事件调用方法
        onDeviceMotionEvent (event) {
            cc.log(event.acc.x + "  重力事件  " + event.acc.y);
        },
    });
```

3.4 动作系统

本节开始正式了解 Cocos Creator 脚本开发中的动作系统，结合动画系统使游戏中的物体动起来。在游戏中合理地运用计时器，对游戏进行时间维度上的控制，使游戏动画更顺畅贯通。

3.4.1 使用动作系统

动作系统 API。

```
// 创建一个移动动作
var action = cc.moveTo(3, 100, 100);
// 执行动作
node.runAction(action);
// 停止一个动作
node.stopAction(action);
// 停止所有动作
node.stopAllActions();
```

可以给动作设置 tag，这样方便控制动作。

```
// 给 action 设置 tag
var ACTION_TAG = 1;
action.setTag(ACTION_TAG);
// 通过 tag 获取 action
node.getActionByTag(ACTION_TAG);
// 通过 tag 停止一个动作
node.stopActionByTag(ACTION_TAG);
```

下面是几种常用的动作类型。

- Action：所有动作类型的基类。
- FiniteTimeAction：有限时间动作，这种动作拥有时长 duration 属性。
- ActionInstant：即时动作，此动作会立即执行，继承自 FiniteTimeAction 类。
- ActionInterval：时间间隔动作，动作在一定时间内完成，继承自 FiniteTimeAction。
- ActionEase：所有缓动动作基类，用于修饰 ActionInterval。
- EaseRateAction：拥有速率属性的缓动动作基类。
- EaseElastic：弹性缓动动作基类。
- EaseBounce：反弹缓动作基类。

一些简单的动作，如各种形变、位移动画等都归类为基础动作。

基础动作可以分为时间间隔动作和即时动作，时间间隔动作是在一定时间间隔内完成渐变的动作，继承自 cc.ActionInterval。即时动作是立即发生的动作，如 cc.callFunc、cc.hide，都继承自 cc.ActionInstant。常用时间间隔动作如表 3.5 所示。

表 3.5 常用时间间隔动作

名　称	说　明
cc.moveTo	移动到目标位置
cc.moveBy	移动到指定位置
cc.rotateTo	旋转到目标角度
cc.rotateBy	旋转到指定角度
cc.scaleTo	将节点缩放到指定倍数
cc.scaleBy	按指定倍数缩放节点
cc.skewTo	偏斜到目标角度
cc.skewBy	偏斜指定角度
cc.jumpTo	用跳跃的方式移动到目标位置
cc.jumpBy	用跳跃的方式移动到指定位置
cc.follow	追踪目标节点的轨迹
cc.bezierTo	按贝济埃曲线轨迹移动到目标位置
cc.bezierBy	按贝济埃曲线轨迹移动到指定位置
cc.blink	闪烁（基于透明度）
cc.fadeTo	修改透明度到指定值
cc.fadeIn	渐渐显示
cc.fadeOut	渐渐隐藏
cc.tintTo	修改颜色到指定值
cc.tintBy	按照指定的增量（数值）修改颜色
cc.delayTime	延迟指定的时间量
cc.reverseTime	反转目标动作的时间轴
cc.cardinalSplineTo	按基数样条曲线轨迹移动到目标位置
cc.cardinalSplineBy	按基数样条曲线轨迹移动指定距离
cc.catmullRomTo	按 CatmullRom 样条曲线轨迹移动到目标位置
cc.catmullRomBy	按 CatmullRom 样条曲线轨迹移动指定距离

常用即时动作如表 3.6 所示。

表 3.6　常用即时动作

名　　称	说　　明
cc.show	立即显示
cc.hide	立即隐藏
cc.toggleVisibility	显示和隐藏状态切换
cc.removeSelf	从父节点移出自己
cc.flipX	x 轴翻转
cc.flipY	y 轴翻转
cc.place	放置在目标位置
cc.callFunc	执行回调函数
cc.targetedAction	用已有动作和一个新的目标节点创建动作

常用的容器动作有 5 种，在实际开发中，开发者会根据需求将不同的动作组合使用。

（1）顺序动作。顺序动作就是一个接一个地去完成动作，让动作按顺序进行，使用 cc.sequence 实现，简单示例如下。

```
// 节点左右移动
 var seqMove = cc.sequence(cc.moveBy(0.5, 100, 0), cc.moveBy(0.5, -100, 0));
 // 执行
node.runAction(seqMove);
```

（2）同步动作。同步动作就是动作同一时间进行，同步执行一系列子动作，子动作的执行结果会叠加起来修改节点的属性，使用 cc.spawn 实现，简单示例如下。

```
// 节点左右移动时缩放
var spawn = cc.spawn(cc.moveBy(0.5, 0, 50), cc.scaleTo(0.5, 0.8, 1.4));
// 执行
node.runAction(spawn);
```

（3）重复动作。重复动作就是多次执行同一个动作，使用 cc.repeat 实现，简单示例如下。

```
// 让节点左右移动 5 次
 var seqMove = cc.repeat(
    // 顺序执行
    cc.sequence(
        cc.moveBy(2, 100, 0), // 移动
        cc.moveBy(2, -100, 0)
    ), 5);
 // 执行
node.runAction(seqMove);
```

（4）永远重复动作。永远重复动作即无限次执行同一个动作，直到强制控制动作停止，使用 cc.repeatForever 实现，简单示例如下。

```
// 让节点一直左右来回移动
var seq = cc.repeatForever(
    // 顺序执行
    cc.sequence(
        cc.moveBy(2, 200, 0), // 移动
        cc.moveBy(2, -200, 0) // 移动
));
```

（5）速度动作。速度动作就是让动作更快或更慢，改变动作的执行速度，使用 cc.speed 实现，简单示例如下。

```
// 动作速度提高一倍
var action = cc.speed(
    // 同步执行
    cc.spawn(
        cc.moveBy(2, 0, 50), // 移动
        cc.scaleTo(2, 0.8, 1.4) // 缩放
    ), 0.5);
// 执行
node.runAction(action);
```

以上几种动作可以进行简单的组合，示例如下。

```
// 跳跃动画
this.jumpAction = cc.sequence(
    // 同步执行
    cc.spawn(
        cc.scaleTo(0.1, 0.8, 1.2), // 缩放
        cc.moveTo(0.1, 0, 10)       // 移动
    ),
    cc.spawn(
        cc.scaleTo(0.2, 1, 1),
        cc.moveTo(0.2, 0, 0)
    ),
    // 时间
    cc.delayTime(0.5),
    cc.spawn(
        cc.scaleTo(0.1, 1.2, 0.8),
        cc.moveTo(0.1, 0, -10)
    ),
    cc.spawn(
        cc.scaleTo(0.2, 1, 1),
        cc.moveTo(0.2, 0, 0)
    )
// 以 1/2 的速度播放
// 重复 5 次
).speed(2).repeat(5);
```

开发者有时候会在动作完成之后做一些事情，这时可以使用动作回调函数 cc.callFunc。

```
// 声明
// 第一个参数是处理回调的方法，也可以声明一个匿名函数
// 第二个参数指定了处理回调方法的 context，即绑定的 this
// 第三个参数是向处理回调方法传参
var finished = cc.callFunc(this.myMethod, this, opt);
```

动作回调方法通常会配合顺序动作一起使用，简单示例如下。

```
// 动作回调
var myAction = cc.sequence(cc.moveBy(1, cc.v2(0, 100)), cc.fadeOut(1),
finished);
// 在同一个 sequence 里也可以多次插入回调方法
var myAction1 = cc.sequence(cc.moveTo(1, cc.v2(0, 0)), finished1, cc.
fadeOut(1), finished2);
```

要注意的是，在 cc.callFunc 中不应该停止自身动作，因为动作不能被立即删除，如果在动作回调时暂停自身动作，会引发一系列遍历问题。

缓动动作不可以单独存在，它只是用来修饰基础动作，可以修改基础动作的时间曲线，让动作有快入、缓入、快出等更复杂的特效。要注意的是，只有时间间隔动作才支持缓动动作。简单示例如下。

```
// 缓慢缩放
var action = cc.scaleTo(0.5, 2, 2);
action.easing(cc.easeIn(3.0));
```

常见的缓动动作如表 3.7 所示。

表 3.7　常见的缓动动作

名　　称	说　　明
cc.easeIn	创建 easeIn 缓动对象，由慢到快
cc.easeOut	创建 easeOut 缓动对象，由快到慢
cc.easeInOut	创建 easeInOut 缓动对象，先由慢到快，再慢
cc.easeExponentialIn	创建 easeExponentialIn 缓动对象
cc.easeExponentialOut	创建 easeExponentialOut 缓动对象
cc.easeExponentialInOut	创建 easeExponentialInOut 缓动对象
cc.easeSineIn	创建 easeSineIn 缓动对象
cc.easeSineOut	创建 easeSineOut 缓动对象
cc.easeSineInOut	创建 easeSineInOut 缓动对象
cc.easeElasticIn	创建 easeElasticIn 缓动对象
cc.easeElasticOut	创建 easeElasticOut 缓动对象
cc.easeElasticInOut	创建 easeElasticInOut 缓动对象
cc.easeBounceIn	创建 easeBounceIn 缓动对象
cc.easeBounceOut	创建 easeBounceOut 缓动对象
cc.easeBounceInOut	创建 easeBounceInOut 缓动对象
cc.easeBackIn	创建 easeBackIn 缓动对象
cc.easeBackOut	创建 easeBackOut 缓动对象
cc.easeBackInOut	创建 easeBackInOut 缓动对象

名　　称	说　　明
cc.easeBezierAction	创建 easeBezierAction 缓动对象
cc.easeQuadraticActionIn	创建 easeQuadraticActionIn 缓动对象
cc.easeQuadraticActionOut	创建 easeQuadraticActionOut 缓动对象
cc.easeQuadraticActionInOut	创建 easeQuadraticActionInOut 缓动对象
cc.easeQuarticActionIn	创建 easeQuarticActionIn 缓动对象
cc.easeQuarticActionOut	创建 easeQuarticActionOut 缓动对象
cc.easeQuarticActionInOut	创建 easeQuarticActionInOut 缓动对象
cc.easeQuinticActionIn	创建 easeQuinticActionIn 缓动对象
cc.easeQuinticActionOut	创建 easeQuinticActionOut 缓动对象
cc.easeQuinticActionInOut	创建 easeQuinticActionInOut 缓动对象
cc.easeCircleActionIn	创建 easeCircleActionIn 缓动对象
cc.easeCircleActionOut	创建 easeCircleActionOut 缓动对象
cc.easeCircleActionInOut	创建 easeCircleActionInOut 缓动对象
cc.easeCubicActionIn	创建 easeCubicActionIn 缓动对象
cc.easeCubicActionOut	创建 easeCubicActionOut 缓动对象
cc.easeCubicActionInOut	创建 easeCubicActionInOut 缓动对象

3.4.2　计时器

在 Cocos Creator 的脚本开发中也提供了计时器功能，使游戏效果更加灵活，计时器常和 setTimeout、setinterval 配合使用。

```
// 间隔 5 秒执行一次操作
component.schedule(function() {
    // 这里的 this 指向 component
    this.doSomething();
}, 3);
```

可以在计时器中做一些简单的设置。

```
// 间隔 5 秒
var interval = 5;
// 重复次数
var repeat = 3;
// 开始延时
var delay = 10;
// 计时器
component.schedule(function() {
    // 这里的 this 指向 component
    this.doSomething();
}, interval, repeat, delay);
```

1. 单次计时器

有时候不需要计时器被循环使用，只需执行一次计时器中的回调函数即可。

```
//计时器将在两秒后执行一次回调函数，之后就停止计时
component.scheduleOnce(function() {
    // 这里的 this 指向 component
    this.doSomething();
}, 2);
```

2. 取消计时器

可以使用回调函数来取消计时器，调用 unschedule（取消一个计时器）、unscheduleAllCallbacks（取消组件的所有计时器）取消计时器。简单示例如下。

```
// 回调取消计时器
this.count = 0;
//组件的计时器调用回调时，this 指组件本身
 this.callback = function () {
     if (this.count === 5) {
         // 第 6 次执行时取消计时器
         this.unschedule(this.callback);
     }
     this.doSomething();
     this.count++;
 }
component.schedule(this.callback, 1);
```

计时器常和 update 函数关联，因为游戏中每帧的调用都是在此方法中完成的。要注意 cc.Node 不包含计时器相关 API。

3.5　脚本

本节主要讲解 Cocos Creator 中脚本的执行顺序、模块化脚本、插件脚本等有关知识点，进一步熟悉并掌握脚本的有关知识。

3.5.1　脚本的执行顺序

1. 统一控制脚本

开发中要使用一个总脚本文件统一控制并初始化其他脚本，提高代码的可读性，使其编写逻辑更加清晰可见。在 update 方法中用自定义的方法控制更新顺序。简单示例如下。

```
// 主脚本文件 Game.js
// 子脚本文件 One、Two、Three
const Player = require('One'); // 引用
const Enemy = require('Two');
const Menu = require('Three');
// class
cc.Class({
    extends: cc.Component,
    // 声明
    properties: {
```

```
        // 3个脚本
        one: One,
        two: Two,
        three: Three
    },
    // 初始化
    onLoad: function () {
        // 按顺序初始化脚本文件
        this.one.init();
        this.two.init();
        this.three.init();
    },
    // 在update方法中调用其他脚本方法，控制更新顺序
    update: function (dt) {
        // 脚本方法
        this.one.updatePlayer(dt);
        this.two.updateEnemy(dt);
        this.three.updateMenu(dt);
    }
});
```

2. 控制同一个节点上的组件执行顺序

通过组件在属性检查器中的排列顺序，可以控制同一个节点上的组件脚本的执行顺序。在属性检查器中，通常排列在上面的脚本组件会优先于排列在下面的脚本组件执行。通过MoveUp、MoveDown菜单调整节点的脚本组件顺序，从而控制其执行顺序。

```
// CompA.js
cc.Class({
    extends: cc.Component,
    // 初始化
    onLoad: function () {
        // A脚本
        cc.log('CompA onLoad!');
    },
    // 开始
    start: function () {
        // A脚本
        cc.log('CompA start!');
    },
    // 刷新
    update: function (dt) {
        // A脚本
        cc.log('CompA update!');
    },
});
// CompB.js
cc.Class({
    extends: cc.Component,
    // 初始化
    onLoad: function () {
```

```
    // B 脚本
    cc.log('CompB onLoad!');
},
// 开始
start: function () {
    // B 脚本
    cc.log('CompB start!');
},
// 刷新
update: function (dt) {
    // B 脚本
    cc.log('CompB update!');
},
});
```

在属性检查器中，若脚本组件 A 在 B 上则输出：

```
CompA onLoad!
CompB onLoad!
CompA start!
CompB start!
CompA update!
CompB update!
```

若在属性检查器中调整脚本组件 A 和 B 的位置，则输出：

```
CompB onLoad!
CompA onLoad!
CompB start!
CompA start!
CompB update!
CompA update!
```

3. 设置组件执行优先级

不仅可以通过调整脚本组件的位置控制脚本组件的执行顺序，也可以直接设置组件的 executionOrder，它会影响组件生命周期回调的执行优先级。

```
// A 脚本比 B 脚本优先
// CompA.js
cc.Class({
    extends: cc.Component,
    // 设置 executionOrder
    editor: {
        executionOrder: -1
    },
    // 初始化
    onLoad: function () {
        cc.log('CompA onLoad!');
    }
});
```

```
// CompB.js
cc.Class({
    extends: cc.Component,
    // 设置 executionOrder
    editor: {
        // executionOrder 值越小越优先执行
        executionOrder: 1
    },
    // 初始化
    onLoad: function () {
        cc.log('CompB onLoad!');
    }
});
```

通过设置 executionOrder 的值来控制组件执行顺序，executionOrder 默认值为 0，值越小该组件就越优先执行。注意：executionOrder 只对 onLoad、onEnable、start、update、lateUpdate 有效，对 onDisable、onDestroy 无效。

3.5.2　模块化脚本

模块化脚本是为了使代码更具有可利用性和可读性，根植于 Cocos Creator 脚本开发中，允许多个脚本相互调用。脚本可以访问其他文件导出的参数、调用其他文件导出的方法、使用其他文件导出的类型、使用或继承其他 Component。

- 每个单独的脚本文件构成一个模块。
- 每个模块都是一个单独的作用域。
- 用 require 方法引用其他模块，控制执行顺序。
- 设置 module.exports，导出对外开放的变量。

使用 require 方法引用其他脚本的示例如下。

```
// One.js
cc.Class({
    extends: cc.Component,
    // ...
});
// Two.js
// 在 Two.js 脚本中引用 One.js
// 传入 require 的字符串就是模块的文件名，这个名字不包含路径也不包含后缀，而且字母区
// 分大小写
var One = require("One");
// 组件 Two 继承于组件 One
var Two = cc.Class({
    extends: One,
    // 刷新
    update: function (dt) {
        this.rotation += this.speed * Math.sin(dt);
    }
}
```

- require 方法在脚本中可以随时随地被调用。
- 游戏开始时，加载场景，自动加载所有脚本，每个模块内部定义的代码会执行一次，之后无论加载多少次，返回的始终是一份实例。
- 调试时，可以随时在 Developer Tools 的 console 中加载项目里的任意模块。

定义模块及使用的示例如下。

```
// One.js
// 定义组件
var One = cc.Class({
    extends: cc.Component,
    // 声明
    properties: {
        speed: 1 // 速度
    },
    // 刷新
    update: function () {
        // 角度旋转
        this.transform.rotation += this.speed;
    }
});
// config.js
// 定义 JavaScript 模块
var cfg = {
    moveSpeed: 10, // 速度
    version: "0.15", // 版本
    showTutorial: true, // 是否展示
    // 初始化加载
    load: function () {
    }
};
cfg.load();
// 放开作用域，对外开放
module.exports = cfg;
// Two.js
// 访问 config 脚本
var config = require("config");
cc.log("speed is", config.moveSpeed);
```

导出变量的示例如下。

```
// foobar.js
// module.exports 默认是一个空对象（{}），可以直接往里面增加新的字段
// module.exports 的值可以是任意 JavaScript 类型
module.exports.bar = function () {
    cc.log("bar");
};
module.exports = {
    // 方法
```

```
    FOO: function () {
        this.type = "foo";
    },
    bar: "bar"
};
// test.js:
// 引用模块
var foobar = require("foobar");
var foo = new foobar.FOO();
cc.log(foo.type);        // "foo"
foobar.bar();    // "bar"
```

封装私有变量的示例如下。

```
// 每个脚本都是一个单独的作用域，在脚本内使用 var 定义的局部变量，将无法被模块外部访问
// foobar.js
var dirty = false;
//封装模块内的私有变量
module.exports = {
    // set 方法
    setDirty: function () {
        dirty = true;
    },
    // 方法
    isDirty: function () {
        return dirty;
    },
};
// test1.js:
// 引用
var foo = require("foobar");
cc.log(typeof foo.dirty);        // "undefined"
// 调用方法
foo.setDirty();
// test2.js:
// 引用
var foo = require("foobar");
// 调用方法
cc.log(foo.isDirty());        // true
```

3.5.3 插件脚本

插件脚本，顾名思义就是第三方插件或底层插件。在资源管理器中，任意一个脚本都可以在其属性检查器中设置"是否导为插件"。如果项目中有多个插件脚本，通常按路径字母顺序依次加载。使用插件脚本要注意以下事项：

- 若插件中包含多个脚本，则需要把插件用到的所有脚本合并为单个 js 文件。
- 若插件脚本还依赖其他插件，则需要把多个插件合并为单个 js 文件。
- 不支持插件主动加载其他脚本。

由于插件脚本具有在普通脚本之前加载的特性，因此通常在脚本文件中声明一些全局变量。

```
/* globals.js */
// 全局变量
// 定义新建组件的默认值
window.DEFAULT_IP = "192.168.1.1";
// 定义组件开关
window.ENABLE_NET_DEBUGGER = true;
// 定义引擎 API 缩写（仅适用于构造函数）
window.V2 = cc.Vec2;
/* network.js */
// 全局变量调用
cc.Class({
    extends: cc.Component,
    // 声明
    properties: {
        ip: {
            default: DEFAULT_IP
        }
    }
});
```

这里要注意两点：若 globals.js 不是插件脚本，则每个调用全局变量的脚本都需要声明 require('globals')，才能保证 globals.js 先加载；若游戏脱离编辑器运行，插件脚本将直接运行在全局作用域，脚本中不在任何函数内的局部变量都会暴露成全局变量。

3.5.4　TypeScript 脚本

TypeScript 脚本也是一种开源的编程语言，是 JavaScript 的一个严格超集，添加了可选的静态类型和基于类的面向对象编程。TypeScript 脚本比较适用于开发大型应用，有兴趣的读者可以了解学习一下。

3.6　其他

本节是对脚本开发中的知识点的进一步补充与扩展，如网络接口的开发、对象池的使用、代码分包加载。

3.6.1　网络接口

在 Cocos Creator 开发中，常用以下两种标准网络接口。
- XMLHttpRequest：用于短连接。
- WebSocket：用于长连接。

1. XMLHttpRequest 简单示例

可以直接使用 new XMLHttpRequest() 创建一个连接对象，也可以通过 cc.loader. getXMLHttpRequest() 创建连接对象，二者产生的效果是一样的。

```
// 声明对象
var xhr = new XMLHttpRequest();
 xhr.onreadystatechange = function () {
    // 状态判断
      if (xhr.readyState == 4 && (xhr.status >= 200 && xhr.status < 400)) {
          var response = xhr.responseText;
           // 打印响应
          console.log(response);
      }
 };
// get 请求
 xhr.open("GET", url, true);
// 发送
 xhr.send();
```

2. WebSocket 简单示例

```
// 创建连接对象
ws = new WebSocket("ws://echo.websocket.org");
// 发送信息
ws.onopen = function (event) {
    console.log("Send Text WS was opened.");
};
ws.onmessage = function (event) {
    console.log("response text msg: " + event.data);
};
ws.onerror = function (event) {
    console.log("Send Text fired an error");
};
// 关闭连接
ws.onclose = function (event) {
    console.log("WebSocket instance closed.");
};
// 间隔判断是否连接
setTimeout(function () {
    if (ws.readyState === WebSocket.OPEN) {
        // 发送信息
        ws.send(" message.");
    }
    else {
        console.log("WebSocket instance wasn't ready...");
    }
}, 3);
```

3.6.2　对象池

对象池是一组可以回收的节点对象。在程序运行时进行节点创建和销毁是非常耗性能的操作，但这种现象又无法避免，所以引入对象池来解决此问题。

通过 cc.NodePool 实例初始化一种节点的对象池，当需要创建节点时，只需要向对象池申请一个节点，若对象池中有闲置的可用节点，就会把节点立即返回，这时可以通过 node.addChild 将此节点加入场景中的节点树上。当要销毁节点时，直接调用对象池实例的 put(node) 方法，传入要销毁的节点实例，对象池就会自动把节点从场景的节点树中移除，并且返回给对象池一个结果，这样就可以充分利用节点，使部分节点可以被循环利用，降低性能消耗。

```
// class
cc.Class({
    extends: cc.Component,
    // 声明
    properties: {
    },
    // 初始化对象池
    onLoad: function () {
        this.enemyPool = new cc.NodePool();
        //将需要的节点创建出来，并放进对象池
        let initCount = 5;
        for (let i = 0; i < initCount; ++i) {
            // 创建节点
            let enemy = cc.instantiate(this.enemyPrefab);
            // 通过 putInPool 接口放入对象池
            this.enemyPool.put(enemy);
        }
    },
    // 从对象池中请求对象
    createEnemy: function (parentNode) {
        let enemy = null;
        // 通过 size 接口判断对象池中是否有空闲的对象
        if (this.enemyPool.size() > 0) {
            enemy = this.enemyPool.get();
        } else { // 如果没有空闲对象，也就是对象池中备用对象不够时，就用
                 // cc.instantiate 重新创建
            enemy = cc.instantiate(this.enemyPrefab);
        }
        // 将生成的节点加入节点树
        enemy.parent = parentNode;
        // 调用 enemy 上的脚本进行初始化
        enemy.getComponent('Enemy').init();
    },
    // 将对象返回对象池
    onEnemyKilled: function (enemy) {
        // enemy 应该是一个 cc.Node
        this.enemyPool.put(enemy); // 和初始化时使用的方法一样，将节点放进对象池，
                                    // 这个方法会同时调用节点的 removeFromParent
    }
});
```

　　这里要注意的是，从对象池请求对象的时候，在 get 方法获取对象之前，不可以用 size 来判断是否有可用的对象，否则程序会崩溃，可以使用 get 方法判断对象池中有无可用节点，若返回值为 null，则代表无可用节点。

　　若不及时清除对象池可能会导致内存泄漏，通常会在切换场景或者不需要对象池的时候进行清除，可以利用 clear 方法清除缓存节点。

```
// 清除对象池
myPool.clear();
```

　　在使用构造函数创建对象池时，可以指定组件的类型、名称，作为挂载在节点上用于处理节点回收和复用事件的组件。

```
// Items.js
cc.Class({
    extends: cc.Component,
    // 有一组可单击的菜单项需要做成对象池
    onLoad: function () {
        this.node.selected = false;
        // 注册事件
        this.node.on(cc.Node.EventType.TOUCH_END, this.onSelect, this.node);
    },
    unuse: function () {
        // 关闭事件
        this.node.off(cc.Node.EventType.TOUCH_END, this.onSelect, this.node);
    },
    reuse: function () {
        // 注册事件
        this.node.on(cc.Node.EventType.TOUCH_END, this.onSelect, this.node);
    }
});
```

　　在其他脚本中通过 let itemPool = new cc.NodePool('Items') 创建对象池，可以使用 itemPool.get() 方法获取节点，获取节点之后可以调用 Items 中的 reuse 方法。使用 itemPool.put(ItemsNode) 回收节点后，回调用 Items 里面的 unuse 方法完成单击事件的反注册。

　　使用 cc.NodePool 可以给同一个 prefab 创建多个对象池，每个对象池都可以用不同的参数进行初始化，大大增加了代码的灵活性，也可以根据需要自由地在节点回收和复用的生命周期中进行事件的注册及反注册。

3.6.3　代码分包加载

　　游戏的玩法越复杂、场景越多，游戏资源和代码量就越大，尤其是对于微信小游戏来说，微信官方明确地限制了游戏包大小，针对包的问题有时会用到 Cocos Creator 的分包加载，以满足我们的需求。

　　分包加载就是把游戏中的内容按一定的规则拆分成多个包，游戏首次启动的时候加载的包被称为主包，在游戏运行时根据需要加载不同的包，这样可以大大降低用户的等待时间，提升玩游戏的体验。

1. 配置

在 Cocos Creator 编辑器中选中文件夹，并查看属性检查器，文件配置如图 3-10 所示。

图 3-10　文件配置

勾选"配置为子包"复选框，单击"应用"按钮，此文件夹就会被当作子包内容。子包名会在加载子包时作为加载的名字传入，通常默认使用文件夹名字。

2. 构建

代码分包后，预览项目的时候仍是按照整包进行加载，只有构建项目后才可以看到分包的作用，项目构建会在发布包目录下的 src/assets 生成对应的分包文件。

在微信小游戏平台开发者工具中，微信小游戏分包的配置会按照一定规则自动生成到微信小游戏发布包的 game.js 配置文件中，如图 3-11 所示。

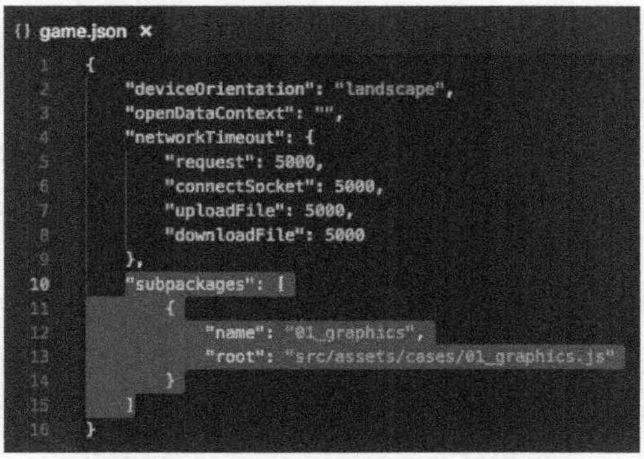

```
{} game.json ×
 1  {
 2      "deviceOrientation": "landscape",
 3      "openDataContext": "",
 4      "networkTimeout": {
 5          "request": 5000,
 6          "connectSocket": 5000,
 7          "uploadFile": 5000,
 8          "downloadFile": 5000
 9      },
10      "subpackages": [
11          {
12              "name": "01_graphics",
13              "root": "src/assets/cases/01_graphics.js"
14          }
15      ]
16  }
```

图 3-11　微信小游戏开发工具

3. 加载分包

可以用 cc.loader.downloader.loadSubpackage 方法加载分包。loadSubpackage 需要传入一个分包的名字，通常默认为文件夹名。

```
// 分包加载
cc.loader.downloader.loadSubpackage('01_graphics', function (err) {
    if (err) {
        // 加载失败会返回错误信息
        return console.error(err);
    }
    console.log('load subpackage successfully.');
});
```

第 4 章　子系统

本章主要讲解 Cocos Creator 游戏引擎中的一个重要组成——子系统，掌握 Cocos Creator 的组件节点式构造，学习图像、图像渲染、UI 系统、动画系统、物理系统、音效等知识点，掌握 Cocos Creator 游戏引擎的构造和特性，开启微信小游戏的开发实战之旅。

4.1　图像和渲染

本节主要讲解 Cocos Creator 应用程序的图像、图像渲染的使用方法。初步认识项目中的图像节点及图像渲染，快速搭建游戏场景。

4.1.1　Sprite 组件：图像显示

Sprite（精灵）组件是 2D 游戏用来显示图像、纯颜色的组件，在节点上添加 Sprite 组件，就可以在场景中显示项目资源中的图片，常常使用 Sprite 组件构造游戏场景。Sprite 组件如图 4-1 所示。

为节点添加 Sprite 组件，最常见的操作就是在层级管理器面板中选中要挂载的节点，并且在属性检查器面板中查看该节点的属性，单击"添加组件"按钮进行组件添加，选中要添加的组件"Sprite"，如图 4-2 所示。

（1）属性 Atlas。图集 Atlas 也被称为 SpriteSheet，简单来说就是先通过专门的工具（如 TexturePaker、Zwoptex 等）将多张图片合并成一张大图，并且使用工具将合成的大图导出为 plist 文件和 png 文件，之后将大图添加到 Cocos Creator 项目的资源中。这样就可以在 Cocos Creator 编辑器中使用导入的资源，Sprite 组件就可以被用来显示导入的图集资源。

使用图集资源有两大优势：首先，合成图集时会去除图片周围的空白区域，减少游戏包体和内存占用；其次，多个 Sprite 渲染来自一张图集的图片时，可以使用同一个渲染批次进行处理，大大减少 CPU 的运算时间，提高运行速度。

Cocos Creator 编辑器导入图像资源生成的 Sprite Frame 会自动裁剪，去掉原始图片周围多余的透明像素区域。在使用 Sprite Frame 渲染 Sprite 时，会获取精准有效的图像大小，如图 4-3 所示，自动裁剪的信息不用手动修改。

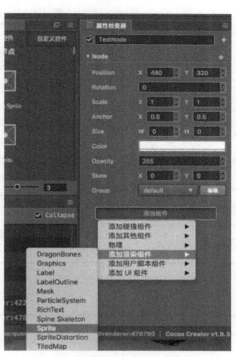

图 4-1　Sprite 组件

图 4-2　添加 Sprite 组件

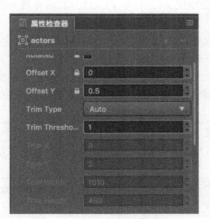

图 4-3　自动裁剪图像资源

（2）属性 Sprite Frame。Cocos Creator 游戏引擎渲染 Sprite 使用的就是 Sprite Frame 图片资源，若在游戏开发过程中动态更改图片，更改的就是 Sprite Frame 属性。图片资源一般都是 png、jpg 格式的图片。

节点添加 Sprite 组件后，将资源图片拖曳至 Sprite Frame 属性中，即可通过 Sprite 组件显示资源图像。若拖曳的 Sprite Frame 资源包含在 Atlas 图集资源中，则 Sprite 的 Atlas 属性会被一起设置。单击 Atlas 属性旁边的"选择"按钮，可以挑选一个 Sprite Frame 指定给 Sprite。

（3）属性 Type。Sprite 组件的渲染模式包含普通（SIMPLE）、九宫格（SLICED）、平铺（TILED）、填充（FILLED）、网格（MESH）渲染五种，如表 4.1 所示。

表 4.1　Sprite 组件的渲染模式

渲　染　模　式	说　　　明
普通模式（SIMPLE）	按原始图片资源渲染 Sprite，一般在此模式下不手动修改节点的尺寸，确保场景中显示的图片和设计人员设计的图片比例一致
九宫格模式（SLICED）	将图片分割成九宫格，并且按照一定规则进行缩放，适应尺寸变化。多用于 UI 元素及尺寸适配。有时候为了节省资源空间，也会将在不降低图片质量的前提下无限放大的图片制作成九宫格
平铺模式（TILED）	将原始图片铺满整个 Sprite 规定范围。当 Sprite 的尺寸增大时，图片不会被拉伸，而是按照原始图片的大小不断重复。采用这种模式，随着宽度的增加会自动重复渲染原始图片
填充模式（FILLED）	按照一定的比例和方向绘制图片的一部分，图片可能会显示不完整，一般用于进度条的展示
网格模式（MESH）	该模式不常用。该模式对生成的图集有一定的要求，如使用 Texturepaker 工具生成的图集，要求工具必须是 4.0 版本以上才行

填充模式的详细说明如表 4.2 所示。

表 4.2　填充模式的详细说明

填　充　模　式	说　　　明
FillType	填充类型有三种：HORIZONTAL（横向填充）、VERTICAL（纵向填充）、RADIAL（扇形填充）。 　　在 HORIZONTAL 和 VERTICAL 两种填充类型下，FillStart 的值将影响填充总量。 　　在 RADIAL 填充类型下，FillStart 的值决定开始填充的方向，FillStart 的值设为 0 时，从 x 轴正方向开始填充。 　　在 RADIAL 填充类型下，FillRange 的值决定填充总量，FillRange 的值设为 1 时，将填充整个扇形。FillRange 的值为正值时逆时针填充，为负值时顺时针填充
FillStart	填充的起始位置，标准化数值（0～1，表示填充总量的百分比），选择横向填充（HORIZONTAL）时，将 FillStart 的值设为 0，就会从图片最左边开始填充
FillRange	填充的范围，标准化数值（0～1），FillRange 的值设为 1，就会填充整个原始图片
FillCenter	填充中心点，只有 RADIAL 类型才有这个属性。FillCenter 决定了扇形填充时会环绕 Sprite 上的哪个点，所用的坐标系和 Anchor 锚点是一样的

（4）属性 Size Mode。Sprite 组件的尺寸设置有以下三种选择。

- TRIMMED：原始图片资源裁剪透明像素后的尺寸。
- RAW：原始图片没有被裁剪时的尺寸。
- CUSTOM：自定义尺寸。开发者手动修改 Size 属性后，Size Mode 会被自动设置为 CUSTOM。

（5）属性 Trim：Sprite 组件是否渲染原始图像周片的透明像素区域。

（6）属性 Src Blend Factor：Sprite 组件当前图片混合模式。

（7）属性 Dst Blend Factor：背景图片混合模式，可以将前景 Sprite 和背景 Sprite 用不同的方式混合渲染。

4.1.2　Label 组件：文本显示

　　Label 组件用来显示文字，项目中所有的文字都可以用该组件显示。文字可以是系统字体、TrueType 字体、BMFont 字体、艺术数字，除了字体的多样性，Label 组件还具有一定的排版功能。Label 组件如图 4-4 所示。

图 4-4　Label 组件

选定节点后，可以在属性检查器中直接添加该组件。

1．Label 组件的属性

　　（1）属性 String：文本内容字符串，就是显示的文本内容。

　　（2）属性 Horizontal Align：文本的水平对齐方式。可选值有 LEFT（左）、CENTER（中）、RIGHT（右）。

　　（3）属性 Vertical Align：文本的垂直对齐方式。可选值有 TOP（上）、CENTER（中）、BOTTOM（下）。

　　（4）属性 Font Size：文本的字号大小，可以设置文本字号。

　　（5）属性 Line Height：文本的行高。

　　（6）属性 Overflow：文本的排版方式，目前支持 CLAMP、SHRINK、RESIZE_HEIGHT 三种排版方式。

- CLAMP：文字不会根据 BoundingBox 的大小进行缩放。在 WrapText 关闭的情况下，按照正常文字进行排列，超出 BoundingBox 的部分被隐藏。在 WrapText 开启的情况下，将本行超出范围的文字换到下一行。若纵向空间（文本高度）也不够，会隐藏超出部分无法完整显示的文字。
- SHRINK：文字会根据 BoundingBox 的大小自动缩放（不会自动放大，最大显示 Font Size 规定的尺寸）。在 WrapText 开启时，若宽度不足会优先将文字换到下一行，如果换行后文字还无法完整显示，则将文字自动适配 BoundingBox 的大小。在 WrapText 关闭时，直接按照当前文字进行排版，如果超出边界则自动缩放。
- RESIZE_HEIGHT：BoundingBox 会根据文字排版进行适配，文本的高度由内部算法自动计算出来，无法手动进行修改。

　　（7）属性 EnableWrapText：是否开启文本换行。显示多行文字的时候会用到。

　　（8）属性 SpacingX：文本字符之间的间距（只有 BMFont 字体可以设置）。

（9）属性 Font：指定文本渲染需要的字体文件，若使用系统字体，则此属性可以为空。可以将 TTF 字体文件、BMFont 字体文件拖曳到 Font 属性，修改渲染的字体类型。设置 BMFont 字体后，编辑器会自动批量处理，一起被批量渲染。

（10）属性 Use System Font：布尔值，表示是否使用系统字体。若不想使用系统字体，可勾选此选项。

2. 艺术数字资源（LabelAtlas）

艺术数字资源是开发者自定义的资源，用来配置艺术数字字体的属性。可以在资源管理器中创建艺术数字资源，如图 4-5 所示。

图 4-5　创建艺术数字资源

创建艺术数字资源之后可以进行简单的配置，所有属性配置完毕，单击"保存"按钮即可，使用时直接把创建好的艺术数字资源拖曳到 Label 组件的 Font 属性即可。在属性检查器中查看创建的艺术数字资源，如图 4-6 所示。

图 4-6　艺术数字资源

（1）属性 Raw TextureFile：指定渲染图片。

（2）属性 Item width：指定每个字符的宽度。

（3）属性 Item height：指定每个字符的高度。

（4）属性 Start Char：指定艺术数字的第一个字符，若首字符是 Space，则需要在属性里面输入空格字符。

4.1.3　Mask 组件：约束组件

Mask 组件规定子节点可渲染的范围。挂载 Mask 组件的节点会使用该节点的约束框（Size

规定的范围）创建一个渲染遮罩，该节点的所有子节点都会根据遮罩进行裁剪，遮罩范围外的区域将不会被渲染。在给节点添加 Mask 组件后，该节点下所有的子节点在渲染时都会受到 Mask 组件特性的影响。

在属性检查器中添加 Mask 组件，如图 4-7 所示。

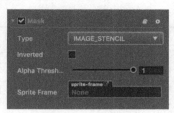

图 4-7　Mask 组件

Mask 组件的属性介绍如表 4.3 所示。

表 4.3　Mask 组件的属性

属　　性	说　　明
Type	Mask 组件的遮罩类型：RECT 表示使用矩形作为遮罩；ELLIPSE 表示使用椭圆形作为遮罩；IMAGE_STENCIL 表示使用图像模板作为遮罩
Inverted	布尔值，反向遮罩
AlphaThreshold	浮点数，当模块像素的 alpha 大于 AlphaThreshold 时才会绘制内容。浮点数值为 0～1，1 表示禁用 alpha，只在遮罩 IMAGE_STENCIL 类型时可用
Sprite Frame	遮罩所需的贴图，只在遮罩 IMAGE_STENCIL 类型时可用
Segements	椭圆形遮罩的曲线细分数，只在遮罩 ELLIPSE 类型时可用

4.2　外部资源渲染

本节主要讲解 Cocos Creator 编辑器的外部资源渲染，认识一些常用的外部资源渲染组件，如 VideoPlayer 组件。

4.2.1　ParticleSystem 组件：粒子读取组件

ParticleSystem 组件用来读取粒子资源数据，对粒子资源进行播放、暂停、销毁等操作。若在游戏开发时想添加一些粒子动画，使整个游戏更加生动，就可以使用此组件。

一般在属性检查器面板中直接单击“添加组件”按钮，选择 ParticleSystem 组件，将该组件挂载到节点上。在开发中，为了更好地控制粒子操作，一般选用脚本创建该组件。

```
// 创建一个节点
var node = new cc.Node();
// 将节点添加到场景中
cc.director.getScene().addChild(node);
// 添加粒子组件到 Node 上
var particleSystem = node.addComponent(cc.ParticleSystem);
```

接下去就可以对 ParticleSystem 对象进行一系列操作了。

在游戏开发时，可以使用一些工具制作粒子资源（如 ParticleDesigner、Particle2dx 等工具），制作完毕之后导出 plist 粒子资源文件，将该文件拖曳到项目的资源管理器面板中即可使用该粒子资源。

ParticleSystem 的属性如表 4.4 所示。

表 4.4　ParticleSystem 的属性

属　　性	说　　明
Preview	布尔值，在编辑器模式下预览粒子，启用该属性后选中粒子，粒子会自动播放
PlayOnLoad	布尔值，设置为 true 时会自动发射粒子
AutoRemoveOnFinish	布尔值，粒子播放完毕后自动销毁所在的节点
File	plist 格式的粒子配置文件
Custom	布尔值，是否自定义粒子的属性
Texture	粒子贴图
Duration	发射器生存时间，单位为"秒"，"-1"表示持续发射
EmissionRate	每秒发射的粒子数目
Life	粒子的运动时间
LifeVar	粒子的运动时间变化范围
ParticleCount	当前播放的粒子数量
StartColor	粒子初始颜色
StartColorVar	粒子初始颜色变化范围
EndColor	粒子结束颜色
EndColorVar	粒子结束颜色变化范围
Angle	粒子角度
AngleVar	粒子角度变化范围
StartSize	粒子初始大小
StartSizeVar	粒子初始大小变化范围
EndSize	粒子结束大小
EndSizeVar	粒子结束大小变化范围
StartSpin	粒子开始自旋角度
StartSpinVar	粒子开始自旋角度变化范围
EndSpin	粒子结束自旋角度
EndSpinVar	粒子结束自旋角度变化范围
SourcePos	发射器位置
PosVar	发射器位置变化范围（横向、纵向）
PositionType	粒子位置类型，有以下三种模式。 （1）FREE：自由模式，相对于世界坐标，不会随粒子节点移动（可产生火焰、蒸汽等效果）。 （2）RELATIVE：相对模式，粒子会随父节点的移动而移动，可用于制作移动角色身上的特效等。 （3）GROUPED：整组模式，粒子随发射器移动（不会发生拖尾）
EmitterMode	发射器类型，有以下两种模式。 （1）GRAVITY：重力模式，模拟重力，可让粒子围绕一个中心点移动。 （2）RADIUS：以一定的角度进行圆形环绕
Gravity	重力

属　　　性	说　　　明
Speed	速度
SpeedVar	速度变化范围
TangentialAccel	粒子的切向加速度，即垂直于重力方向的加速度，只有在重力模式下可用
TangentialAccelVar	粒子的切向加速度变化范围
RadialAccel	粒子的径向加速度，即平行于重力方向的加速度，只有在重力模式下可用
RadialAccelVar	粒子的径向加速度变化范围
RotationlsDir	粒子的旋转方向，只有在重力模式下可用
StartRadius	初始半径，表示粒子出生时相对发射器的距离，只有在半径模式下可用
StartRadiusVar	初始半径变化范围
EndRadius	结束半径，只有在半径模式下可用
EndRadiusVar	结束半径变化范围
RotatePerS	粒子每秒围绕起始点的旋转角度，只有在半径模式下可用
RotatePerSVar	粒子每秒围绕起始点的旋转角度变化范围
SrcBlendFactor	指定原图的混合模式
DstBlendFactor	指定目标的混合模式

4.2.2　TiledMap 组件：地图组件

TiledMap（地图）组件：用于在游戏中显示 TMX 格式的地图。选中节点，在属性检查器面板中将该组件添加到节点上，可以在属性检查器面板中查看该节点的属性，如图 4-8 所示。

图 4-8　TiledMap 组件的属性

Tmx Asset 属性：指定 TMX 格式的地图资源。

注意：

- TiledMap 组件会在节点中添加与地图中的 Layer 对应的节点，这些节点都添加了 TiledLayer 组件，不可以删除 Layer 节点中的 TiledLayer 组件。
- 添加 TiledMap 组件后，就可以将 TiledMap 格式的资源添加到 Tmx Asset 属性上，即可在场景中看到显示的地图。
- TiledMap 组件不支持 mapLoaded 回调，在 start 函数中可以正常使用 TiledMap 组件。

TiledTile 组件可以单独对某个地图块进行操作。

```
// 创建一个新节点
var node = new cc.Node();
// 把该节点的父节点设置为任意的 layer 节点
node.parent = this.layer.node;
// 添加 TiledTile 组件到该节点上，并返回 TiledTile 对象
var tiledTile = node.addComponent(cc.TiledTile);
```

通过 getTiledTileAt 获取 TiledTile 对象。

```
// 获取 layer 上横坐标为 0、纵坐标为 0 的 TiledTile 对象
var tiledTile = this.layer.getTiledTileAt(0, 0);
```

4.2.3 Spine 组件：骨骼动画的播放、渲染组件

Spine 组件对骨骼动画资源进行渲染和播放（只有在做骨骼动画的时候才需要使用该组件）。选中节点，在属性检查器面板中添加该组件，将 Spine 组件添加到选中的节点上，可以在属性检查器面板中查看 Spine 组件的属性，如图 4-9 所示。

图 4-9　Spine 组件的属性

Spine 组件的常用属性如表 4.5 所示。

表 4.5　Spine 组件的常用属性

属　　　性	说　　　明
Skeleton Data	导出后的 json 文件
Default Skin	默认皮肤
Animation	当前播放的动画
Loop	设置动画是否循环
PremultipliedAlpha	图片是否使用预乘，默认为 True。 当图片的透明区域出现色块时需要关闭该选项； 当图片的半透明区域颜色变黑时需要启用该选项
Time Scale	设置播放速度
Debug Slots	显示图片边框
Debug Bones	显示骨骼

注意：当使用 Spine 组件时，Node 节点上的 Anchor 与 Size 是无效的。

4.2.4 DragonBones 组件：骨骼动画资源的播放、渲染组件

DragonBones 组件对骨骼动画资源进行渲染和播放（只有在做骨骼动画的时候才需要使用该组件）。选中节点，在属性检查器面板中添加该组件，并将该组件添加到选中的节点上，可以在属性检查器面板中查看该组件的属性，如图 4-10 所示。

图 4-10　DragonBones 组件的属性

DragonBones 组件的属性如表 4.6 所示。

表 4.6　DragonBones 组件的属性

属　　性	说　　明
Dragon Asset	骨骼数据包含了骨骼信息（绑定骨骼动作，如 slots、渲染顺序、attachments、皮肤等）和动画，但不持有任何状态。 多个 ArmatureDisplay 可以共用相同的骨骼数据
Dragon Atlas Asset	骨骼数据所需要的 AtlasTexture 数据
Armature	当前使用的 Armature 名称
Animation	当前播放的动画名称
Time Scale	当前骨骼中所有动画的时间缩放率
Play Times	动画播放次数（−1 表示使用配置文件中的默认值；0 表示无限循环；>0 表示循环次数）
Debug Bones	是否显示 Bone 的 debug 信息

注意：当使用 DragonBones 组件时，Node 节点上的 Anchor 与 Size 是无效的。

4.2.5　VideoPlayer 组件：视频播放组件

VideoPlayer 组件是视频播放组件，通常使用该组件播放本地视频、远程视频。选中节点，在属性检查器面板中添加组件，将 VideoPlayer 组件添加到选中的节点上，可以在属性检查器面板中查看属性，如图 4-11 所示。

图 4-11　VideoPlayer 组件的属性

VideoPlayer 组件的属性如表 4.7 所示。

表 4.7　VideoPlayer 组件的属性

属　　性	说　　明
Resource Type	视频来源的类型，目前支持本地（LOCAL）视频和远程（REMOTE）视频
Clip	当 Resource Type 为 LOCAL 时显示的字段，指代一个本地视频的路径
Remote URL	当 Resource Type 为 REMOTE 时显示的字段，指代一个远程视频的路径
Current Time	获取视频播放时的时间点
Volume	视频的音量设置（0.0～1.0）
Mute	是否静音。静音时设置音量为 0，取消静音时恢复原来的音量
Keep Aspect Ratio	是否保持视频原来的宽高比
Is Fullscreen	是否全屏播放视频
Video Player Event	视频播放回调函数，该回调函数会在特定情况被触发，比如播放中、暂停、停止、完成播放

VideoPlayer 事件如表 4.8 所示。

表 4.8　VideoPlayer 事件

属　　性	说　　明
Target	带有脚本组件的节点
Component	脚本组件的名称
Handler	指定一个回调函数，当视频开始播放后，暂停时、结束时都会调用该函数，该函数会传一个事件类型参数进来
CustomEventData	用户指定任意的字符串作为事件回调的最后一个参数

VideoPlayer 事件的回调参数如表 4.9 所示。

表 4.9　VideoPlayer 事件的回调参数

名　　称	说　　明
PLAYING	视频正在播放中
PAUSED	视频暂停播放
STOPPED	视频已经停止播放
COMPLETED	视频播放完成
META_LOADED	视频的元信息已加载完成，可以调用 getDuration 方法获取视频总时长
CLICKED	视频被用户单击了
READY_TO_PLAY	视频准备好了，可以开始播放了

注意：在 iOS 平台上，在全屏模式下单击视频无法发送 CLICKED 事件，若需要在全屏模式下发送 CLICKED 事件，可以使用 Widget 组件进行布局，把视频控件填充整个屏幕。

通过脚本代码添加回调的方法如下。

（1）构造 cc.Component.EventHandler 对象，并设置参数。

```
// 使用此方法添加的事件回调和使用编辑器添加的事件回调是一样的
// 构造一个 cc.Component.EventHandler 对象
var videoPlayerEventHandler = new cc.Component.EventHandler();
// node 节点是事件处理代码组件所属的节点
videoPlayerEventHandler.target = this.node;
```

```
// 设置 cc.Component.EventHandler 对象参数：脚本组件名称
videoPlayerEventHandler.component = "cc.MyComponent"
// 设置 cc.Component.EventHandler 对象参数：回调函数
videoPlayerEventHandler.handler = "callback";
// 设置 cc.Component.EventHandler 对象参数：回调函数参数
videoPlayerEventHandler.customEventData = "foobar";
// 回调函数
videoPlayer.videoPlayerEvent.push(videoPlayerEventHandler);
//here is your component file
cc.Class({
    name: 'cc.MyComponent',
    extends: cc.Component,
    properties: {
    },
    //注意：参数的顺序和类型是固定的
    callback: function(videoplayer, eventType, customEventData) {
        //这里的 videoplayer 是一个 VideoPlayer 组件对象实例
        // 这里的 eventType 是 cc.VideoPlayer.EventType enum 里面的值
        //这里的 customEventData 参数就是之前设置的 "foobar"
    }
});
```

（2）通过注册事件添加回调。

```
// 通过 videoplayer.node.on('ready-to-play', ...) 的方式添加回调
// 假设在一个组件的 onLoad 方法里面添加事件处理回调，在 callback 函数中进行事件处理
cc.Class({
    extends: cc.Component,
    // 声明
    properties: {
        videoplayer: cc.VideoPlayer
    },
    // 初始化
    onLoad: function () {
        // 注册 ready-to-play
        this.videoplayer.node.on('ready-to-play', this.callback, this);
    },
    // 回调函数
    callback: function (event) {
        //这里的 event 是一个 EventCustom 对象，可以通过 event.detail 获取
        //VideoPlayer 组件
        var videoplayer = event.detail;
        //do whatever you want with videoplayer
        //使用这种方式注册的事件也无法传递 customEventData
    }
});
```

同理，也可以注册"meta-loaded""clicked""playing"等事件，这些事件的回调函数的参数同"ready-to-play"相同。

4.2.6 WebView 组件：网页显示组件

WebView 组件是用来显示网页的组件。可以使用该组件让项目中集成浏览器，使浏览器显示在项目中，选中节点，在属性检查器面板中添加该组件，将 WebView 组件添加到选中的节点上，可以在属性检查器面板中查看该组件的属性，如图 4-12 所示。

图 4-12　WebView 组件的属性

WebView 组件的属性如表 4.10 所示。

表 4.10　WebView 组件的属性

属　　性	说　　明
Url	指定一个 URL 地址，该地址以 HTTP 或 HTTPS 开头，填写一个有效的 URL 地址
Webview Events	WebView 组件的回调事件，加载网页结束或出错时会调用此函数

WebView 事件如表 4.11 所示。

表 4.11　WebView 事件

属　　性	说　　明
Target	带有脚本组件的节点
Component	脚本组件名称
Handler	指定一个回调函数，在网页加载过程中、加载完毕或加载出错时调用，该函数会传一个事件类型参数
CustomEventData	用户指定任意字符串作为事件回调的最后一个参数

WebView 事件回调参数如表 4.12 所示。

表 4.12　WebView 事件回调参数

名　　称	说　　明
LOADING	网页正在加载过程中
LOADED	网页已经加载完毕
ERROR	网页加载出错

通过脚本代码添加回调的方法如下。

（1）构造 cc.Component.EventHandler 对象，并设置参数。

```
// 使用此方法添加的事件回调和使用编辑器添加的事件回调是一样的
cc.Class({
```

```
    name: 'cc.MyComponent',
    extends: cc.Component,
    // 声明
    properties: {
        webview: cc.WebView
    },
    // 初始化
    onLoad: function() {
        // 构造一个 cc.Component.EventHandler 对象
        var webviewEventHandler = new cc.Component.EventHandler();
        // 设置参数
        // node 节点是事件处理代码组件所属的节点
        webviewEventHandler.target = this.node;
        // 脚本组件名称
        webviewEventHandler.component = "cc.MyComponent";
        // 回调函数
        webviewEventHandler.handler = "callback";
        // 回调函数参数
        webviewEventHandler.customEventData = "foobar";
        this.webview.webviewEvents.push(webviewEventHandler);
    },
    //注意：参数的顺序和类型是固定的
    callback: function(webview, eventType, customEventData) {
        // 这里的 webview 是一个 WebView 组件对象实例
        // 这里的 eventType 是 cc.WebView.EventType enum 里面的值
        // 这里的 customEventData 参数就是之前设置的 "foobar"
    }
});
```

（2）通过注册事件添加回调。

```
// 通过 webview.node.on('loaded', ...)的方式添加回调
// 假设在一个组件的 onLoad 方法里面添加事件处理回调，在 callback 函数中进行事件处理
cc.Class({
    extends: cc.Component,
    // 声明
    properties: {
        webview: cc.WebView
    },
    // 初始化
    onLoad: function () {
        // 注册 loaded
        this.webview.node.on('loaded', this.callback, this);
    },
    // 方法回调
    callback: function (event) {
```

```
        //这里的 event 是一个 EventCustom 对象，可以通过 event.detail 获取
        //WebView 组件
        var webview = event.detail;
        //do whatever you want with webview
        //使用这种方式注册的事件也无法传递 customEventData
    }
});
```

同理，也可以注册"loading""error"等事件，这些事件的回调函数的参数同"loaded"的参数相同。

4.3 摄像机

本节主要讲解 Cocos Creator 编辑器的摄像机，了解摄像机的常用方法，如截图方法。

4.3.1 摄像机属性

在游戏开发中，有时候需要实现场景小地图、多人分屏等效果，就需要用到摄像机。摄像机是玩家观察游戏的窗口，游戏场景中需要一个或多个摄像机。

在创建游戏场景时，Cocos Creator 编辑器会默认创建一个名为 Main Camera 的摄像机，并以此作为主摄像机。

摄像机的部分属性如表 4.13 所示。

表 4.13　摄像机的部分属性

属　　性	说　　明
cullingMask	指定摄像机渲染场景的哪些部分。在属性检查器面板中可以通过勾选 mask 选项组合生成 cullingMask 属性
zoomRatio	指定摄像机的缩放比例，值越大显示的图像越大
clearFlags	指定渲染摄像机时需要的清除操作
backgroundColor	在需要清除颜色的时候，摄像机会使用设定的背景来清除场景
depth	指定摄像机的渲染顺序，值越大越晚被渲染
targetTexture	指定摄像机渲染的内容会不会输出到屏幕上，若设置了 targetTexture，则摄像机渲染的内容不会输出到屏幕上，而是渲染到 targetTexture 上。做屏幕特效的时候会用到该属性，可以先将屏幕渲染到 targetTexture 上，然后对 targetTexture 做处理，通过 sprite 将 targetTexture 显示出来

关于摄像机属性 targetTexture 的示例如下。

```
// 通过一个 sprite 将 targetTexture 显示出来
cc.Class({
    extends: cc.Component,
    // 声明
    properties: {
        // sprite 属性
        sprite: {
```

```
            default: null, // 默认值
            type: cc.Sprite // 类型
        },
        // camera 组件实例
        camera: {
            default: null,
            type: cc.Camera
        }
    },
    // LIFE-CYCLE CALLBACKS:
    // onLoad () {},
    // 初始化
    start () {
        // targetTexture
        let texture = new cc.RenderTexture();
        texture.initWithSize(cc.visibleRect.width, cc.visibleRect.height);
        // 重新制作图像
        let spriteFrame = new cc.SpriteFrame();
        spriteFrame.setTexture(texture)
        this.sprite.spriteFrame = spriteFrame;
        // 显示
        this.camera.targetTexture = texture;
    },
    // update (dt) {},
});
```

4.3.2　摄像机方法

常用的摄像机方法如表 4.14 所示。

表 4.14　常用的摄像机方法

方　　法	说　　明
cc.Camera.findCamera(node)	查找匹配的摄像机，通过查找当前所有的摄像机的 cullingMask 是否包含节点的 group 来获取第一个匹配的摄像机
containsNode	检测节点是否被此摄像机影响
camera.render()	手动渲染摄像机

在摄像机被移动、旋转、缩放后，若用单击事件去测试节点的坐标，数据往往是错误的，获取到的是摄像机坐标系下的坐标，需要将其转换到世界坐标系下，才能继续与节点的世界坐标进行运算。

```
// 将一个摄像机坐标系下的点转换到世界坐标系下
camera.getCameraToWorldPoint(point, out);
// 将一个世界坐标系下的点转换到摄像机坐标系下
camera.getWorldToCameraPoint(point, out);
// 获取摄像机坐标系到世界坐标系的矩阵
camera.getCameraToWorldMatrix(out);
```

```
// 获取世界坐标系到摄像机坐标系的矩阵
camera.getWorldToCameraMatrix(out);
```

在游戏开发中，有时候需要对游戏界面进行截图，以便用户进行分享等操作，增加游戏的扩散率，可以通过 RenderTexture 结合摄像机来实现截图功能。截图功能简单示例如下。

```
// 截图
let node = new cc.Node();
node.parent = cc.director.getScene();
// 获取摄像机
let camera = node.addComponent(cc.Camera);
// 设置想要的截图内容的 cullingMask
camera.cullingMask = 0xffffffff;
// 新建一个 RenderTexture，并且设置 camera 的 targetTexture 为新建的
RenderTexture
// camera 的内容将会渲染到新建的 RenderTexture 中
let texture = new cc.RenderTexture();
let gl = cc.game._renderContext;
// 如果截图内容不包含 Mask 组件，可以不用传递第三个参数
texture. initWithSize(cc. visibleRect. width, cc. visibleRect. height,
gl.STENCIL_ INDEX8);
camera.targetTexture = texture;
// 渲染一次摄像机，即更新一次内容到 RenderTexture 中
camera.render();
// 从 RenderTexture 中获取数据
let data = texture.readPixels();
// 对获取的数据进行操作
let canvas = document.createElement('canvas');
let ctx = canvas.getContext('2d');
canvas.width = texture.width;
canvas.height = texture.height;
// 截图操作，将画布保存为图片
let rowBytes = width * 4;
for (let row = 0; row < height; row++) {
    let srow = height - 1 - row;
    let imageData = ctx.createImageData(width, 1);
    let start = srow*width*4;
    for (let i = 0; i < rowBytes; i++) {
        imageData.data[i] = data[start+i];
    }
    ctx.putImageData(imageData, 0, row);
}
// 设置截图路径
let dataURL = canvas.toDataURL("image/jpeg");
let img = document.createElement("img");
img.src = dataURL;
```

注意：微信小游戏开发不支持 createImageData，也不支持 data url 创建的 image，实现微信小游戏截图需要调用微信截图 API——canvas.toTempFilePath 来实现截图保存功能。

完整截图示例如下。

```
// 截图脚本
cc.Class({
    extends: cc.Component,
    // 声明
    properties: {
        // 声明 camera 组件实例
        camera: {
            default: null,
            type: cc.Camera
        }
    },
    // LIFE-CYCLE CALLBACKS:
    // onLoad () {},
    // 初始化
    start () {
        // 设置 targetTexture
        let texture = new cc.RenderTexture();
        // 初始化 texture
        texture.initWithSize(cc.visibleRect.width, cc.visibleRect.height);
        this.camera.targetTexture = texture;
        this.texture = texture;
    },
    // 截图操作
    capture () {
        // texture
        let width = this.texture.width;
        let height = this.texture.height;
        // 创建 canvas 节点
        let canvas = document.createElement('canvas');
        let ctx = canvas.getContext('2d');
        canvas.width = width;
        canvas.height = height;
        // 截图
        this.camera.render();
        let data = this.texture.readPixels();
        let rowBytes = width * 4;
        for (let row = 0; row < height; row++) {
            let srow = height - 1 - row;
            let imageData = ctx.createImageData(width, 1);
            let start = srow*width*4;
            for (let i = 0; i < rowBytes; i++) {
                imageData.data[i] = data[start+i];
            }
            ctx.putImageData(imageData, 0, row);
        }
```

```
        // 保存截图
        var dataURL = canvas.toDataURL("image/jpeg");
        var img = document.createElement("img");
        img.src = dataURL;
        return img;
    },
    // 显示截图
    captureAndShow () {
        var img = this.capture();
        // 获取 spriteFrame
        let texture = new cc.Texture2D();
        texture.initWithElement(img);
        let spriteFrame = new cc.SpriteFrame();
        spriteFrame.setTexture(texture);
        // sprite 显示 targetTexture
        let node = new cc.Node();
        let sprite = node.addComponent(cc.Sprite);
        sprite.spriteFrame = spriteFrame;
        // 重置节点
        node.zIndex = cc.macro.MAX_ZINDEX;
        node.parent = cc.director.getScene();
        node.x = cc.winSize.width/2;
        node.y = cc.winSize.height/2;
        // 注册事件
        node.on(cc.Node.EventType.TOUCH_START, () => {
            node.parent = null;
        });
    }
    // update (dt) {},
});
```

可以在显示截图的方法中设置截图的样式。

```
    // 显示截图
    captureAndShow () {
        // img 样式设置
        img.style.position = 'absolute';
        img.style.display = 'block';
        // 位置设置
        img.style.left = '0px'
        img.style.top = '0px';
        img.zIndex = 100;
        // style 设置
        img.style.transform = cc.game.container.style.transform;
        img.style['transform-origin'] = cc.game.container.style['transform-origin'];
        // 外边框、内边框设置
        img.style.margin = cc.game.container.style.margin;
```

```
        img.style.padding = cc.game.container.style.padding;
        // 单击事件
        img.onclick = function (event) {
            event.stopPropagation();
            img.remove();
        }
        // 添加样式
        document.body.appendChild(img);
    }
```

4.4　绘图系统

本节主要讲解 Cocos Creator 编辑器的绘图系统，对绘图系统有一个初步认识，学习并掌握绘图系统的使用方法。

在 Cocos Creator 开发中，通常利用绘图接口在绘图组件上扩展一些高级库。常用的绘图路径如表 4.15 所示。

表 4.15　常用的绘图路径

方　　法	说　　明
moveTo(x,y)	把路径移动到画布中的指定点，不创建线条
lineTo(x,y)	添加一个点，在画布中创建从该点到指定点的线
bezierCurveTo(c1x,c1y,c2x,c2y,x,y)	创建三次方贝济埃曲线
quadraticCurveTo(cx,cy,x,y)	创建二次方贝济埃曲线
arc(cx,cy,r,a0,a1,counterclockwise)	创建弧线/曲线（用于创建圆形或部分圆）
ellipse(cx,cy,rx,ry)	创建椭圆形
circle(cx,cy,r)	创建圆形
rect(x,y,w,h)	创建矩形
close()	创建从当前点回到起始点的路径
stroke()	绘制已定义的路径
fill()	填充当前绘图（路径）
clear()	清除所有路径

常用的颜色和样式如表 4.16 所示。

表 4.16　常用的颜色和样式

属　　性	说　　明
lineCap	设置或返回线条的结束端点样式
lineJoin	设置或返回两条线相交时所创建的拐角类型
lineWidth	设置或返回当前的线条宽度
miterLimit	设置或返回最大斜接长度
strokeColor	设置或返回笔触的颜色
fillColor	设置或返回填充绘画的颜色

4.5　动画系统

本节开始正式了解 Cocos Creator 开发中的动画系统，学习动画 Animation 组件的使用方法、动画编辑、动画事件。

4.5.1　Animation 组件

Animation 组件是 Cocos Creator 的动画组件，可以以动画方式驱动所在节点上的节点和组件属性（包含用户自定义脚本中的属性）。

Animation 属性如表 4.17 所示。

表 4.17　Animation 属性

属　　性	说　　明
DefaultClip	默认的动画编辑，若设置了该属性值且 PlayOnLoad 为 true，则动画会在加载完毕后自动播放 DefaultClip 的内容
Clips	列表类型，默认为空，在这里添加的 AnimationClip 会反映到动画编辑器中，用户可以在动画编辑器中编辑 Clips 的内容
PlayOnLoad	布尔值，表示是否在动画加载完毕后自动播放 DefaultClip 的内容

Clip 动画剪辑是动画的声明数据，一般挂载在 Animation 组件上，即可将动画数据应用到节点上。数据中索引节点的方式也是以挂载 Animation 组件的节点为根节点的相对路径。

Clip 文件参数如表 4.18 表示。

表 4.18　Clip 文件参数

参　　数	说　　明
Sample	定义当前动画数据每秒的帧率，默认值为 60，此参数会影响时间轴上每两个整数秒刻度之间的帧数量（2 秒之内的格子数）
Speed	当前动画的播放速度，默认值为 1
Duration	当前动画播放速度为 1 的时候，动画的持续时间
Real time	动画从开始播放到结束共持续多长时间
Wrap mode	动画循环模式

动画编辑器如图 4-13 所示。

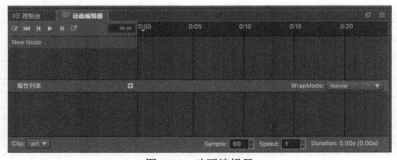

图 4-13　动画编辑器

- 左上角为常用按钮区域，从左到右依次为：开关录制状态、返回第一帧、上一帧、播放/暂停、下一帧、新建动画剪辑、插入动画事件。
- 右边是时间轴与事件，主要显示时间轴，可以添加自定义事件。以 01：07 为例，冒号前面的数字表示当前秒数，冒号后面的数字表示当前这一秒内的第几帧。
- 常用按钮区域的下方是层级管理（节点树），显示当前动画剪辑可以影响的节点数据。
- 节点树右边是节点内关键帧的预览区域，主要显示各个节点上的所有帧的预览时间轴。
- 属性列表：显示当前选中的节点在动画剪辑中包含的属性。
- 属性列表的右边是关键帧，每个属性相对应的帧都会显示在这里。

1. 创建 Animation 组件

创建动画，添加 Animation 组件有两种方法：一种是选中节点，在属性检查器中添加组件 Animation。另一种是打开动画编辑器，在层级管理器中添加动画的节点，在动画编辑器中添加 Animation 组件。添加完 Animation 组件后，在动画编辑器中添加 clip 文件，即创建挂载动画剪辑，可以编辑要实现的动画。

💿 **注意**：一个动画剪辑内可能包含多个节点，每个节点上挂载多个动画属性，每个属性内的数据才是实际的关键帧。

2. 编辑动画

动画属性包含的节点一般有 position、rotation、cc.Sprite.spriteframe 等属性。编辑动画曲线时，只需要更改关键帧的节点位置即可；编辑序列帧动画时，只需要更改关键帧节点的 cc.Sprite.spriteFrame 属性即可；编辑时间曲线时，只需要在两帧之间实现 EaseInOut 即可。

4.5.2　动画事件

1. 添加事件

在动画编辑器左上角常用按钮的最右边单击"添加"按钮，会在时间轴上出现一个白色矩形，即添加的事件，如图 4-14 所示。

图 4-14　添加事件

双击白色矩形，可以打开事件编辑器，在编辑器中可以手动输入需要触发的 function 名称，触发时会根据函数名称去各个组件内匹配相应的方法，如图 4-15 所示。

图 4-15　事件

若需要添加传入参数，则单击 Params 旁的"+""–"按钮添加或删除参数，目前支持 Boolean、String、Number 三种类型的参数。

2. 使用脚本控制动画

（1）播放。

```
// 播放
var anim = this.getComponent(cc.Animation);
// 如果没有指定播放哪个动画，并且设置了 defaultClip，则会播放 defaultClip 动画
anim.play();
// 指定播放 test 动画
anim.play('test');
// 指定从 1s 开始播放 test 动画
anim.play('test', 1);
// 使用 play 接口播放一个动画时，如果还有其他动画正在播放，则先停止播放其他动画
anim.play('test2');
```

（2）在 Animation 播放一个动画的时候，会判断这个动画之前的播放状态，以进行下一步操作。

```
// 若动画处于停止状态，则 Animation 会直接重新播放这个动画
// 若动画处于暂停状态，则 Animation 会恢复动画的播放，并从当前时间继续播放
// 若动画处于播放状态，则 Animation 会先停止播放这个动画，并重新播放动画
var anim = this.getComponent(cc.Animation);
// 播放第一个动画
anim.playAdditive('position-anim');
// 播放第二个动画
// 使用 playAdditive 播放动画时，不会停止其他动画的播放。如果还有其他动画正在播放，
// 则同时播放多个动画
anim.playAdditive('rotation-anim');
// Animation 组件是支持同时播放多个动画的，各个动画的播放状态是互不影响的，这对于做
// 一些复合动画比较有帮助
```

（3）暂停、恢复、停止。

```
// 暂停、恢复、停止
var anim = this.getComponent(cc.Animation);
anim.play('test');
// 暂停 test 动画
anim.pause('test');
// 暂停所有动画
anim.pause();
// 恢复 test 动画
anim.resume('test');
// 恢复所有动画
anim.resume();
// 停止 test 动画
anim.stop('test');
// 停止所有动画
anim.stop();
```

（4）设置动画时间。

```
// 设置动画的当前时间
var anim = this.getComponent(cc.Animation);
anim.play('test');
// 设置 test 动画的当前播放时间为 1s
anim.setCurrentTime(1, 'test');
// 设置所有动画的当前播放时间为 1s
anim.setCurrentTime(1);
```

3. 动画数据承载

AnimationState 是 AnimationClip 运行时的实例，它将动画数据解析为方便在程序中做计算的数值。Animation 播放 AnimationClip 时会将 AnimationClip 解析成 AnimationState。

🔖 **注意**：Animation 的播放状态实际是由 AnimationState 计算的，包括动画是否循环、播放速度等。

（1）获取 AnimationState。

```
// 获取 AnimationState
var anim = this.getComponent(cc.Animation);
// play 会返回关联的 AnimationState
var animState = anim.play('test');
//或者直接获取
var animState = anim.getAnimationState('test');
// 获取动画信息
var anim = this.getComponent(cc.Animation);
var animState = anim.play('test');
// 获取动画关联的 clip
var clip = animState.clip;
// 获取动画的名字
var name = animState.name;
// 获取动画的播放速度
var speed = animState.speed;
// 获取动画的播放总时长
var duration = animState.duration;
// 获取动画的播放时间
var time = animState.time;
// 获取动画的重复次数
var repeatCount = animState.repeatCount;
// 获取动画的循环模式
var wrapMode = animState.wrapMode
// 获取动画是否正在播放
var playing = animState.isPlaying;
// 获取动画是否已经暂停
var paused = animState.isPaused;
// 获取动画的帧率
var frameRate = animState.frameRate;
```

（2）设置动画播放速度。

```
// 设置动画播放速度
var anim = this.getComponent(cc.Animation);
var animState = anim.play('test');
// 使动画播放速度加快
animState.speed = 2;
// 使动画播放速度减慢
animState.speed = 0.7;
// speed 值越大速度越快
```

（3）设置动画循环模式与循环次数。

```
// 设置动画循环模式与循环次数
var anim = this.getComponent(cc.Animation);
var animState = anim.play('test');
// 设置循环模式为 Normal
animState.wrapMode = cc.WrapMode.Normal;
// 设置循环模式为 Loop
animState.wrapMode = cc.WrapMode.Loop;
// 设置动画循环次数为两次
animState.repeatCount = 2;
// 设置动画循环次数为无限次
animState.repeatCount = Infinity;
```

4. 设置参数

若在动画编辑器中设置 FUNCTION：onAnimationCompleted，添加参数 number、string，则在脚本中编辑方法。

```
onAnimCompleted: function (num, string) {
    console.log('onAnimCompleted: param1[%s], param2[%s]', num, string);
}
```

5. 注册动画回调

```
var animation = this.node.getComponent(cc.Animation);
// 注册
animation.on('play',      this.onPlay,      this);
animation.on('stop',      this.onStop,      this);
animation.on('lastframe', this.onLastFrame, this);
animation.on('finished',  this.onFinished,  this);
animation.on('pause',     this.onPause,     this);
animation.on('resume',    this.onResume,    this);
// 取消注册
animation.off('play',      this.onPlay,      this);
animation.off('stop',      this.onStop,      this);
animation.off('lastframe', this.onLastFrame, this);
animation.off('finished',  this.onFinished,  this);
animation.off('pause',     this.onPause,     this);
animation.off('resume',    this.onResume,    this);
```

```
// 对单个 cc.AnimationState 注册回调
var anim1 = animation.getAnimationState('anim1');
anim1.on('lastframe',    this.onLastFrame,    this);
```

6. 动态创建 AnimationClip

```
// 动态创建 AnimationClip
var animation = this.node.getComponent(cc.Animation);
// frames 是一个 SpriteFrame 的数组
var clip = cc.AnimationClip.createWithSpriteFrames(frames, 17);
clip.name = "anim_run";
clip.wrapMode = cc.WrapMode.Loop;
// 添加帧事件
clip.events.push({
    frame: 1,               // 准确的时间, 以秒为单位, 将在动画播放到 1s 时触发事件
    func: "frameEvent",     // 回调函数名称
    params: [1, "hello"]    // 回调参数
});
animation.addClip(clip);
animation.play('anim_run');
```

4.6　物理系统

本节开始正式了解 Cocos Creator 编辑器中的物理系统, 学习碰撞系统、物理引擎物理系统的实现方式, 利用物理系统实现游戏动态效果。

4.6.1　碰撞系统

1. 编辑碰撞组件

Cocos Creator 游戏引擎内置了一些简单的碰撞检测系统, 目前支持圆形、多边形、矩形相互间的碰撞检测。添加碰撞组件如图 4-16 所示。

图 4-16　添加碰撞组件

可以通过单击 inspector 中的 editing 来启动碰撞组件的编辑, 可以拖动编辑组件的碰撞区域。多边形碰撞组件: 自主编辑组件的区域。

圆形碰撞组件：编辑圆形编辑区域。

矩形碰撞组件：编辑矩形编辑区域。

在编辑碰撞组件的碰撞区域时，可以通过拖曳鼠标来编辑碰撞组件的偏移量。

2. 碰撞分组管理

选择菜单命令"项目 – 项目设置 – 分组管理"，在分组管理中可以添加分组，编辑碰撞分组配对。

3. 碰撞系统脚本控制

（1）碰撞脚本控制。

```
// 获取碰撞检测系统
var manager = cc.director.getCollisionManager();
// 默认碰撞检测系统是禁用的，如果需要使用则用以下方法开启碰撞检测系统
manager.enabled = true;
// 默认碰撞检测系统的 debug 绘制是禁用的，如果需要使用则用以下方法开启 debug 绘制
manager.enabledDebugDraw = true;
// 如果希望显示碰撞组件的包围盒，那么可以通过以下接口进行设置
manager.enabledDrawBoundingBox = true;
```

（2）碰撞系统回调。

```
// 当碰撞系统检测到有碰撞产生时，将会以回调的方式通知使用者。如果产生碰撞的碰撞组件依
附的节点下挂载的脚本中有实现以下函数，则会自动调用以下函数，并传入相关参数
/**
 * 当碰撞产生的时候调用
 * @param  {Collider} other  产生碰撞的另一个碰撞组件
 * @param  {Collider} self   产生碰撞的自身的碰撞组件
 */
cc.Class{
onCollisionEnter: function (other, self) {
    console.log('on collision enter');
    // 碰撞系统会计算出碰撞组件在世界坐标系下的相关值，并放到 world 属性中
    var world = self.world;
    // 碰撞组件的 aabb 碰撞框
    var aabb = world.aabb;
    // 节点碰撞前上一帧 aabb 碰撞框的位置
    var preAabb = world.preAabb;
    // 碰撞框的世界矩阵
    var t = world.transform;
    // 圆形碰撞组件特有属性
    var r = world.radius;
    var p = world.position;
    // 矩形和多边形碰撞组件特有属性
    var ps = world.points;
},
/**
 * 在碰撞产生且未结束前，每次计算碰撞结果后调用
 * @param  {Collider} other 产生碰撞的另一个碰撞组件
```

```
 * @param {Collider} self 产生碰撞的自身的碰撞组件
 */
onCollisionStay: function (other, self) {
    console.log('on collision stay');
},
/**
 * 当碰撞结束后调用
 * @param {Collider} other 产生碰撞的另一个碰撞组件
 * @param {Collider} self 产生碰撞的自身的碰撞组件
 */
onCollisionExit: function (other, self) {
    console.log('on collision exit');
}
});
```

（3）单击测试。

```
cc.Class{
properties: {
    collider: cc.BoxCollider
},
start () {
    // 开启碰撞检测系统，未开启时无法检测
    cc.director.getCollisionManager().enabled = true;
    // cc.director.getCollisionManager().enabledDebugDraw = true;
    this.collider.node.on(cc.Node.EventType.TOUCH_START, function (touch,
event) {
        // 返回世界坐标系
        let touchLoc = touch.getLocation();
        //
https://docs.cocos.com/creator/api/zh/classes/Intersection.html 检测辅助类
        if (cc.Intersection.pointInPolygon(touchLoc, this.collider.world.
points)) {
            console.log("Hit!");
        }
        else {
            console.log("No hit");
        }
    }, this);
}
});
```

4. Collider 组件

Collider 组件的属性如表 4.19 所示。

表 4.19 Collider 组件的属性

属　　性	说　　明
Tag	标签，当节点上有多个碰撞组件时，若发生碰撞，可以用此标签判断碰撞组件
Editing	是否编辑此碰撞组件，只在编辑器中有效

注意：单节点可以挂载多个碰撞组件，各个碰撞组件可以是不同的类型。

目前有 Polygon、Circle、Box 三种碰撞组件，继承自 Collider 组件。

（1）Polygon（多边形）碰撞组件属性。

- Offset 属性：组件相对于节点的偏移量。
- Points 属性：组件的顶点数组。

（2）Circle（圆形）碰撞组件属性。

- Offset 属性：组件相对于节点的偏移量。
- Radius 属性：组件的半径。

（3）Box（矩形）碰撞组件属性。

- Offset 属性：组件相对于节点的偏移量。
- Size 属性：组件的长和宽。

4.6.2 物理引擎

1. 物理系统管理

物理系统默认是关闭的，使用的时候要开启。

```
cc.director.getPhysicsManager().enabled = true;
```

使用 debugDrawFlags 绘制物理调试信息。

```
cc.director.getPhysicsManager(). debugDrawFlags = cc.PhysicsManager.
DrawBits.e_aabbBit |
    cc.PhysicsManager.DrawBits.e_pairBit |
    cc.PhysicsManager.DrawBits.e_centerOfMassBit |
    cc.PhysicsManager.DrawBits.e_jointBit |
    cc.PhysicsManager.DrawBits.e_shapeBit
    ;
// 设置绘制标志位为 0，即可以关闭绘制
cc.director.getPhysicsManager().debugDrawFlags = 0;
```

设置物理重力，默认的重力加速度是（0，-320）像素/秒^2。

```
// 重力加速度为 0
cc.director.getPhysicsManager().gravity = cc.v2();
// 修改重力加速度，如每秒加速降落 640 像素
cc.director.getPhysicsManager().gravity = cc.v2(0, -640);
```

设置物理步长：物理系统是按照固定的步长更新物理世界的，默认步长是游戏帧率1/framerate。

```
var manager = cc.director.getPhysicsManager();
// 开启物理步长的设置
manager.enabledAccumulator = true;
// 设置物理步长，默认 FIXED_TIME_STEP 是 1/60
manager.FIXED_TIME_STEP = 1/30;
```

```
// 每次更新物理系统时，处理速度的迭代次数，默认为 10
manager.VELOCITY_ITERATIONS = 8;
// 每次更新物理系统时，处理位置的迭代次数，默认为 10
manager.POSITION_ITERATIONS = 8;
```

注意：降低物理步长和各个属性的迭代次数，都会降低物理的检测频率，这样做有可能发生刚体穿透的情况。

点测试：测试是否有碰撞体包含一个世界坐标系下的点，若测试成功，则返回一个包含这个点的碰撞体。

```
var collider = cc.director.getPhysicsManager().testPoint(point);
```

矩形测试：测试指定一个世界坐标系下的矩形。若一个碰撞体的包围盒与这个矩形有重叠部分，则这个碰撞体会被添加到返回列表中。

```
var colliderList = cc.director.getPhysicsManager().testAABB(rect);
```

射线测试：测试给定的线段穿过哪些碰撞体，可以获取线段穿过碰撞体时，碰撞点的法线向量等信息。

```
// 类型
// 1.cc.RayCastType.Any
// 检测射线路径上任意的碰撞体，检测到碰撞体立刻结束
// 2.cc.RayCastType.Closest
// 检测射线路径上最近的碰撞体，这是射线检测的默认值
// 3.cc.RayCastType.All
// 检测射线路径上的所有碰撞体，检测到的顺序不是固定的。在这种检测类型下，一个碰撞体可
能返回多个结果，因为 box2d 是通过检测夹具(fixture)进行物体检测的，而一个碰撞体可能由多
个夹具组成
// 4.cc.RayCastType.AllClosest
// 检测射线路径上的所有碰撞体，但是会对返回值进行筛选，只返回每个碰撞体距离射线起始点
最近的点的相关信息
var results = cc.director.getPhysicsManager().rayCast(p1, p2, type);
for (var i = 0; i < results.length; i++) {
    var result = results[i];
    var collider = result.collider;
    var point = result.point;
    var normal = result.normal;
    var fraction = result.fraction;
}
// 射线检测的结果
// collider 指定射线穿过的是哪个碰撞体
// point 指定射线与穿过的碰撞体在哪个点相交
// normal 指定碰撞体在相交点的表面的法线向量
// fraction 指定相交点在射线上的分数
```

2. 刚体组件

刚体是组成物理世界的基本对象，刚体的质量是通过碰撞组件的密度与大小自动计算的。

（1）刚体的常用属性设置。

```
// 获取刚体质量
var mass = rigidbody.getMass();
// 移动速度
// 获取移动速度
var velocity = rigidbody.linearVelocity;
// 设置移动速度
rigidbody.linearVelocity = velocity;
// 移动速度衰减系数，可以用来模拟空气摩擦力等效果，会使速度越来越慢
// 获取移动速度衰减系数
var damping = rigidbody.linearDamping;
// 设置移动速度衰减系数
rigidbody.linearDamping = damping;
// 旋转速度
// 获取旋转速度
var velocity = rigidbody.angularVelocity;
// 设置旋转速度
rigidbody.angularVelocity = velocity;
// 旋转速度衰减系数与移动速度衰减系数相同
// 获取旋转速度衰减系数
var velocity = rigidbody.angularDamping;
// 设置旋转速度衰减系数
rigidbody.angularDamping = velocity;
// 固定旋转
// 设置刚体的 fixedRotation 属性
rigidbody.fixedRotation = true;
// 开启碰撞监听
// 只有开启了刚体的碰撞监听，刚体发生碰撞时才会回调到对应的组件上
rigidbody.enabledContactListener = true;
```

（2）刚体有四种类型：Static、Dynamic、Kinematic、Animated。

（3）刚体的方法。

① 获取刚体世界坐标值。

```
// 直接获取返回值
var out = rigidbody.getWorldPosition();
// 通过参数接收返回值
out = cc.v2();
rigidbody.getWorldPosition(out);
```

② 获取刚体世界旋转值。

```
var rotation = rigidbody.getWorldRotation();
// 局部坐标与世界坐标转换
// 世界坐标转换到局部坐标
var localPoint = rigidbody.getLocalPoint(worldPoint);
或
```

```
localPoint = cc.v2();
rigidbody.getLocalPoint(worldPoint, localPoint);
// 局部坐标转换到世界坐标
var worldPoint = rigidbody.getWorldPoint(localPoint);
或
worldPoint = cc.v2();
rigidbody.getLocalPoint(localPoint, worldPoint);
// 局部向量转换为世界向量
var worldVector = rigidbody.getWorldVector(localVector);
或
worldVector = cc.v2();
rigidbody.getWorldVector(localVector, worldVector);
var localVector = rigidbody.getLocalVector(worldVector);
或
localVector = cc.v2();
rigidbody.getLocalVector(worldVector, localVector);
```

③ 获取本地坐标系下的质心。

```
// 当对一个刚体施加力时，一般会选择刚体的质心作为施加力的作用点，这样能保证力不会影响
旋转值
// 获取本地坐标系下的质心
var localCenter = rigidbody.getLocalCenter();
// 通过参数接收返回值
localCenter = cc.v2();
rigidbody.getLocalCenter(localCenter);
```

④ 获取世界坐标系下的质心。

```
var worldCenter = rigidbody.getWorldCenter();
// 通过参数接收返回值
worldCenter = cc.v2();
rigidbody.getWorldCenter(worldCenter);
```

⑤ 力与冲量。

```
// 移动一个物体有两种方式，可以施加一个力或冲量到这个物体上。力会随着时间慢慢改变物体
// 的速度，而冲量会立即改变物体的速度。当然，也可以直接修改物体的位置，只是不符合真实
// 的物理现象，应该尽量使用力或冲量移动刚体，减少可能带来的奇怪问题
// 施加一个力到刚体指定的点上，这个点是世界坐标系下的一个点
rigidbody.applyForce(force, point);
// 直接施加力到刚体的质心上
rigidbody.applyForceToCenter(force);
// 施加一个冲量到刚体指定的点上，这个点是世界坐标系下的一个点
rigidbody.applyLinearImpulse(impulse, point);
```

力与冲量也可以只对旋转轴产生影响，这样的力叫作扭矩。

```
// 施加扭矩到刚体上，因为只影响旋转轴，所以不需要指定一个点
rigidbody.applyTorque(torque);
// 施加旋转轴上的冲量到刚体上
rigidbody.applyAngularImpulse(impulse);
```

⑥ 获取刚体在某个点上的速度。

通过 getLinearVelocityFromWorldPoint 来获取，比如当物体碰撞到一个平台时，需要根据物体碰撞点的速度判断物体是从平台上方还是下方碰撞的。

```
rigidbody.getLinearVelocityFromWorldPoint(worldPoint);
```

3. 碰撞组件

物理碰撞组件继承自碰撞组件，两者使用方法相似，属性如表 4.20 所示。

表 4.20　物理碰撞组件的属性

属　　性	说　　明
Sensor	指明碰撞体是否为传感器类型，传感器类型的碰撞体会产生碰撞回调，但不会产生物理碰撞效果
Density	碰撞体的密度，用于刚体的质量计算
Friction	碰撞体的摩擦力，碰撞体接触时运动会受到摩擦力的影响
Restitution	碰撞体的弹性系数，指明碰撞体碰撞时是否会受到弹力的影响

碰撞回调，在刚体所在的节点上添加脚本，在脚本中编辑回调函数。

```
// 需要先在 rigidbody 中开启碰撞监听，才会有相应的回调产生
cc.Class({
    extends: cc.Component,
    // 只在两个碰撞体开始接触时调用一次
    onBeginContact: function (contact, selfCollider, otherCollider) {
    },
    // 只在两个碰撞体结束接触时调用一次
    onEndContact: function (contact, selfCollider, otherCollider) {
    },
    // 每次将要处理碰撞体接触逻辑时调用
    onPreSolve: function (contact, selfCollider, otherCollider) {
        // 修改 contact 信息
        // 注意：这些修改只会在本次物理处理步骤中生效
        // 修改碰撞体间的摩擦力
        contact.setFriction(friction);
        // 修改碰撞体间的弹性系数
        contact.setRestitution(restitution);
    },
    // 每次处理完碰撞体接触逻辑时调用
    onPostSolve: function (contact, selfCollider, otherCollider) {
        // 回调的参数包含了所有的碰撞接触信息，每个回调函数都提供了三个参数：contact,
        // selfCollider, otherCollider
        // selfCollider 指回调脚本节点上的碰撞体
```

```
// otherCollider 指的是发生碰撞的另一个碰撞体
// 最主要的信息都包含在 contact 中，这是一个 cc.PhysicsContact 类型的实例
var worldManifold = contact.getWorldManifold();
// 碰撞点数组不一定会精确地在碰撞体碰撞的地方；不是每个碰撞都会有两个碰撞点，
// 大多数情况下只产生一个碰撞点
var points = worldManifold.points;
// 碰撞点上的法向量，由自身碰撞体指向对方碰撞体，指明解决碰撞最快的方向
var normal = worldManifold.normal;
// 禁用 contact
contact.disabled = true;
    }
});
```

4. 关节组件

关节组件有很多，用于连接两个刚体，可以模拟世界物体间的交互，如绳子、轮子、滑轮等。常用的关节组件如表 4.21 所示。

表 4.21　常用的关节组件

组　　件	说　　明
RevoluteJoint	旋转关节，刚体会围绕一个共同点进行旋转
DistanceJoint	距离关节，关节两端的刚体的锚点会保持固定的距离
PrismaticJoint	棱柱关节，两个刚体位置间的角度固定，在指定的轴上滑动
WeldJoint	焊接关节，根据两个物体的初始角度将两个物体绑在一起
WheelJoint	轮子关节，由 Revolute 和 Prismatic 组合的关节，用于模拟机动车车轮
RopeJoint	绳子关节，将关节两端的刚体约束在最大范围内
MotorJoint	马达关节，控制两个刚体的相对运动

不同关节的共同属性如表 4.22 所示。

表 4.22　共同属性

属　　性	说　　明
ConnectedBody	关节连接的另一端的刚体
Anchor	关节本端连接的刚体的锚点
connectedAnchor	关节另一端连接的刚体的锚点
colliderConnected	关节两端的刚体是否能够互相碰撞

4.7　音乐和音效

本节开始正式了解 Cocos Creator 子系统下的音乐和音效，学习音频播放和 AudioSource 组件。

AudioSource 组件用于音频播放。选中节点，在属性检查器面板中添加组件，将组件 AudioSource 添加到选中的节点上，查看属性如图 4-17 所示。

图 4-17   AudioSource 组件的属性

AudioSource 组件的属性如表 4.23 所示。

表 4.23   AudioSource 组件的属性

属　　　性	说　　　明
Clip	播放的音频资源对象
Volume	音量大小，取值范围为 0~1
Mute	是否静音
Loop	是否循环播放
Play On Load	是否在组件被激活后自动播放音频
Preload	是否在未播放音频的时候预先加载

脚本调用方法如下。

```
// AudioSourceControl.js
cc.Class({
    extends: cc.Component,
    properties: {
        // 声明
        audioSource: {
            type: cc.AudioSource,
            default: null
        },
    },
    // 播放
    play: function () {
        this.audioSource.play();
    },
    // 暂停
    pause: function () {
        this.audioSource.pause();
    },
});
```

第 5 章　UI 系统

本章主要讲解 Cocos Creator 游戏引擎的 UI 系统，掌握 Cocos Creator 的组件节点式构造，利用 UI 系统快速搭建游戏场景，深入了解 Cocos Creator 游戏引擎的构造特性，开始微信小游戏的开发实战之旅。

5.1　适配

本节开始主要学习 Cocos Creator 开发中不同屏幕的适配、多分辨率适配方法和技巧，学习 Cocos Creator 的自动布局，认识常用的适配 UI 组件，如自动布局容器 Layout、Label 的文字排版等。

5.1.1　多分辨率适配

通常，设计分辨率（DesignResolution）是内容生产者在制作场景时使用的分辨率样本，就是设计人员以某一分辨率作为设计游戏场景时使用的分辨率。屏幕分辨率是游戏在设备上运行时的实际屏幕显示分辨率。通常情况下，设计分辨率会采用市场目标群体使用率最高的设备的屏幕分辨率，比如安卓设备采用 800 像素×800 像素、1280 像素×720 像素两种屏幕分辨率，iOS 设备采用 1138 像素×840 像素、980 像素×840 像素两种屏幕分辨率。

由于设备的分辨率不同，所以在 Cocos Creator 开发中需要做适配，常见的多分辨率适配有以下几种方式。

- 通过 Canvas（画布）组件获取设备屏幕的分辨率，根据设备屏幕的分辨率对场景中的所有渲染元素进行缩放和适配。
- 将 Widget（对齐挂件）组件放置在渲染元素上，根据需要将元素对齐父节点的不同参考位置，就是设置相对位置，元素随着屏幕的变化而变化。
- 利用 Label（文字）组件内置的多种动态文字排版模式，当文字的约束框由于 Widget 对齐要求发生变化时，文字会根据需要排版。
- 利用 Sliced Sprite（九宫格精灵图）提供的可任意指定尺寸的图像，自动适配任意尺寸，在不同的屏幕分辨率上都显示高精度图像。

1. 设计分辨率和屏幕分辨率宽高比

- 设计分辨率和屏幕分辨率宽高比要相同。假如屏幕分辨率为 1800 像素×980 像素，将背景图放大两倍方可适配屏幕。

- 若设计分辨率宽高比大于屏幕分辨率宽高比，要适配高度，避免黑边。使用 Canvas 组件提供的适配高度（FitHeight）模式，将设计分辨率的高度自动撑满屏幕高度，将场景图像放大 1.8 倍。若设计分辨率宽高比大于屏幕分辨率宽高比，屏幕两边会裁掉一部分背景图，但能够保证屏幕可见区域内不出现任何黑边，并通过 Widget 调整 UI 元素的位置，保证 UI 元素出现在屏幕的可见区域内。
- 若设计分辨率宽高比小于屏幕分辨率宽高比，要适配宽度，避免黑边。使用 Canvas 组件提供的适配宽度（FitWidth）模式，将设计分辨率的宽度撑满屏幕宽度，将场景图像放大 2.4 倍。
- 不管屏幕宽高比如何，完整显示设计分辨率中的所有内容，允许出现黑边。如果要确保背景图像完整地在屏幕中显示，需要使用 Canvas 组件中的适配高度和适配宽度模式，这时场景图像的缩放比例按照屏幕分辨率中较小的一维来计算。在这种显示模式下，屏幕中可能会出现黑边或超出设计分辨率的场景图像。在开发中要尽量避免黑边，但要确保设计分辨率范围内的所有内容都显示在屏幕上，可采用此模式。

2. ExactFit 适配

Canvas 组件可以单独缩放 x 轴和 y 轴，也就是不能分别设置 x 轴和 y 轴的缩放率，x 轴和 y 轴的缩放率必须是同一个值。但是在 Cocos Creator 游戏引擎的 ExactFit 适配模式下可以单独缩放 x 轴和 y 轴，因为在此模式下图像没有黑边，也不会裁剪设计分辨率范围内的图像，但是若场景图像 x 轴和 y 轴的缩放率不同会导致图像拉伸变形。

3. 使用 Canvas 组件调整属性进行适配

打开"Hello World"项目并运行，在属性检查器面板中查看"Hello World"项目中的场景组件属性，如图 5-1 所示。

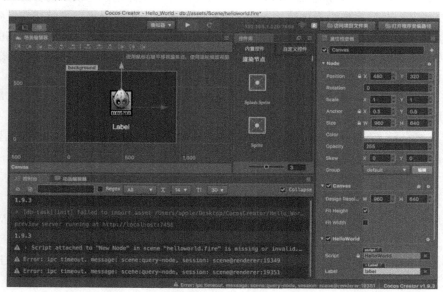

图 5-1　Canvas 组件

可以在属性检查器面板中初步设置设计分辨率、适配高度、适配宽度等，也可以通过工具设置场景元素的尺寸、位置、锚点等。

5.1.2　对齐挂件

在 Cocos Creator 开发中，当屏幕宽度和高度发生变化时，可以通过 Widget（对齐挂件）组件实现 UI 元素智能地进行适配，就是使用对齐挂件可以使 UI 元素随着屏幕的宽度、高度变化自适应 UI 元素本身的宽度和高度。

为某个元素添加对齐挂件组件，在属性检查器面板中查看该属性，如图 5-2 所示。

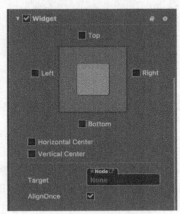

图 5-2　Widget 组件的属性

在属性检查器面板中，可以设置节点和屏幕边缘的距离：Top（对齐上边界）、Left（对齐左边界）、Bottom（对齐下边界）、Right（对齐右边界）。例如设置 Left：50px 和 Bottom：30px，这样设置 Widget 组件后，无论实际屏幕分辨率是多少，此元素都会保持在屏幕的左下角，并且节点约束框左边界和屏幕距离 50px，节点约束框下边界和屏幕距离 30px；可以设置 Widget 组件的属性值，如 Top：50px，如果用百分比设置则为 Top：100%。

注意：Widget 组件提供的对齐距离是参照子节点和父节点相同的约束框边界的。

Widget 组件属性 AlignOnce 用于确保 Widget 组件只在初始化时执行对齐定位的逻辑，在运行时不再消耗时间来对齐。AlignOnce 复选框被选中，在组件初始化时执行过一次对齐定位后，就会将 Widget 组件的 enabled 属性设为 false，关闭之后每帧自动更新，避免重复定位。若需要在运行时实时定位，需要手动将 AlignOnce 属性关闭（设置为 false）。

注意：对于大多数场景中的 UI 元素，Widget 组件的 AlignOnce 选项打开，这样可以大幅度提高场景运行性能。通过 Widget 组件开启一个或多个对齐参数后，节点的位置和尺寸属性可能会被限制。

5.1.3　文字排版

文字排版主要是针对 Label 组件的，在属性检查器面板中查看 Label 组件的属性，如图 5-3 所示。

Horizontal Align（水平对齐）：文字在约束框中水平方向的对齐准线，可以从 LEFT、RIGHT、CENTER 三种位置中选择。

图 5-3　Label 组件的属性

Vertical Align（垂直对齐）：文字在约束框中垂直方向的对齐准线，可以从 TOP、BOTTOM、CENTER 三种位置中选择。

Font Size（文字尺寸）：文字的大小，单位是 Point。

Line Height（行高）：每行文字占据的空间高度，单位是 Point。若 Font Size 和 Line Height 的值相同，则文字会占据一行大部分的空间高度；若 Font Size 的值小于 Line Height，则多行文字之间的间隔会加大；若 Font Size 的值大于 Line Height，则多行文字之间的间隔会缩小，甚至出现文字重叠的情况。

Overflow（排版模式）：文字内容增加时，文字如何在约束框的范围内自动排布。排版模式有四种类型：NONE、CLAMP、SHRINK、RESIZE_HEIGHT。在 CLAMP、SHRINK、RESIZE_HEIGHT 三种模式下，可以通过三种方式调整约束框的大小：使用编辑器左上角的矩形变换工具；修改属性检查器中的 Size 大小；添加 Widget 组件。

- CLAMP（截断）：文字按照对齐模式和尺寸的要求进行渲染，超出约束框的部分被隐藏。
- SHRINK（自动缩小）：文字按照原定尺寸渲染超出约束框时，自动缩小文字尺寸，以显示全部文字。
- RESIZE-HEIGHT（自动适应高度）：保证文字的约束框贴合文字高度，不管文字有多少行，此模式非常适合显示内容不固定的大段文字，配合 ScrollView 组件使用，可以在任意 UI 区域中显示无限量的文字内容。
- 自动换行属性可以切换文字的自动换行开关。在自动换行状态下，不需要手动换行，文字根据约束框大小自动换行。自动换行属性只有在文字排版模式的截断和自动缩小两种模式下才可以使用。

注意：文字排版组件配合对齐挂件组件使用，可以实现文字的多样化排版。

5.1.4　自动布局容器

自动布局（Layout）容器能够自动将子节点按照一定的规律进行排列显示，并且可以根据节点内容的约束框总和调整自身尺寸。此组件可以挂载在任何节点上使用，在属性检查器面板中该组件属性如图 5-4 所示。

图 5-4　Layout 组件的属性

若 Type 设为 Horizontal（水平布局），所有子节点都自动横向排列，并且根据子节点的宽度（Width）总和设置 Layout 节点的宽度。在水平布局模式下，Layout 组件不会影响节点在 y 轴的位置或高度属性。子节点甚至可以放置在 Layout 节点的约束框高度范围之外。

若 Type 设为 Vertical（垂直布局），所有子节点都自动纵向排列，并且根据子节点的高度（Height）总和设置 Layout 节点的高度。在此模式下，Layout 组件不会影响节点在 x 轴的位置或宽度属性。

5.2　UI 组件

本节主要讲解 Cocos Creator 游戏引擎中的常用 UI 组件，学习并掌握每个 UI 组件的属性、使用方式等。

5.2.1　Canvas 组件

通过 Canvas（画布）组件可以随时获取设备屏幕的实际分辨率，并且对场景中的所有渲染元素进行缩放。

使用 Cocos Creator 创建一个项目，在新建场景中，编辑器会默认一个根节点 Canvas 在层级管理器面板中，在属性检查器面板中查看根节点 Canvas 属性，如图 5-5 所示。

图 5-5　Canvas 组件的属性

1．基本属性设置

- Design Resolution：设计分辨率，设置宽和高。
- Fit Height：适配高度，用于多分辨率适配。
- Fit Width：适配宽度，用于多分辨率适配。

2．使用

- 一个场景中只能同时存在一个 Canvas 组件。
- 在开发中，通常会把主游戏的脚本文件（核心逻辑编写、功能入口）添加到根节点 Canvas 节点上。

5.2.2　Widget 组件

Widget（对齐挂件）组件是 UI 布局组件，使当前节点自动对齐到父物体的任意位置或约束尺寸，常用来适配不同的分辨率。

1. 基本属性

- Top：对齐上边界。选中该属性后，将在旁边显示一个输入框，用于设定当前节点的上边界和父物体的上边界之间的距离。
- Bottom：对齐下边界。选中该属性后，将在旁边显示一个输入框，用于设定当前节点的下边界和父物体的下边界之间的距离。
- Left：对齐左边界。选中该属性后，将在旁边显示一个输入框，用于设定当前节点的左边界和父物体的左边界之间的距离。
- Right：对齐右边界。选中该属性后，将在旁边显示一个输入框，用于设定当前节点的右边界和父物体的右边界之间的距离。
- Horizontal Center：水平方向居中。
- Vertical Center：竖直方向居中。
- Target：对齐目标。指定对齐参照的节点，当这里未指定目标时，直接使用父级别的节点作为对齐目标。
- AlignMode：指定 Widget 的对齐方式，决定 Widget 应何时更新。通常设置为 ON_WINDOWS_RESIZE，仅在初始化和窗口大小改变时重新对齐。设置为 ONCE 时，仅在组件初始化时进行一次对齐。设置为 ALWAYS 时，每帧都会对当前 Widget 组件执行对齐逻辑。

2. 使用

- 若开发中对节点的位置、尺寸做限制，可以使用此组件。
- 在开发中，对节点的宽度、高度不做固定设置，它们随着屏幕宽度、高度的变化而变化，可以使用此组件。

5.2.3 Button 组件

Button 组件用于响应用户的单击操作，也就是按钮。选中某节点并添加 Button 组件，在属性检查器面板中查看节点的 Button 组件属性，如图 5-6 所示。

图 5-6　Button 组件的属性

1. 基本属性

- Target：Node 类型，当 Button 发生 Transition 的时候，会修改 Target 节点的 SpriteFrame（图像）、颜色、Scale。

- Interactable：布尔类型，若设为 false，则 Button 组件进入禁用状态。
- Enable Auto Gray Effect：布尔类型，若设为 true 且 Interactable 属性设为 false，则 Button 的 Sprite Target 会使用内置 shader 变灰。当 Transition 为 SPRITE 且 Disabled Sprite 属性关联一个 Sprite Frame 的时候，不会使用内置 shader 变灰。
- Transition：枚举类型，包括 NONE、COLOR、SPRITE、SCALE 四种类型。
- Click Events：列表类型，默认为空，用户添加的每个事件都由节点引用、组件名称、一个响应函数组成。

Transition 属性用来设置用户单击按钮时的状态，如 SpriteFrame、颜色、Scale，这些属性都可以在属性检查器面板中直接设置。

Color Transition 属性如表 5.1 所示。

表 5.1 Color Transition 属性

属　　性	说　　明
Normal	Button 在 Normal 状态下的颜色
Pressed	Button 在 Pressed 状态下的颜色
Hover	Button 在 Hover 状态下的颜色
Disabled	Button 在 Disabled 状态下的颜色
Duration	Button 状态切换需要的时间间隔

Sprite Transition 属性如表 5.2 所示。

表 5.2 Sprite Transition 属性

属　　性	说　　明
Normal	Button 在 Normal 状态下的 Sprite Frame
Pressed	Button 在 Pressed 状态下的 Sprite Frame
Hover	Button 在 Hover 状态下的 Sprite Frame
Disabled	Button 在 Disabled 状态下的 Sprite Frame

Scale Transition 属性如表 5.3 所示。

表 5.3 Scale Transition 属性

属　　性	说　　明
Duration	Button 状态切换需要的时间间隔
ZoomScale	当用户单击按钮后，按钮会缩放到一个值，这个值等于 Button 原始的 Scale*ZoomScale（ZoomScale 可为负数）

目前，Button 组件只支持用户单击按钮时触发回调函数的 Click 事件，Button 组件的 Click Events 属性如表 5.4 所示。

表 5.4 Click Events 属性

属　　性	说　　明
Target	带有脚本组件的节点
Component	脚本组件的名称
Handler	指定一个回调函数，当用户单击按钮时会触发此函数
CustomEventData	用户指定任意的字符串作为事件回调的最后一个参数传入

通过脚本代码添加回调函数的方法如下。

（1）构造 cc.Component.EventHandler 对象并设置参数。（使用此方法添加的事件回调和使用编辑器添加的事件回调方法是一样的）

```javascript
//here is your component file, file name = MyComponent.js
cc.Class({
    extends: cc.Component,
    properties: {},
    // 初始化
    onLoad: function () {
        // 构造一个 cc.Component.EventHandler 对象
        var clickEventHandler = new cc.Component.EventHandler();
        // 设置 cc.Component.EventHandler 对象的参数
        // node 节点是事件处理代码组件所属的节点
        clickEventHandler.target = this.node;
        // 代码文件名
        clickEventHandler.component = "MyComponent";
        // 回调函数
        clickEventHandler.handler = "callback";
        // 回调参数
        clickEventHandler.customEventData = "foobar";
        // 获取 button
        var button = node.getComponent(cc.Button);
        // 单击按钮
        button.clickEvents.push(clickEventHandler);
    },
    // 回调函数
    callback: function (event, customEventData) {
        // event 是一个 Touch Event 对象，可以通过 event.target 获取事件的发送节点
        var node = event.target;
        var button = node.getComponent(cc.Button);
        // customEventData 参数就是之前设置的 "foobar"
    }
});
```

（2）通过注册事件实现回调，使用 button.node.on()注册单击事件。

```javascript
// 通过 button.node.on('click', ...) 的方式添加事件
// 这是一种非常简便的方式，但是使用该方式有一定的局限性，在事件回调时无法获得当前单击
// 按钮的屏幕坐标点
// 假设在一个组件的 onLoad 方法里面添加事件处理回调，在 callback 函数中进行事件处理
cc.Class({
    extends: cc.Component,
    // 声明
    properties: {
        button: cc.Button
```

```
    },
    // 初始化
    onLoad: function () {
        // 注册 click
        this.button.node.on('click', this.callback, this);
    },
    // 回调函数
    callback: function (button) {
        // do whatever you want with button
        // 使用这种方式注册的事件无法传递 customEventData
    }
});
```

2. 使用

- 在开发中，几乎所有的单击按钮事件都是通过 Button 组件实现的。
- 开发者可以通过设置 Button 不同状态的属性来实现多变的按钮操作。

5.2.4　Layout 组件

Layout 组件是容器组件，是自动布局容器。开启自动布局功能后，会自动按照一定规则排列子物体。在开发中，一般在属性检查器面板中添加该组件，并设置属性用于自动布局，在属性检查器面板中查看该属性，如图 5-7 所示。

图 5-7　Layout 组件的属性

Layout 组件常见的属性如表 5.5 所示。

表 5.5　Layout 组件常见的属性

属　　性	说　　明
Type	布局类型：NONE、HORIZONTAL（水平布局）、VERTICAL（垂直布局）、GRID（网格布局）
Resize Mode	缩放模式：NONE、CHILDREN、CONTAINER。 所有容器均支持 Resize Mode（NONE 容器只支持 NONE 和 CONTAINER）。 当 Resize Mode 设为 NONE 时，子物体和容器的大小变化互不影响。 当 Resize Mode 设为 CHILDREN 时，子物体大小随容器的大小而变化。 当 Resize Mode 设为 CONTAINER 时，容器的大小会随子物体的大小而变化
Padding Left	排版时，子物体相对于容器左边框的距离
Padding Right	排版时，子物体相对于容器右边框的距离

属　　性	说　　明
Padding Top	排版时，子物体相对于容器上边框的距离
Padding Bottom	排版时，子物体相对于容器下边框的距离
Spacing X	水平排版时，子物体与子物体在水平方向上的间距。NONE 模式无此属性
Spacing Y	垂直排版时，子物体与子物体在垂直方向上的间距。NONE 模式无此属性
Horizontal Direction	水平排版时，指定第一个子节点从容器的左边或右边开始布局。当容器为 GRID 类型时，此属性和 Start Axis 属性一起决定 GRID 布局元素的起始水平排列方向
Vertical Direction	垂直排版时，指定第一个子节点从容器的上面或下面开始布局。当容器为 GRID 类型时，此属性和 Start Axis 属性一起决定 GRID 布局元素的起始垂直排列方向
Cell Size	此属性只在 GRID 布局时存在，指定网格容器中排版元素的大小
Start Axis	此属性只在 GRID 布局时存在，指定网格容器中排版元素的起始方向轴

使用：

- 在开发中，Layout 组件常被用于需要自动布局的场景，如商店商品排列。
- Layout 组件不会考虑子节点的缩放和旋转。
- 设置的属性需要到下一帧才会更新，除非手动调用 updateLayout API。

5.2.5　EditBox 组件

EditBox 组件是文本输入组件，用于文本输入，可以获取用户输入的文本。为节点添加该组件，在属性检查器面板中查看该组件的属性，如图 5-8 所示。

图 5-8　EditBox 组件的属性

从图 5-8 中不难看出 EditBox 组件属性比较多，常见的属性如表 5.6 所示。

表 5.6　EditBox 组件的属性

属　　性	说　　明
String	输入框的初始输入内容，若为空则显示占位符的文本
Background Image	输入框的背景图片，背景图片支持九宫格缩放
KeyboardReturnType	指定移动设备上回车键的样式，即在移动设备上输入文本的时候，弹出的虚拟键盘上的回车键样式
Input Flag	指定输入标识，可以指定输入方式为密码或单词首字母大写（仅支持 Android 平台）；需要输入密码时，常将 Input Flag 设为 password
Input Mode	指定输入模式，移动平台可以指定键盘样式，若输入多行文本，将 Input Mode 设为 ANY
Font Size	输入框文本的字号大小
Stay On Top	输入框总是可见，并且一直在游戏视图的上面
Tab Index	修改 DOM 输入元素的 Tab Index，这个属性只有在 Web 上面修改才有用
Line Height	输入框文本的行高
Font Color	输入框文本的颜色
Placeholder	输入框占位符的文本内容
Placeholder Font Size	输入框占位符的字号大小
Placeholder Font Color	输入框占位符的字体颜色
Max Length	输入框最多允许输入的字符个数

EditBox 组件事件如下。

- EditingDidBegin 事件：在用户单击输入框获取焦点的时候触发。
- TextChanged 事件：在用户每次输入的文字发生变化的时候触发。
- EditingDidEnabled 事件：单行模式下，在用户按回车键或单击输入框以外的地方时调用该函数。多行模式下，在用户单击屏幕输入框以外的地方时调用该函数。
- EditingReturn 事件：在用户按回车键的时候触发。单行模式下，按回车键还会使输入框失去焦点。

这四种事件的属性如表 5.7 所示。

表 5.7　事件属性

属　　性	说　　明
Target	带有脚本组件的节点
Component	脚本组件名称
Handler	指定一个回调函数，当用户输入文本并按回车键的时候调用该函数
CustomEventData	用户指定任意字符串作为事件回调的最后一个参数传入

通过脚本代码添加回调的方法如下。

（1）构造 cc.Component.EventHandler 对象并设置参数。

```
// 构造一个 cc.Component.EventHandler 对象
var editboxEventHandler = new cc.Component.EventHandler();
// 设置 cc.Component.EventHandler 对象的参数
```

```
editboxEventHandler.target = this.node; // node 节点是事件处理代码组件所属的节点
editboxEventHandler.component = "cc.MyComponent"
editboxEventHandler.handler = "onEditDidBegan";
editboxEventHandler.customEventData = "foobar";
editbox.editingDidBegan.push(editboxEventHandler);
// 也可以通过类似的方式注册其他回调函数
//editbox.editingDidEnded.push(editboxEventHandler);
//editbox.textChanged.push(editboxEventHandler);
//editbox.editingReturn.push(editboxEventHandler);
//here is your component file
cc.Class({
    name: 'cc.MyComponent',
    extends: cc.Component,
    properties: {
    },
    // 回调函数
    onEditDidBegan: function(editbox, customEventData) {
        // editbox 是一个 cc.EditBox 对象
        // customEventData 参数就是之前设置的 "foobar"
    },
    // 假设这个回调是给 editingDidEnded 事件的
    onEditDidEnded: function(editbox, customEventData) {
        // editbox 是一个 cc.EditBox 对象
        // customEventData 参数就是之前设置的 "foobar"
    }
    // 假设这个回调是给 textChanged 事件的
    onTextChanged: function(text, editbox, customEventData) {
        // text 表示修改之后的 EditBox 的文本内容
        // editbox 是一个 cc.EditBox 对象
        // customEventData 参数就是之前设置的 "foobar"
    }
    // 假设这个回调是给 editingReturn 事件的
    onEditingReturn: function(editbox, customEventData) {
        // editbox 是一个 cc.EditBox 对象
        // customEventData 参数就是之前设置的 "foobar"
    }
});
```

（2）通过注册事件实现回调。

```
// 通过 editbox.node.on('editing-did-began', ...)的方式添加事件
// 假设在一个组件的 onLoad 方法中添加事件处理回调，在 callback 函数中进行事件处理
cc.Class({
    extends: cc.Component,
    // 声明
```

```
    properties: {
        editbox: cc.EditBox
    },
    // 初始化
    onLoad: function () {
        // 注册 editbox
        // 也可以注册 "editing-did-ended" "text-changed" 和 "editing-return" 事件
        // 这些事件的回调函数的参数与 "editing-did-began" 的参数一致
        this.editbox.node.on('editbox', this.callback, this);
    },
    // 回调函数
    callback: function (event) {
        // event 是一个 EventCustom 对象，可以通过 event.detail 获取 EditBox 组件
        var editbox = event.detail;
    }
});
```

使用：

- 在项目中，几乎所有文本输入操作都需要使用 EditBox 组件来实现，如填写用户信息等场景。
- 要监听文本输入的变化和状态，也可以使用 EditBox 组件来实现。

5.2.6　ScrollView 组件

ScrollView 组件是带滚动功能的容器，在该容器中用户可以通过滑动滑块在有限的显示区域内浏览更多的内容。

在层级管理器面板中创建并选中组件，在属性检查器面板中查看该组件属性，如图 5-9 所示。

图 5-9　ScrollView 组件的属性

ScrollView 组件的属性如表 5.8 所示。

表 5.8　ScrollView 组件的属性

属　　性	说　　明
Content	节点引用，用来创建 ScrollView 事件的可滚动内容，通常是一个包含一张巨大图片的节点
Horizontal	布尔值，是否允许滚动容器横向滚动
Vertical	布尔值，是否允许滚动容器纵向滚动
Inertia	滚动的时候是否有加速度
Brake	浮点数，滚动之后的减速系数，取值范围为 0～1，值为 1 则立即停止滚动，值为 0 则一直滚动到 Content 的边界
Elastic	布尔值，是否回弹
Bounce Duration	浮点数，回弹所需要的时间，取值范围为 0～10
Horizontal ScrollBar	节点引用，创建一个滚动条，显示 Content 在水平方向上的位置
Vertical ScrollBar	节点引用，创建一个滚动条，显示 Content 在垂直方向上的位置
Scroll ViewEvents	列表类型，默认为空，用户添加的每个事件由节点引用，由组件名称和一个响应函数组成
Cancel InnerEvents	若该属性设置为 true，则滚动行为会取消子节点上注册的触摸事件，默认设置为 true

ScrollView 事件 ScrollEvents 属性如表 5.9 所示。

表 5.9　ScrollView 事件属性

属　　性	说　　明
Target	带有脚本组件的节点
Component	脚本组件名称
Handler	指定回调函数，当 ScrollView 事件发生时会调用此函数
CustomEventData	用户指定任意的字符串作为事件回调的最后一个参数传入

ScrollView 事件回调有以下两个参数。

- ScrollView 本身：ScrollView 本身的参数是为了在回调函数中对 ScrollView 组件做一些更改，如滚动样式、滚动区域等。
- ScrollView 事件类型：事件类型参数，是为了指定 ScrollView 组件的事件类型，根据 ScrollView 的事件类型做相应的操作处理，如滚动开始、滚动结束等。

通过脚本代码添加回调的方法如下。

（1）构造 cc.Component.EventHandler 对象并设置参数。

```
// here is your component file, file name = MyComponent.js
cc.Class({
    extends: cc.Component,
    properties: {},
    // 初始化
    onLoad: function () {
        // 构造对象
        var scrollViewEventHandler = new cc.Component.EventHandler();
```

```
        // 设置参数
        // node 节点是事件处理代码组件所属的节点
        scrollViewEventHandler.target = this.node;
        scrollViewEventHandler.component = "MyComponent";// 代码文件名
        scrollViewEventHandler.handler = "callback"; // 回调函数
        scrollViewEventHandler.customEventData = "foobar";
        // 获取 scrollview
        var scrollview = node.getComponent(cc.ScrollView);
        scrollview.scrollEvents.push(scrollViewEventHandler);
    },
    // 回调函数
    callback: function (scrollview, eventType, customEventData) {
        // scrollview 是一个 ScrollView 组件对象实例
        // eventType 是 cc.ScrollView.EventType enum 中的值
        // customEventData 参数就是之前设置的 "foobar"
    }
});
```

（2）通过注册事件实现回调。

```
// 通过 scrollview.node.on('scroll-to-top', ...) 的方式添加事件
// 假设在一个组件的 onLoad 方法中添加事件处理回调，在 callback 函数中进行事件处理
cc.Class({
    extends: cc.Component,
    // 声明
    properties: {
        scrollview: cc.ScrollView
    },
    // 初始化
    onLoad: function () {
        // 注册 scroll-to-top 事件
        // 也可以注册 scrolling, touch-up, scroll-began 等事件
        // 这些事件的回调函数的参数与 scroll-to-top 的参数一致
        this.scrollview.node.on('scroll-to-top', this.callback, this);
    },
    // 回调函数
    callback: function (scrollView) {
        // 回调的参数是 ScrollView 组件
        // do whatever you want with scrollview
    }
});
```

使用：

- ScrollView 组件在大型游戏中常会被用到，比如大多数带有滚动的场景，如商品列表、角色信息、大图滚动预览等。
- 在开发中，ScrollView 组件常和 Mask 组件一起使用，同时添加 ScrollBar 组件显示浏览内容的位置。

5.2.7 ScrollBar 组件

ScrollBar 组件允许用户通过拖动滑块来滚动一张图片，用于滚动设置。

在 ScrollView 节点的属性检查器面板中添加组件 ScrollBar，添加组件成功后，在属性检查器面板中查看该组件属性如图 5-10 所示。

图 5-10　ScrollBar 组件的属性

ScrollBar 组件的属性如表 5.10 所示。

表 5.10　ScrollBar 组件的属性

属　　性	说　　明
Handler	ScrollBar 前景图片，它的长度、宽度会根据 ScrollView 组件的 Content 的大小和实际显示区域的大小来计算
Direction	滚动方向：水平方向或垂直方向
Enable Auto Hide	是否开启自动隐藏功能
Auto Hide Time	自动隐藏时间，需要配合设置 Enable Auto Hide 属性

使用：

- ScrollBar 组件必须和其他组件一起使用，若配合 ScrollView 组件使用，则 ScrollBar 组件就是滚动视图的滚动条，在游戏场景中需要显示滚动条操作的时候，可以使用该组件。
- ScrollBar 组件一般不单独使用，常配合 ScrollView 组件一起使用，还需指定一个 Sprite 组件，即属性面板中的 Handler。在开发中，常常会给 ScrollBar 组件指定一张背景图片，指示整个 ScrollBar 的宽度和长度。

5.2.8 ProgressBar 组件

ProgressBar 组件常用于显示操作进度。在该组件上关联一个 BarSprite 即可在场景中控制 BarSprite 显示进度。

在层级管理器面板中创建并选择 ProgressBar 组件，在属性检查器面板中查看该组件属性如图 5-11 所示。

图 5-11　ProgressBar 组件的属性

ProgressBar 组件的属性如表 5.11 所示。

表 5.11　ProgressBar 组件的属性

属　　性	说　　明
Bar Sprite	进度条渲染的 Sprite 组件，可通过拖曳一个带有 Sprite 组件的节点到该属性上建立关联。Bar Sprite 可以是自身节点、子节点，也可以是任何一个带有 Sprite 组件的节点。Bar Sprite 可以自由选择 SIMPLE、SLICED、FILLED 渲染模式
Mode	支持 HORIZONTAL、VERTICAL、FILLED 三种模式，配合 Reverse 属性使用可改变起始方向
Total Length	当进度条为 100% 时 Bar Sprite 的总长度、总宽度，在 FILLED 模式下，Total Length 表示取 Bar Sprite 总显示范围的百分比，取值范围为 0～1
Progress	浮点值，取值范围为 0～1，不允许输入 0～1 之外的数字
Reverse	布尔值，默认的填充方向是从左到右、从下到上，开启该功能后变成从右到左、从上到下

使用：

- 游戏场景中的所有进度条都可以使用该组件搭建实现。
- 在开发中，若进度条模式为 FILLED，则 Bar Sprite 属性的 Type 必须设置为 FILLED，否则会报警。

5.2.9　Toggle 组件

Toggle 组件是一个 CheckBox，继承于 Button 组件，具有用户单击事件。

在层级管理器面板中创建并选择 Toggle 组件，在属性检查器面板中查看该组件属性，如图 5-12 所示。

图 5-12　Toggle 组件的属性

Toggle 组件的属性如表 5.12 所示。

表 5.12　Toggle 组件的属性

属　　性	说　　明
Is Checked	布尔值，若设置为 true，则 Check Mark 属性处于 enabled 状态，反之则处于 disabled 状态
Check Mark	cc.Sprite 类型，Toggle 组件处于选中状态时显示的图片

续表

属　　性	说　　明
Toggle Group	cc.ToggleGroup 类型，Toggle 组件所属的 Toggle Group，这个属性是可选的，若属性为 null，则 Toggle 组件是一个 CheckBox，反之则是一个 RadioButton
Check Events	列表类型，默认为空，用户添加的每个事件由节点引用，由组件名称和一个响应函数组成

Toggle 事件属性如表 5.13 所示。

表 5.13　Toggle 事件属性

属　　性	说　　明
Target	带有脚本组件的节点
Component	脚本组件的名称
Handler	指定一个回调函数，当 Toggle 事件发生时调用此函数
CustomEventData	用户指定任意的字符串作为事件回调的最后一个参数传入

Toggle 事件回调有两个参数，一个参数是 Toggle 本身，在回调函数中设置 Toggle 组件的一些属性；另一个参数是 CustomEventData，在事件回调函数中处理用户指定的任意一个字符串（参数）。

Toggle 组件节点树一般为：CheckBox – BackGround – CheckMark，CheckMark 组件所在的节点需放在 BackGround 节点的上面。

通过脚本代码回调函数的方法如下。

（1）构造 cc.Component.EventHandler 对象并设置参数。

```
// 构造一个 cc.Component.EventHandler 对象
var checkEventHandler = new cc.Component.EventHandler();
// 设置 cc.Component.EventHandler 对象的参数
checkEventHandler.target = this.node; // node 节点是事件处理代码组件所属的节点
checkEventHandler.component = "cc.MyComponent"
checkEventHandler.handler = "callback";
checkEventHandler.customEventData = "foobar";
toggle.checkEvents.push(checkEventHandler);
//here is your component file
cc.Class({
    name: 'cc.MyComponent',
    extends: cc.Component,
    properties: {
    },
    // 回调函数
    callback: function(toggle, customEventData) {
        // toggle 是事件发出的 Toggle 组件
        // customEventData 参数就是之前设置的 "foobar"
    }
});
```

（2）注册事件，利用 toggle.node.on() 实现回调。

```
// 通过 toggle.node.on('toggle', ...)添加事件
// 假设在一个组件的 onLoad 方法中添加事件处理回调，在 callback 函数中进行事件处理
cc.Class({
    extends: cc.Component,
    // 声明
    properties: {
        toggle: cc.Toggle
    },
    // 初始化
    onLoad: function () {
        // 注册 toggle
        this.toggle.node.on('toggle', this.callback, this);
    },
    // 回调函数
    callback: function (event) {
        // event 是一个 EventCustom 对象，可以通过 event.detail 获取 Toggle 组件
        var toggle = event.detail;
        //do whatever you want with toggle
    }
});
```

使用：

- 游戏场景中的单选框、多选框都可以通过该组件实现。
- 该组件配合 ToggleGroup 组件使用，可以变成 RadioButton。

5.2.10　ToggleGroup 组件

ToggleGroup 组件是一个不可见组件，用来修改一组 Toggle 组件的行为。当一组 Toggle 组件属于同一个 ToggleGroup 组件的时候，只能有一个 Toggle 组件处于选中状态。

在某节点的属性检查器面板中直接添加并选中 ToggleGroup 组件，在属性检查器面板中查看该组件属性，如图 5-13 所示。

图 5-13　ToggleGroup 组件的属性

Allow Switch Off：若设置为 true，则 Toggle 按钮被单击的时候可以反复被选中或不被选中。

使用：ToggleGroup 组件一般不单独使用，与 Toggle 组件配合使用可实现 RadioButton 的单选效果。

5.2.11　Slider 组件

Slider 组件是滑动器组件。

在层级管理器面板中创建并选择 Slider 节点，在属性检查器面板中查看属性，如图 5-14
所示。

图 5-14　Slider 组件的属性

Slider 组件的属性如表 5.14 所示。

表 5.14　Slider 组件的属性

属　　性	说　　明
Handle	滑块按钮部件，可以通过该按钮滑动调节 Slider 的数值大小
Direction	滑动器的方向，分为横向、竖向
Progress	当前进度值，数值范围为 0～1
Slide Events	滑动器事件回调函数

Slider 事件属性如表 5.15 所示。

表 5.15　Slider 事件属性

属　　性	说　　明
Target	带有脚本组件的节点
Component	脚本组件名称
Handler	指定一个回调函数，当 Slider 事件发生时调用此函数
CustomEventData	用户指定任意的字符串作为事件回调的最后一个参数传入

Slider 事件回调有两个参数，一个是 Slider 本身，在回调函数中对 Slider 组件设置属性；另
一个是 CustomEventData，用于参数传递，在回调函数中对传递的参数进行操作。

通过脚本代码添加回调的方法如下。

（1）构造 cc.Component.EventHandler 对象并设置参数。

```
// 构造一个 cc.Component.EventHandler 对象
var sliderEventHandler = new cc.Component.EventHandler();
// 设置 cc.Component.EventHandler 对象的参数
sliderEventHandler.target = this.node; // node 节点是事件处理代码组件所属的节点
sliderEventHandler.component = "cc.MyComponent"
sliderEventHandler.handler = "callback";
sliderEventHandler.customEventData = "foobar";
slider.slideEvents.push(sliderEventHandler);
//here is your component file
```

```
cc.Class({
    name: 'cc.MyComponent',
    extends: cc.Component,
    properties: {
    },
    // 回调函数
    callback: function(slider, customEventData) {
        // slider 是一个 cc.Slider 对象
        // customEventData 参数就是之前设置的 "foobar"
    }
});
```

（2）注册事件，通过 slider.node.on() 添加回调事件。

```
// 通过 slider.node.on('slide', ...) 添加事件
// 假设在一个组件的 onLoad 方法中添加事件处理回调，在 callback 函数中进行事件处理
cc.Class({
    extends: cc.Component,
    // 声明
    properties: {
        slider: cc.Slider
    },
    // 初始化
    onLoad: function () {
        // 注册 slide 事件
        this.slider.node.on('slide', this.callback, this);
    },
    // 回调函数
    callback: function (event) {
        // event 是一个 EventCustom 对象，可以通过 event.detail 获取 Slider 组件
        var slider = event.detail;
        //do whatever you want with the slider
    }
});
```

使用：
- 在游戏中，几乎所有的滑块按钮操作都可以用此组件实现，如滑动调节声音、滑动调节游戏角色的速度等。
- Slider 组件的主要部分是一个滑块按钮，通过该部件调节 Slider 的数值。

5.2.12　PageView 组件

PageView 组件是页面视图容器组件。

在层级管理器面板中创建并选择组件 PageView，在属性检查器面板中查看该组件属性，如图 5-15 所示。

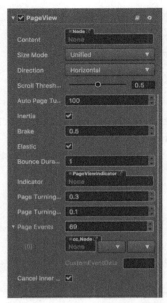

图 5-15　PageView 组件的属性

PageView 组件的属性如表 5.16 所示。

表 5.16　PageView 组件的属性

属　　性	说　　明
Size Mode	页面视图中每个页面大小类型，有 Unified、Free 类型
Content	节点引用，用来创建 PageView 组件的可滚动内容
Direction	页面视图滚动方向
Scroll Threshold	滚动临界值，默认单位为百分比
Auto Page Turning Threshold	快速滑动翻页临界值，会根据滑动开始和结束的距离与时间计算出一个速度值，若该值大于临界值则自动翻页
Inertia	是否开启滚动惯性
Brake	开启滚动惯性后，在用户停止触摸后滚动何时停止，0 表示永远不停止，1 表示立刻停止
Elastic	布尔值，是否回弹
Bounce Duration	浮点数，回弹所需要的时间，取值范围为 0～10
Indicator	页面视图指示器组件
Page Turning Event Timing	设置 PageViewPageTurning 事件的发送时机
Page Events	数组，滚动视图的事件回调函数
Cancel Inner Events	布尔值，是否在滚动时取消子节点上注册的触摸事件

PageView 事件属性如表 5.17 所示。

表 5.17　PageView 事件属性

属　　性	说　　明
Target	带有脚本组件的节点
Component	脚本组件名称
Handler	指定一个回调函数，当 PageView 事件发生时调用此函数
CustomEventData	用户指定任意的字符串作为事件回调的最后一个参数传入

PageView 事件回调有两个参数，一个是 PageView 本身，在回调函数中对 PageView 做一些操作；另一个是 PageView 事件类型，在回调函数中明确事件类型，根据事件类型做相应的操作。通过脚本添加代码回调的方法如下。

（1）构造 cc.Component.EventHandler 对象并设置参数。

```
// 构造一个 cc.Component.EventHandler 对象
var pageViewEventHandler = new cc.Component.EventHandler();
// 设置对象的参数
pageViewEventHandler.target = this.node; // 事件处理代码组件所属的节点
pageViewEventHandler.component = "cc.MyComponent"
pageViewEventHandler.handler = "callback";
pageViewEventHandler.customEventData = "foobar";
pageView.pageEvents.push(pageViewEventHandler);
//here is your component file
cc.Class({
    name: 'cc.MyComponent',
    extends: cc.Component,
    properties: {
    },
    // 回调函数
    callback: function(pageView, eventType, customEventData) {
        // 参数的顺序和类型是固定的
        // pageView 是一个 PageView 组件对象实例
        // eventType 是 cc.PageView.EventType.PAGE_TURNING
        // customEventData 参数就是之前设置的 "foobar"
    }
});
```

（2）注册事件，通过 pageView.node.on() 添加回调事件。

```
// 通过 pageView.node.on('page-turning', ...)添加事件
// 假设在一个组件的 onLoad 方法中添加事件处理回调，在 callback 函数中进行事件处理
cc.Class({
    extends: cc.Component,
    // 声明
    properties: {
        pageView: cc.PageView
    },
    // 初始化
    onLoad: function () {
        // 注册 click
        this.pageView.node.on('click', this.callback, this);
    },
    // 回调函数
    callback: function (event) {
        // event 是一个 EventCustom 对象，可以通过 event.detail 获取 PageView 组件
        var pageView = event.detail;
        // 使用这种方式注册的事件无法传递 customEventData
```

```
    }
});
```

使用：

- 游戏中的轮播图可以使用该组件实现。
- 使用 PageView 组件时，必须要有指定的 Content 节点，Content 节点的每个子节点为一个单独页面，页面大小为 PageView 节点的大小。
- PageView 组件可配合 PageViewIndicator 组件使用，PageViewIndicator 组件用来显示页面个数，以及标记当前显示在哪一页。

5.2.13 PageViewIndicator 组件

PageViewIndicator 组件需配合 PageView 组件使用，用于显示 PageView 当前的页面数量，以及标记当前所在的页面。

在 PageView 节点属性检查器面板中添加并选择 PageViewIndicator 组件，在属性检查器面板中查看该属性，如图 5-16 所示。

图 5-16　PageViewIndicator 组件的属性

PageViewIndicator 组件的属性如表 5.18 所示。

表 5.18　PageViewIndicator 组件的属性

属　　性	说　　明
Sprite Frame	每个页面标记显示的图片
Direction	页面标记摆放方向，分为水平方向和垂直方向
Cell Size	每个页面标记的大小
Spacing	每个页面标记之间的边距

使用：PageViewIndicator 组件需要配合 PageView 组件使用，无法单独添加 PageViewIndicator 组件直接使用，当滑动到某个页面时，PageViewIndicator 组件就会高亮它对应的标记。

5.2.14 BlockInputEvents 组件

BlockInputEvents 组件拦截所属节点 Bounding Box 内所有的输入事件（鼠标事件、触摸事件），防止事件传递到下层节点，一般在上层 UI 的背景上使用该组件。在节点的属性检查器面板中添加并选择 BlockInputEvents 组件，在属性检查器面板中查看该属性，如图 5-17 所示。

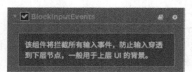

图 5-17　BlockInputEvents 组件的属性

当制作弹出式 UI 对话框时，对话框的背景默认不会截获事件，也就是弹框的背景挡住了游戏场景，用户在背景上单击或触摸时，弹框下面被遮住的游戏元素仍然会响应单击或触摸事件，这时候开发者可以在背景所在的节点上添加这个组件，以阻隔事件。

5.3 制作拉伸图像和动态列表

本节学习使用 Cocos Creator 编辑器制作拉伸图像，以适配不同尺寸的屏幕；初步学习并掌握根据需要生成动态列表。

5.3.1 制作拉伸图像

制作 UI 时要控制每个控件元素的尺寸，以自动适应不同设备的屏幕尺寸，让控件元素尺寸根据屏幕尺寸自动拉伸适配，通过九宫格格式的图像来渲染元素实现适配。

在资源管理器面板中选中图像资源，单击属性检查器最下面的"编辑"按钮，进入 Sprite 编辑器。在 Sprite 编辑器中编辑图片，切分九宫格，如图 5-18 所示。

图 5-18 Sprite 编辑器

完成切分操作后保存资源，设置 Sprite 组件时使用 Sliced 模式。

注意： 在使用矩形变换工具或直接修改 Sliced Sprite 的 size 属性时，属性值不能为负数，否则不能以 Sliced 模式正常显示。

5.3.2 制作动态列表

利用 Cocos Creator 游戏引擎开发游戏时，UI 界面不仅有静态的页面，也有动态的页面，比如商店列表中显示的内容就是动态的，这时就要使用动态列表实现游戏效果，简单示例如下。

1. 准备数据

做一个简单的动态生成，准备数据：物品 ID、图标 ID（用于获取图片，对应图片地址）、物品名称、价格等。

自定义数据类，暂时把数据存放在列表组件中，创建脚本 ItemList.js，添加以下属性。

```
// 自定义数据类
var Item = cc.Class({
    name: 'Item',
    properties: {
        // 声明属性
        id: 0,
        itemName: '',
        itemPrice: 0,
        iconSF: cc.SpriteFrame
    }
});
cc.Class({
    extends: cc.Component,
    properties: {
        // 声明 items 数组
        items: {
            default: [],
            type: Item
        }
    },
});
```

注意：Item 数据类没有继承 cc.Component，因此它不是组件，但可以被组件使用。

创建节点，将 ItemList.js 添加到节点下，在属性检查器面板中初步设置 items 数组中每个对象的值，如图 5-19 所示。

图 5-19　items 数组

2. 制作 Prefab 模板

制作简单的物品 Prefab 模板，如图 5-20 所示。

图 5-20 Prefab 模板

3. 绑定模板组件

创建 ItemTemplate.js 脚本，将其添加到模板节点上。

```javascript
// ItemTemplate.js
cc.Class({
    extends: cc.Component,
    properties: {
        // 声明属性
        id: 0,
        icon: cc.Sprite,
        itemName: cc.Label,
        itemPrice: cc.Label
    }
});
```

4. 通过数据更新模板表现

在 ItemTemplate.js 脚本中，添加接收数据后的处理逻辑。

```javascript
// ItemTemplate.js
cc.Class({
    extends: cc.Component,
    properties: {
        // 声明属性
        id: 0,
        icon: cc.Sprite,
        itemName: cc.Label,
        itemPrice: cc.Label
    },
    // data: {id,iconSF,itemName,itemPrice}
    // 初始化
    init: function (data) {
        // 赋值
        this.id = data.id;
        this.icon.spriteFrame = data.iconSF;
        this.itemName.string = data.itemName;
        this.itemPrice.string = data.itemPrice;
    }
});
```

init 方法接收数据对象，并且使用对象中的数据更新各个负责表现组件的相应属性。将 Item 节点保存成一个 Prefab，即物品模板。

5. 根据数据生成列表内容

在 ItemList.js 脚本中，添加物品模板 Prefab，并且动态生成列表逻辑。

```javascript
// 自定义数据类
var Item = cc.Class({
    name: 'Item',
    properties: {
        // 声明属性
        id: 0,
        itemName: '',
        itemPrice: 0,
        iconSF: cc.SpriteFrame,
    }
});
cc.Class({
    extends: cc.Component,
    properties: {
        // 引用物品模板
        itemPrefab: cc.Prefab,
        // 数组
        items: {
            default: [],
            type: Item
        }
    },
    // 初始化
    onLoad () {
        // 数据初始化
        // 遍历items中存储的数据,以itemPrefab为模板生成新节点,并添加到ItemList.js
        // 所在的节点上
        for (var i = 0; i < this.items.length; ++i) {
            var item = cc.instantiate(this.itemPrefab);
            var data = this.items[i];
            this.node.addChild(item);
            // 调用 ItemTemplate.js 中的 init 方法，更新节点表现
            item.getComponent('ItemTemplate').init({
                // 赋值
                id: data.id,
                itemName: data.itemName,
                itemPrice: data.itemPrice,
                iconSF: data.iconSF
            });
        }
    });
```

第6章　Cocos Creator 提高

本章主要讲解 Cocos Creator 游戏开发中的进阶知识，如开放数据域、编辑器扩展、SDK 集成等，加深对 Cocos Creator 游戏引擎的理解。

6.1　开放数据域

本节主要讲解在游戏开发中如何接入微信小游戏的开放数据域，实现微信小游戏的社交关系链数据展示。

6.1.1　开放数据域介绍

微信小游戏为了保护微信的社交关系链数据，设计了子域，又叫开放数据域，是一个单独的游戏执行环境。子域中的资源、引擎、程序都和主游戏完全隔离，开发者只有在子域中才能获取微信的社交关系链数据（通过访问微信提供的 wx.getFriendCloudStorage() API 获取好友数据，访问 wx.getGroupCloudStorage() API 获取微信群的数据）。开发者利用微信关系链数据实现游戏中的好友列表、排行榜等功能。

子域是一个封闭、独立的 JavaScript 作用域，而且只能在离屏画布（SharedCanvas）上渲染，因此要把 SharedCanvas 绘制到主域上。开发者需要创建两个项目工程：一个是主域项目工程（放置项目的主要内容），另一个是子域项目工程（通过微信的 API 获取社交关系链数据）。

子域项目要使用 Cocos Creator 编辑器独立打包，打包后放置在主域项目中的微信 build 文件夹下，运行微信开发工具预览项目，即可看到需要的排行榜、好友列表等功能。

WXSubContextView 是开放数据域，也是实现排行榜等功能的核心组件，可以用于视窗更新、手动更新。

1. 视窗更新

在项目中，一般开放数据域的视窗是固定的，但也存在开放数据域在主域的视窗节点更新的情况，例如使用 Widget 适配父节点；场景切换后设计分辨率发生改变；开发者手动调整视窗尺寸，此时，开发者可以调用 updateSubContextViewport 方法更新开放数据域中视窗的参数，让事件可以被正确地映射到开放数据域视窗中。

2. 手动更新贴图

当开放数据域被调用后，使用 load 方法初始化 WXSubContextView 组件成功，则开放数据域贴图就会更新到主域并显示，之后每帧都会更新贴图。因为有时开放数据域贴图更新会导致损耗过高，所以在开发的时候设计开放数据域是静态页面（如翻页页面），以降低损耗。开发者也可以利用 update 刷新方法禁用组件，阻止每帧更新逻辑。

```
// 禁用组件
subContextView.enabled = false;
subContextView.update();
```

因为微信开放数据域的封闭性，因此开放数据域的代码、资源都无法与主域共享，若要在主域中访问使用，开发者需要对开放数据域项目进行单独的项目设置。

目前，开放数据域仅支持 Canvas 渲染，并且 Canvas 渲染下所支持的渲染组件也是有限制的，目前支持的渲染组件有 Sprite、Label、Graphics、Mask 等。

6.1.2 开放数据域示例

下面是一个简单的开放数据域项目示例，项目功能很简单，单击"显示/隐藏"按钮，控制开放数据域项目中场景的显示与隐藏。项目最终的效果如图 6-1 所示。

图 6-1 开放数据域示例

1. 搭建主域项目

（1）在 Cocos Creator 编辑器中新建项目 Ranking。

（2）添加项目文件：文件资源、场景文件、脚本文件等。

（3）构建主域项目场景，如图 6-2 所示。

- bg：场景背景。
- display：显示、隐藏节点。
- New Button：显示、隐藏按钮。

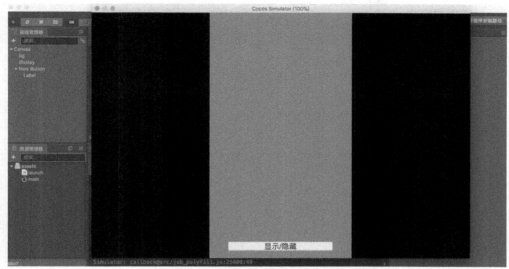

图 6-2　主域项目场景

2. 搭建子域项目

（1）在 Cocos Creator 编辑器中新建项目 Rankingsub。

（2）构建子域项目场景及项目文件，如图 6-3 所示。

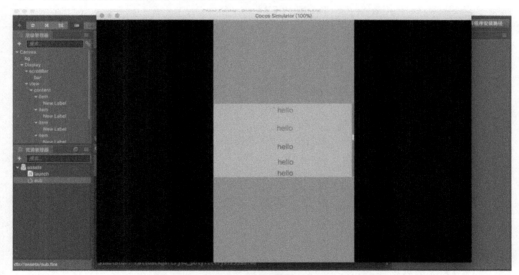

图 6-3　子域项目场景

- bg：场景背景。
- display：显示、隐藏的根节点。
- scrollBar：滑动的滑动条。
- view：滚动视图。
- item：滚动视图中的单条内容。
- 项目的层级管理器节点树：Canvas—Sprite—Display—ScrollView—View（展示图）—content（容器）—Item（具体样式）。

3. 编辑项目脚本

主域项目和子域项目间进行消息传递时，主要通过 wx.postMessage 发送消息，通过 wx.onMessage 接收消息。

```
// 主域项目脚本
cc.Class({
    extends: cc.Component,
    // 声明
    properties: {
        // 放置子域项目视图节点
        display:{
            type:cc.Sprite,
            default:null
        }
    },
    // LIFE-CYCLE CALLBACKS:
    // onLoad () {},
    // 项目初始化
    start () {
        // 默认展示
        this._isShow = true;
        this.tex = new cc.Texture2D();
    },
    // 单击按钮事件
    onClick () {
        // 更改 bool 值
        this._isShow = !this._isShow;
        // 发送消息给子域
        wx.postMessage({
            message: this._isShow ? 'Show' : 'Hide'
        })
    },
    // 更新主域项目场景展示
    _updaetSubDomainCanvas () {
        if (!this.tex) {
            return;
        }
        // 主域画布
        var openDataContext = wx.getOpenDataContext();
        var sharedCanvas = openDataContext.canvas;
        this.tex.initWithElement(sharedCanvas);
        this.tex.handleLoadedTexture();
        this.display.spriteFrame = new cc.SpriteFrame(this.tex);
    },
    // 更新
    update (dt) {
        this._updaetSubDomainCanvas();
```

```
    },
  });
```

代码解读：

- 在主域项目脚本中定义"显示/隐藏"按钮单击方法。
- 在主域项目中单击"显示/隐藏"按钮，发送消息给子域，判断是否显示视图（通过刷新画布显示视图）。

4.　编辑子域项目的场景脚本文件

```
cc.Class({
    extends: cc.Component,
    // 声明
    properties: {
        display: cc.Node // 显示、隐藏视图节点
    },
    // LIFE-CYCLE CALLBACKS:
    // onLoad () {},
    // 子域项目初始化
    start () {
        // 接收主域消息
        wx.onMessage(data => {
            // 消息判断
            switch (data.message) { // 显示
                case 'Show':
                    this._show();
                    break;
                case 'Hide': // 隐藏
                    this._hide();
                    break;
            }
        });
    },
    // 子域场景显示
    _show () {
        // 移动
        let moveTo = cc.moveTo(0.5, 0, 73);
        this.display.runAction(moveTo);
    },
    // 子域场景隐藏
    _hide () {
        // 移动
        let moveTo = cc.moveTo(0.5, 0, 1700);
        this.display.runAction(moveTo);
    },
    // update (dt) {},
});
```

代码解读：

- 在子域项目中接收主域项目发送的消息，并且根据消息判断按钮显示或隐藏。
- 在子域项目的脚本文件中定义视图显示或隐藏方法。

5. 构建发布

（1）在主域项目中，使用 Cocos Creator 编辑器构建发布项目，如图 6-4 所示。

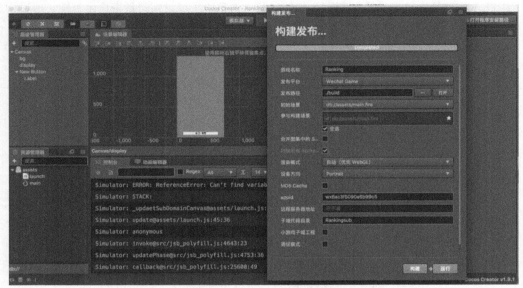

图 6-4　构建发布主域项目

在"子域代码目录"的文本框内填写"Rankingsub"（主域项目文件名为 Ranking、子域项目文件名为 Rankingsub）。

（2）使用 Cocos Creator 编辑器构建发布子域项目，如图 6-5 所示。

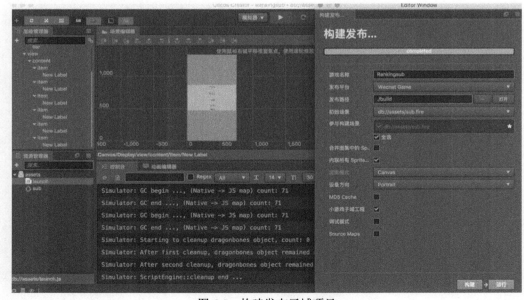

图 6-5　构建发布子域项目

构建时，勾选"小游戏子域工程"复选框。

（3）将子域项目构建的文件添加到主域项目构建的 build 文件夹下，如图 6-6 所示。

图 6-6　添加文件

（4）打开微信开发工具，运行构建发布后的主域项目（运行主域项目 build 文件夹下的 wechatgame 文件）即可。

可以看到构建的子域项目文件在 wechatgame 文件下，如图 6-7 所示。

图 6-7　最终项目文件结构

6.2　资源、数据管理

本节主要讲解资源管理文件的作用、存储和读取数据、热更新等知识，进一步加深对 Cocos Creator 游戏引擎的理解。

6.2.1　资源管理——meta 文件

在 Cocos Creator 项目开中发，项目的 assets 目录下每添加一个文件就会自动生成一个同名的 meta 文件，可以利用此文件管理项目资源。

以 Hello World 项目为例，场景中的 meta 文件如下：

```
{
  "ver": "1.0.1", // 版本
  "uuid": "29f52784-2fca-467b-92e7-8fd9ef8c57b7", // 全局唯一的 ID
  "isGroup": false,
  "subMetas": {}// 子元数据
}
```

atlas 的 meta 文件如下：

```
{
  "ver": "1.0.1",
  "uuid": "f94a8ef9-8723-4e4f-b0d8-be03f9cb991c",
  "subMetas": {}
}
```

图片的 meta 文件如下：

```
{
  "ver": "1.0.0",
  "uuid": "6aa0aa6a-ebee-4155-a088-a687a6aadec4",
  "type": "sprite",
  "wrapMode": "clamp",
  "filterMode": "bilinear",
  "subMetas": {
    "HelloWorld": {
      "ver": "1.0.3",
      "uuid": "31bc895a-c003-4566-a9f3-2e54ae1c17dc",
      "rawTextureUuid": "6aa0aa6a-ebee-4155-a088-a687a6aadec4",
      "trimType": "auto",
      "trimThreshold": 1,
      "rotated": false,
      "offsetX": 0,
      "offsetY": 0,
      "trimX": 0,
      "trimY": 0,
      "width": 195,
      "height": 270,
      "rawWidth": 195,
      "rawHeight": 270,
      "borderTop": 0,
      "borderBottom": 0,
      "borderLeft": 0,
      "borderRight": 0,
      "subMetas": {}
    }
  }
}
```

图片等 meta 文件信息比较多，涵盖图片的宽高、偏移、九宫格等数据。meta 文件的共性是含有唯一标识符 uuid，我们通过它管理资源。

Cocos Creator 游戏引擎通过 meta 文件进行资源管理，而 meta 文件以唯一 uuid 进行区分管理，当 uuid 全部不唯一时，就会导致资源冲突，在项目打开加载资源时会导致资源加载不全。

通常以下两种情况会导致 uuid 冲突：一种是在操作系统等文件管理器中移动文件时，将剪切、粘贴操作成复制、粘贴，同时把 meta 文件复制过去，会导致项目出现两个相同的 meta 文件，产生冲突。另一种是在协作式开发的时候，版本管理更新资源时自己的电脑生成的 uuid 和其他人的电脑生成的 uuid 一致，产生冲突。

通常 meta 文件更新有以下两种方式。

- 打开 Cocos Creator 编辑的项目时，Cocos Creator 会先扫描 assets 目录，如果文件没有 meta 文件，系统会自动生成，以便管理资源。
- 在项目更新资源时，meta 文件也会随之更新；进行更改目录、删除文件、重命名、添加文件等文件操作时，meta 文件也更新；开发中更改项目资源时，meta 文件也会同步更新。

meta 文件是 Cocos Creator 游戏引擎进行资源管理的一个依据，尤其是在多人协作开发时，若要避免资源冲突，就需要查看 meta 文件。

6.2.2　存储和读取数据

在 Cocos Creator 开发中，可以通过调用 cc.sys.localStorage 接口对项目中的一些数据进行存储和读取操作。

存储数据接口为 cc.sys.localStorage.setItem(key,value)。

- key：索引的字符串键值。
- value：要保存的字符串数据。

读 取 数 据 接 口　cc.sys.localStorage.getItem(key) 中 的 参 数　key　和 存 储 数 据 接 口　cc.sys.localStorage.setItem(key,value) 中的参数 key 一致。

存储和读取数据示例如下。

```
// 假如要保存玩家持有的分数，键值为 score
cc.sys.localStorage.setItem('score', 170);
// 对于复杂的对象数据，可以将对象序列化为 JSON 后保存
userData = {
    name: 'Tracer',
    level: 1,
    score: 170
};
cc.sys.localStorage.setItem('userData', JSON.stringify(userData));
// 获取用户数据
var userData = JSON.parse(cc.sys.localStorage.getItem('userData'));
// 移除数据，通过移除键值对实现
cc.sys.localStorage.removeItem(key)
```

数据加密的原理很简单，在开发中选用第三方加密库，加密后先利用数据的存储接口存储数据，再调用读取数据接口获取数据，最后根据第三方加密库将读取的数据进行解密。

若需要深度加密，保证数据的安全性，需要与服务器进行构建设置，利用加密算法（如 md5、RSA、AES 等）、变动值进行高度加密。

6.2.3　热更新

对游戏来说，热更新就是远程动态下载游戏新资源，动态更新游戏，保证游戏的新鲜感。热更新最重要的优点是可以避免审核时间，在合适的时间进行更新，降低更新时间周期，提高用户体验。

热更新机制就是从服务器下载需要的资源到本地，并且可以执行新的逻辑，让新资源被线上项目使用。

在 Cocos Creator 中可以进行热更新，主要是因为 Cocos Creator 引擎中的 AssetsManager 模块对热更新的支持。

AssetsManager 模块有一个重要的特点：服务端和本地均保存完整版的游戏资源，热更新时通过比较服务端和本地版本的差异来决定更新内容。这样可以根据需要更新版本，通常将新版本的文件以离线的方式保存在服务端，更新时本地版本通过服务端以文件为单位进行下载。

AssetsManager 模块使用 Manifest 文件管理版本，判断不同版本间的差异，本地端和服务端的 Manifest 文件分别标示了当前版本包含的文件列表和文件版本，通过对比每个文件的版本来确定需要更新的文件内容。Manifest 文件包含以下信息：

- 远程资源包的根路径。
- 远程 Manifest 文件的地址。
- 远程 Version 文件的地址（Version 内容是 Manifest 内容的一部分，不包含文件列表）。
- 主版本号。
- 文件列表，以文件路径进行索引，包含文件版本信息，通常使用简单的 md5 加密。
- 搜索路径列表。

Manifest 格式是常见的 json 格式。

```
{
    "packageUrl" :            远程资源的本地缓存根路径
    "remoteVersionUrl" :      [可选项] 远程版本文件的路径, 判断服务器端是否有新版
本的资源
    "remoteManifestUrl" :     远程资源 Manifest 文件的路径, 包含版本信息及所有资
源信息
    "version" :               资源的版本
    "engineVersion" :         引擎版本
    "assets" :                所有资源列表
        "key" :               资源的相对路径 (相对于资源根目录)
        "md5" :               md5 值代表资源文件的版本信息
        "compressed" :        [可选项] 如果值为 true, 则文件被下载会自动解压, 目
前仅支持 zip 压缩格式
```

```
        "size" :                        [可选项] 文件的字节大小，用于快速获取进度信息
    "searchPaths" :                     需要添加到 FileUtils 中的搜索路径列表
}
```

热更新时，AssetsManager 会首先检查 Version 文件提供的主版本号，判断是否需要下载 Manifest 文件并更新内容。

在 Cocos Creator 游戏引擎中，所有 js 脚本文件都被打包到 src 目录下，其他 Assets 资源导出到 res 目录下。在 js 命名空间下，使用 AssetsManager 类的时候需要判断运行环境。利用这种项目结构，做一个简单的热更新思路如下。

- 基于原生打包目录中的 res、src 目录生成本地的 Manifest 文件。
- 创建一个热更新组件负责热更新逻辑。
- 游戏发布上线后，如需要更新版本，则生成一套远程版本资源，包含 res 目录、src 目录、Manifest 文件，将远程版本部署到服务端。
- 当热更新组件检测到服务端 Manifest 版本不一致时开始热更新，下载新内容。

在进行热更新设计时，要特别注意更新进度、更新失败处理、更新错误处理、断点续传、并发处理、文件校验等问题，每个问题都会影响热更新。读者可以尝试写一个简单的热更新，并逐步完善它。

6.3　扩展补充

本节是对 Cocos Creator 游戏引擎知识的一些扩展补充，加深对 Cocos Creator 游戏引擎的认识，掌握简单常用的扩展包的开发使用。

6.3.1　扩展编辑器

为了更快速、高效、自由地开发游戏，Cocos Creator 游戏引擎提供了一系列方法，让开发者自主定制和扩展编辑器的功能。开发者通过自主编辑，将第三方开发的扩展包（package）安装到正确的路径进行扩展加载，根据扩展功能的不同，手动刷新窗口、重新启动编辑器进行扩展包初始化。

创建、安装扩展包的方法如下。

（1）创建空文件夹，命名为"hello"。

（2）在"hello"文件夹内创建 main.js、package.json 文件。

（3）将"hello"文件夹放入~./CocosCreator/packages 文件夹下。

启动 Cocos Creator 项目后，会自动搜索加载扩展包，扩展包有两个扩展路径：全局扩展路径、项目扩展路径。

定义扩展包描述文件 package.json 是 json 文件。示例如下。

```
{
  "name": "hello",
```

```
    "version": "0.0.1",
    "description": "一份简单的扩展包",
    "author": "Cocos Creator",
    "main": "main.js",
    "main-menu": {
      "Packages/Hello World": {
        "message": "hello-world:say-hello"
      }
    }
  }
```

- name：扩展包的名字，全局唯一，不可重复。
- version：版本号。
- description：描述包的功能、作用，可选项。
- author：扩展包的作者，可选项。
- main：入口程序，可选项。
- main-menu：主菜单定义，可选项。

在 main.js 编辑入口程序，示例如下。

```
// 入口程序会在 Cocos Creator 的主进程中被添加
'use strict';
module.exports = {
  load () {
    // 当 package 被正确加载的时候执行
  },
  unload () {
    // 当 package 被正确卸载的时候执行
  },
  messages: {
    'say-hello' () {
      Editor.log('Hello World!');
    }
  },
};
```

打开 Cocos Creator 编辑器，可以在主菜单中看到 Packages 菜单，单击 Packages 菜单中的 HelloWorld 将会发送一条消息"hello-world：say-hello"给扩展包的 main.js，并在 Cocos Creator 编辑器的控制台打印出"Hello World"的日志信息。

扩展包生命周期回调方法如下。

- load：扩展包加载后，执行用户入口程序中的 load 函数，通常可以对扩展包进行初始化操作。
- unload：当扩展包进行到最后阶段，执行用户入口程序的 unload 函数，通常做一些扩展包的卸载、清理操作。
- Cocos Creator 支持编辑器运行时动态添加、删除扩展包。

Cocos Creator 也可以扩展主菜单，利用 package.json 文件中的 main-menu 字段进行菜单路径、菜单设置的编写。示例如下。

```
{
    "main-menu": {
      "Examples/FooBar/Foo": {
        "message": "my-package:foo"
      },
      "Examples/FooBar/Bar": {
        "message": "my-package:bar"
      }
    }
}
```

通过配置菜单路径，在主菜单"Examples/FooBar"里添加"Foo""Bar"两个菜单选项，单击菜单选项，发送定义在其 message 字段中的 IPC 消息到主进程中。注意：

- 注册菜单项到父级菜单已经被其他菜单项注册，其类型不是一个子菜单。
- 避免用户安装多个插件，每个插件随意注册菜单项，降低可用性，建议将所有编辑器扩展插件统一放在菜单分类里，通过名称进行区分。

Cocos Creator 也可以定义面板在窗口做编辑器的 UI 交互，扩展编辑器的面板。在插件 package.json 文件中定义 panel 字段，main 字段用来标记面板入口程序，和整个扩展包的入口程序类似，panel.main 字段指定的文件路径等同于扩展包在渲染进程的入口。示例如下。

```
{
    "name": "simple-package",
    "panel": {
      "main": "panel/index.js",
      "type": "dockable",
      "title": "Simple Panel",
      "width": 400,
      "height": 300
    }
}
```

type 值字段规定面板的基本类型。

- dockable：可停靠面板，打开该面板后，可以拖曳面板标签到编辑器中，实现扩张面板嵌入到编辑器中。
- simple：简单 Web 面板，不可停靠到编辑器主窗口，相当于一份通用的 HTML 前端页面。

（1）实现面板入口程序，要通过 Editor.Panel.extend()函数注册面板。

```
// panel/index.js
// 定义面板的样式（style）和模板（template）
Editor.Panel.extend({
    // style
```

```
style: `
  :host { margin: 5px; }
  h2 { color: #f90; }
`,
// html
template: `
  <h2>标准面板</h2>
  <ui-button id="btn">单击</ui-button>
  <hr />
  <div>状态: <span id="label">--</span></div>
`,
// 通过定义选择器 $ 获取面板元素
$: {
  btn: '#btn',
  label: '#label',
},
// 在 ready 初始化回调函数中对面板元素的事件进行注册和处理
ready () {
  this.$btn.addEventListener('confirm', () => {
    this.$label.innerText = '你好';
    setTimeout(() => {
      this.$label.innerText = '--';
    }, 500);
  });
},
});
```

代码解读：使用 html 编辑布局，使用 style 设计样式。Editor.Panel.extend()接口传入的参数是一个对象，用来描述面板的外观和功能。

（2）在主菜单中添加"打开面板"选项。

```
// 注册主进程入口函数和主菜单选项
// package.json
{
  // 包名
  "name": "simple-package",
  // 入口程序
  "main": "main.js",
  // 主菜单定义
  "main-menu": {
    "Panel/Simple Panel": {
      "message": "simple-package:open"
    }
  },
  // 入口脚本
  "panel": {
    "main": "panel/index.js",  // 路径
```

```
    "type": "dockable", // 类型
    "title": "Simple Panel", // 文本
    "width": 400,
    "height": 300
    }
  }
```

代码解读：定义包描述文件 package.json。

（3）主进程函数编写。

```
'use strict';
module.exports = {
  load () {
  },
  unload () {
  },
  // 插件接收消息之后，实现相应功能
  messages: {
    open() {
      Editor.Panel.open('simple-package');
    },
  },
};
```

代码解读：入口程序编写，利用 message 字段中的函数注册完成 PC 消息。

（4）通过主菜单打开编写的面板。

由于 Cocos Creator 游戏引擎的特殊性，开发者可以根据喜好编写定制面板。通过编写面板定义函数的 template、style 绘制面板。简单示例如下。

```
Editor.Panel.extend({
    // Css 样式
    style: `
    .wrapper {
      // box 边框
      box-sizing: border-box;
      border: 2px solid white;
      // 字号大小
      font-size: 20px;
      // 文字粗细
      font-weight: bold;
    }
    // 上面的区域
      .top {
      // 高度
      height: 20%;
      // 边框颜色
      border-color: red;
```

```
        }
    // 中间的区域
      .middle {
        height: 60%;
        border-color: green;
      }
    // 下面的区域
      .bottom {
        height: 20%;
        border-color: blue;
      }
    `,
    // Html
    template: `
      <div class="wrapper top">
        Top
      </div>
      <div class="wrapper middle">
        Middle
      </div>
      <div class="wrapper bottom">
        Bottom
      </div>
    `,
});
```

代码解读：

● 编辑面板的样式；

● 将面板分为三个区域，设置面板的文字粗细、大小、边框颜色。

运行效果如图 6-8 所示。

图 6-8　定制面板

接下来可以编写 HTML、CSS，实现样式、布局。

Inspector 是属性检查器中展示组件的控制面板，开发者可以用自定义的方式对组件属性显示的样式进行修改。

（1）在 Component 中自定义 Inspector 的扩展文件。定义 Component 脚本，在脚本中注明使用自定义 Inspector。

```
cc.Class({
  // 名称
  name: 'Fobar',
  extends: cc.Component,
  // 定义 inspector
  editor: {
    inspector: 'packages://fobar/inspector.js',
  },
  // 声明
  properties: {
    fo: 'Fo',
    bar: 'Bar'
  },
});
```

注意：

- 在 editor 字段中定义 Inspector 文件，编辑器会自动根据 inspector.js 文件内定义的 Vue 模板在 Inspector 面板中生成对应的框架。
- 在 Inspector 中使用 packages://协议定义文件路径，Cocos Creator 会将 packages://协议后面的分路径名当作扩展包名进行搜索，根据搜索结果将整个协议替换成扩展包的路径，并做后续搜索。

（2）创建自定义的 Inspector 扩展包。

创建 main.js 文件、package.json 文件，扩展包名为 fobar。创建扩展包后，重启 Cocos Creator 编辑器读取扩展包。

（3）在扩展包中编写自定义的 Inspector 扩展文件，在 fobar 中定义 inspector.js。

```
// target 默认指向 Component 自定义组件
Vue.component('fobar-inspector', {
  // 修改组件在 inspector 的显示样式
  template: `
    <ui-prop v-prop="target.fo"></ui-prop>
    <ui-prop v-prop="target.bar"></ui-prop>
  // 选项
  props: {
    target: {
      twoWay: true, // bool
      type: Object, // 类型
    },
  },
});
```

6.3.2 SDK 集成

Cocos Creator 也提供了一套数据统计，目前支持 Android/iOS/Web 平台，而微信小游戏数据统计可以通过微信提供的管理端、小程序查看游戏数据统计，当然也可以自定义 API 做一些数据收集。

针对微信小游戏的数据统计，微信官方提供的数据足够我们把握游戏项目的运行状况。至于其他平台的数据统计，不做过多介绍，要想接入也很简单，在 Cocos Creator 平台的管理端注册账号，接入 SDK 即可。要想深入学习，可到官网进行学习。

这里做一个简单的对接微信小游戏的登录功能。微信登录流程如图 6-9 所示。

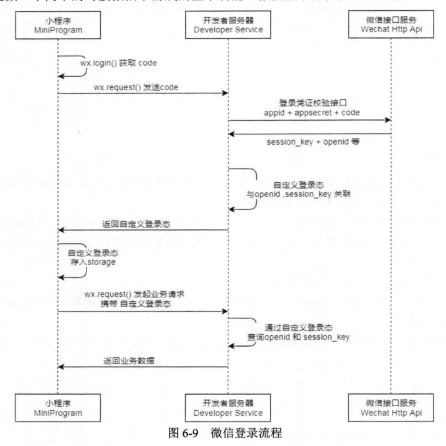

图 6-9　微信登录流程

使用 wx.login()获取 code，将 code 传给服务器，服务器调用 code2Session 接口获取 OpenID 即完成整个登录。

（1）准备：域名、https SSL 证书、服务器。

（2）下载安装 Node.js、Express。

（3）添加 app.js 脚本文件。

🈳 思考：请求与响应的管理。

```
// 引用
var app = require('express')();
var fs = require('fs');
var http = require('http');
var https = require('https');
//配置 https SSL 证书
var privateKey  = fs.readFileSync('1_game.com.cn.key');
var certificate = fs.readFileSync('2_game.com.cn.crt');
// 证书对象
var credentials = {
    ssl: true,
    port: 18800,
    key: privateKey,
    cert: certificate
};
// https 服务，创建 server 并监听指定端口
var httpServer = http.createServer(app);
var PORT = 18800;
// https 服务
httpServer.listen(PORT, function() {
    console.log('HTTP Server is running on: http://www.game.com.cn:%s',
PORT);
});
// https 服务
var httpsServer = https.createServer(credentials, app);
var SSLPORT = 18801;
// https 服务
httpsServer.listen(SSLPORT, function() {
    console.log('HTTPS Server is running on: https://www.game.com.cn:%s',
SSLPORT);
});
//http 请求解析中间件
var bodyParser = require('body-parser');
// 创建 application/x-www-form-urlencoded 编码解析
var urlencodedParser = bodyParser.urlencoded({ extended: false })
// 测试
app.get('/', function(req, res) {
    // 判断协议
    if(req.protocol === 'https') {
        res.status(200).send('Safety Land!');
    }
    else {
        res.status(200).send('hello!');
    }
});
// 使用 POST 请求方式
app.post('/test', urlencodedParser, function(req, res) {
```

```
// 输出
console.log(req.query.id);
console.log(req.query.name);
// 发送
res.send('hello!ID:' + req.query.name + ',name:' + req.query.name);
});
```

代码解读：创建一个请求与响应的脚本，管理项目的请求与响应；配置 https 证书，设置请求参数：路径、请求方式等。

（4）将证书放置在工程文件目录下，启动 node.app.js。可以在浏览器中输入"https://www.game.com.cn:18801"进行测试。

（5）编辑接口：接收 code 并请求获取 OpenID。

微信登录 API 请求参数如表 6.1 所示。

表 6.1　微信登录 API 请求参数

属　　性	类　　型	必　　填	说　　明
appid	string	是	小游戏唯一 appid
secret	string	是	小游戏 appSecret
js_code	string	是	登录时获取的 code
grant_type	string	是	授权类型,此处只需填写 authorization_code

```
// 登录
app.post('/token', urlencodedParser, function(request, response) {
        // 路径
        var wxUrl = "https://api.weixin.qq.com/sns/jscode2session?appid=
xxxx&secret=XXXXXX&js_code=" + request.query.code +"&grant_type=authorization_
code";
        // 字段
        var content = '';
        // 请求
        var req = https.request(wxUrl, function(res) {
            // 成功
            res.on('data',function(body){
                console.log('success return');
                content+=body;
            }).on("end", function () {
                response.write(content);
                response.end();
            });
        }).on('error', function(e) {
            // 失败
            console.log("error: " + e.message);
        });
        req.end();
});
```

代码解读：定义微信登录；发送请求；设置请求参数；判断请求是否成功。

（6）在微信开发者平台配置服务器域名。

（7）实现客户端登录。

```
// 登录
function login () {
    if (cc.sys.platform === cc.sys.WECHAT_GAME)
    {
        // 微信 API
        wx.login({
            success: function(res){
                // 请求
                wx.request({
                    // 路径
                    url:"https://www.game.com.cn:18801/token?code="+res.code,
                    // 请求方式
                    method  :   "POST",
                    success :   function (data) {
                    // 成功
                        if (data.statusCode == 200) {
                            console.log("request" , data);
                        }
                    }
                });
            }
        });
    }
},
```

代码解读：在脚本中定义微信登录方法，方便项目管理。

6.3.3　管理项目资源

1. 新建场景

```
// 通过 Editor.Ipc 模块创建场景
Editor.Ipc.sendToPanel('scene', 'scene:new-scene');
```

2. 保存当前场景

```
// 通过 Editor.Ipc 模块保存当前场景
Editor.Ipc.sendToPanel('scene', 'scene:stash-and-save');
```

3. 加载其他场景

```
// 使用_Scene 加载场景
_Scene.loadSceneByUuid(uuid, function(error) {
    //do more work
});
```

_Scene 是一个单例，用来控制场景编辑器中加载的场景实例，传入的参数是场景资源的 uuid。在 Cocos Creator 扩展包中，url 和 uuid 可以通过 Editor.assetdb.urlToUuid(url)、Editor.assetdb. uuidToUrl(uuid)方法进行转换。

4. 导入资源

```
// 将新资源导入项目中，可以使用以下接口
// main process
// 导入资源
Editor.assetdb.import(['/User/user/fo.js', '/User/user/bar.js'], 'db://
assets/fobar', function ( err, results ) {
    results.forEach(function ( result ) {
    // result.uuid  唯一 id
    // result.parentUuid
    // result.url  url
    // result.path 路径
    // result.type  类型
    });
});
// 导入资源
Editor.assetdb.import( [
    '/file/to/import/01.png',
    '/file/to/import/02.png',
    '/file/to/import/03.png',
], 'db://assets/fobar', callback);
```

5. 创建资源

```
// 使用 create 接口创建资源
//main process or renderer process
Editor.assetdb.create( 'db://assets/fo/bar.js', data, function ( err,
results ) {
    results.forEach(function ( result ) {
    // result.uuid 唯一 id
    // result.parentUuid
    // result.url
    // result.path 路径
    // result.type 类型
    });
});
```

参数 data 是资源文件夹内容的字符串，资源创建完成后会自动导入该资源，回调成功后可以在资源管理器中查看该资源。

6. 保存已有资源

```
// 使用新的数据替换原有资源内容
// main process or renderer process
Editor.assetdb.saveExists( 'db://assets/fo/bar.js', data, function ( err,
meta ) {
```

```
        // do something
});
// 在保存前检查资源是否存在
// main process
Editor.assetdb.exists(url); //return true or false
// 如果在渲染进程给定了一个目标 url, url 指向的资源不存在则创建, 存在则保存新数据
//renderer process
Editor.assetdb.createOrSave( 'db://assets/fo/bar/foobar.js', data,
callback);
```

7. 刷新资源

进行资源管理时, 若在 assets 中修改资源文件, 但没有重新导入, 会导致 assets 中的资源数据和数据库中的资源数据不一致, 这时候可以通过手动调用资源刷新接口重新导入资源。

```
// 手动调用资源刷新接口重新导入资源
//main process or renderer process
Editor.assetdb.refresh('db://assets/fo/bar/', function (err, results) {});
```

8. 移动或删除资源

由于 meta 文件的特性, 单独删除或移动资源文件会造成数据库中数据受损, 建议使用 AssetsDB 接口移动或删除资源。

- 移动资源使用 Editor.assetdb.move(srcUrl,destUrl)方法。
- 删除资源使用 Editor.assetdb.delete([url1,url2])方法。

第二篇

实战案例

第 7 章　精准射击

本章主要是初步熟悉 Cocos Creator 编辑器的使用方法，快速熟练使用 Cocos Creator 编辑器进行简单的小游戏开发。

项目简介：精准射击，两个运动的点以不同的速度向不同的方向运动，在某一时刻发生碰撞，实现精准射击。

项目难点：

- 控制两点相遇。
- 控制两点发射。

项目运行展示如图 7-1 所示。

图 7-1　精准射击模拟器展示

项目流程：

（1）项目初始化，包括项目基本信息设置、项目文件分级、项目资源导入；

（2）游戏场景搭建；

（3）控制子弹移动；

（4）精准射击编辑（两点相遇）。

7.1　项目初始化

（1）初始化项目，将项目命名为 shoot，把需要的项目资源添加到项目中。

（2）构建初始化游戏场景。根据游戏效果，在场景编辑器中构建游戏场景，添加两个子节点。

（3）编写项目脚本文件，实现游戏逻辑，将 enemy.js 脚本文件添加到 enemy（目标）节点上，将 bullet.js 脚本文件添加到 bullet（子弹）节点上。

（4）项目构建完毕，如图 7-2 所示。

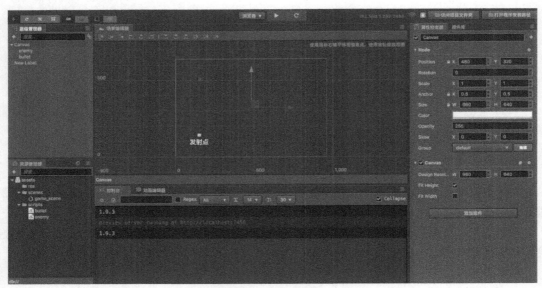

图 7-2　项目构建

7.2　脚本编写

（1）逻辑分析。

效果：两个点从不同的方向以不同的速度运行，在某一时刻相遇。

思考： 假设第一个点的初始位置为（x0,y0），第二个点的位置为（x1,y1），相遇的点为（x,y），Vx 和 Vy 为运行速度，可以获取以下公式。

- $x-x0 = Vx * t$
- $y-y0 = Vy * t$

根据公式可以求得时间 t。

（2）实现 enemy 的移动，添加 enemy.js 脚本文件，将脚本文件添加到节点 enemy 下。

思考： 定义 enemy 的速度，在刷新每帧的时候改变 enemy 的位置。

```
// 生成一个代码组件类
cc.Class({
    // 继承自 cc.Component
    extends: cc.Component,
    properties: {
        // 定义移动速度
        vx: 100,
        vy: 0,
    },
    // LIFE-CYCLE CALLBACKS:
    // onLoad () {},
    // 初始化入口
```

```
start () {
    console.log("start");
},
// 每次游戏刷新的时候调用，dt 是距离上一次刷新的时间
update (dt) {
    console.log("update");
    // 移动
    var sx = this.vx * dt;
    var sy = this.vy * dt;
    // 节点位置变化
    this.node.x += sx;
    this.node.y += sy;
},
});
```

代码解读：

- 定义一个 enemy 类，设置 enemy 在 x 轴、y 轴的移动速度；
- 在刷新每帧的时候移动 enemy（随时间更改 enemy 的位置）。

（3）实现精准射击，添加 bullet.js 脚本文件，并且将脚本文件添加到节点 bullet 下。

思考：

- 预估子弹与目标相遇的时间。
- 预估碰撞点，计算子弹发射的角度、距离、速度。

```
cc.Class({
    extends: cc.Component,
    properties: {
        // 子弹的速度会比目标快很多，所以基本上都是有解的状态
        // 子弹的速度比移动目标快，二者相遇
        speed: 500,
        // 子弹目标
        target: {
            default: null,
            type: cc.Node,
        },
    },
    // onLoad () {},
    // 初始设置方法
    start () {
        this.is_runing = false;
        this.shoot_to_target(this.target);
    },
    // 发射子弹
    shoot_to_target(target) {
        // 根据当前的速度预估时间
        var src = this.node.getPosition();
```

```
            var dst = this.target.getPosition();
            var dir = cc.pSub(dst, src);
            var len = cc.pLength(dir);
            var t = len / this.speed;
            // 目标位置，获取 enemy 组件
            var enemy = this.target.getComponent("enemy");
            var e_vx = enemy.vx;
            var e_vy = enemy.vy;
            // 目标移动距离
            var offset_x = e_vx * t;
            var offset_y = e_vy * t;
            // 预估碰撞点
            dst.x += offset_x;
            dst.y += offset_y;
            // 计算子弹发射的角度、距离
            dir = cc.pSub(dst, src);
            len = cc.pLength(dir);
            // 计算子弹的速度
            var speed = len / t;
            this.vx = speed * dir.x / len;
            this.vy = speed * dir.y / len;
            this.is_runing = true;
        },
    update (dt) {
            // 判断子弹是否运行
            if (this.is_runing) {
                // 更新子弹位置
                this.node.x += this.vx * dt;
                this.node.y += this.vy * dt;
            }
        },
});
```

代码解读：

- 定义一个 bullet 类和子弹的速度；
- 定义子弹发射方法，获取目标位置、子弹位置，确定子弹与目标的碰撞点；
- 在刷新每帧的时候改变子弹的位置；
- 所有随着每帧发送改变的元素都在 update 方法中实现。

第 8 章　摇杆控制

项目简介：讲解旋转控制，学习游戏的动作编写及控制编写。学习旋转控制就可以自主开发贪吃蛇小游戏，大家学习完本章之后，可以试着编辑一个贪吃蛇小游戏。

项目难点：

- 实现摇杆。
- 实现贪吃蛇。
- 摇杆控制贪吃蛇运动。

项目运行展示如图 8-1 所示。

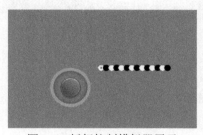

图 8-1　摇杆控制模拟器展示

项目流程：

（1）项目初始化，包括项目基本信息设置、项目文件分级、项目资源导入；

（2）游戏场景搭建；

（3）实现摇杆控制；

（4）实现贪吃蛇；

（5）摇杆控制贪吃蛇移动。

8.1　项目初始化

（1）初始化项目，添加项目资源。

（2）构建初始化游戏场景。根据游戏效果，在场景编辑器中构建游戏场景：摇杆（旋转区域）和贪吃蛇。

（3）编写项目脚本文件。设置节点的脚本文件，将节点 snake 的脚本文件设置为 snake.js，将节点 joystick 的脚本文件设置为 joystick.js。

（4）编辑 snake.js 和 joystick.js 脚本文件，实现游戏逻辑。

（5）项目构建完毕，如图 8-2 所示。

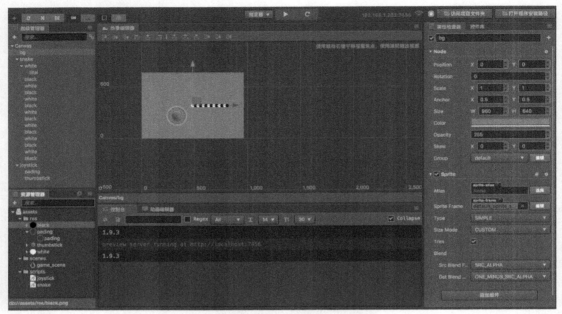

图 8-2　项目构建

- bg：游戏背景；
- snake：贪吃蛇的根节点；
- white、black：贪吃蛇身体的节点；
- joystick：摇杆根节点；
- thumbstick：摇杆。

8.2　脚本编写

（1）旋转控制逻辑分析。

效果：通过摇杆控制贪吃蛇运动。

思考：

- 摇杆方向与贪吃蛇运动方向一致。
- 贪吃蛇运动距离及运动角度。

（2）编写 joystick.js 脚本文件，实现摇杆。

思考：

- 制作摇杆，创建节点监听触摸事件（触摸移动事件、触摸取消事件、触摸结束事件）。
- 限定摇杆区域，设置旋转区域半径。
- 摇杆给外部提供一个方向，引用摇杆脚本，声明监听触摸事件的节点。

```javascript
cc.Class({
    extends: cc.Component,
    // 属性列表：定义属性绑定到编辑器
    properties: {
        // 该节点负责监听触摸事件
        stick: {
            default: null,
            type: cc.Node,
        },
        // 摇杆区域半径
        max_r: 120,
        min_r: 60,
    },
    // use this for initialization
    // 初始化游戏
    onLoad: function () {
        // 初始化，游戏值设置
        this.dir = -1;
        this.radius = 0;
        // 摇杆控制，触摸移动事件 、摇杆区域
        this.stick.on(cc.Node.EventType.TOUCH_MOVE, function(e) {
            var w_pos = e.getLocation();// 获取触摸坐标
            // 坐标转换，重新设置新坐标
            var pos = this.node.convertToNodeSpaceAR(w_pos);
            // 设置摇杆区域
            var len = cc.pLength(pos);
            if (len > this.max_r) {
                pos.x = pos.x * this.max_r / len;
                pos.y = pos.y * this.max_r / len;
            }
            this.stick.setPosition(pos);
            // 获取摇杆转变角度，对外提供摇杆方向
            if (len < this.min_r) {
                return;
            }
            this.dir = -1;
            var r = Math.atan2(pos.y, pos.x);
            if (r >= -8 * Math.PI / 8 && r < -7 * Math.PI / 8) {
                this.dir = 2;
            }
            else if (r >= -7 * Math.PI / 8 && r < -5 * Math.PI / 8)
            {
                this.dir = 6;
            }
            else if (r >= -5 * Math.PI / 8 && r < -3 * Math.PI / 8)
            {
```

```
                this.dir = 1;
            }
            else if (r >= -3 * Math.PI / 8 && r < -1 * Math.PI / 8)
            {
                this.dir = 7;
            }
            else if (r >= -1 * Math.PI / 8 && r < 1 * Math.PI / 8)
            {
                this.dir = 3;
            }
            else if (r >= 1 * Math.PI / 8 && r < 3 * Math.PI / 8)
            {
                this.dir = 4;
            }
            else if (r >= 3 * Math.PI / 8 && r < 5 * Math.PI / 8)
            {
                this.dir = 0;
            }
            else if (r >= 5 * Math.PI / 8 && r < 7 * Math.PI / 8)
            {
                this.dir = 5;
            }
            else if (r >= 7 * Math.PI / 8 && r <= 8 * Math.PI / 8)
            {
                this.dir = 2;
            }
            this.radius = r;
            console.log(this.dir);
        }.bind(this), this);
        // 重置，监听触摸结束事件
        this.stick.on(cc.Node.EventType.TOUCH_END, function(e) {
            this.stick.setPosition(cc.p(0, 0));
            this.dir = -1;
        }.bind(this), this);
        // 监听触摸取消事件
        this.stick.on(cc.Node.EventType.TOUCH_CANCEL, function(e) {
            this.stick.setPosition(cc.p(0, 0));
            this.dir = -1;
        }.bind(this), this);
    },
    // 第一次调用 update 时调用
    start: function(){
    },
    // 每次刷新时调用
    update: function (dt) {
    },
});
```

代码解读：

- 设置摇杆的控制区域、触摸事件；
- 通过触摸点获取摇杆角度；
- 根据摇杆的角度控制角色移动的角度。

（3）编写 snake.js 脚本文件，实现摇杆控制贪吃蛇。

思考：

- 蛇头和蛇身运动的逻辑一致（距离、旋转角度都是一样的）。
- 每次刷新都要保存贪吃蛇的位置，在 update 方法中添加一个 FIXED_TIME 机制，无论什么情况都可以间隔性调用。
- 在 start 函数中，可以根据 fixed_time 采集蛇尾到蛇头的距离。
- 贪吃蛇运动距离=蛇头×蛇运动速度×运动时间。
- 每节蛇之间的间隔（ITEM_DISTANCE：25）。
- 蛇运动的速度（speed：100）。
- fixedupdate 机制（FIXED_TIME = 0.03）。

```javascript
// 引用其他脚本文件
var joystick = require("joystick");
// 生成一个代码组件的模板类
cc.Class({
    extends: cc.Component,
    // 属性列表
    properties: {
        // 摇杆组件实例
        stick: {
            type: joystick,
            default: null,
        },
        FIXED_TIME: 0.03, // FIXED_TIME 机制
        ITEM_DISTANCE: 25, // 每节蛇之间的间隔
        speed: 100, // 移动速度
    },
    // LIFE-CYCLE CALLBACKS:
    // onLoad () {},
    // star 函数：开始运行的时候调用，初始化
    start () {
        // this: 当前的组件实例
        // this.node: 当前组件实例所在的节点
        this.fixed_time = 0;
        // 开始的时候，可以根据 fixed_time 采集蛇尾到蛇头的数据
        this.pos_set = []; // 从蛇尾蠕动到蛇头经过的所有位置
            var len = this.ITEM_DISTANCE * (this.node.children.length - 1);
// 从蛇尾走到蛇头的距离
```

```
                var total_time = len / this.speed; // 从蛇尾走到蛇头用的总时间
                var frame_time = this.FIXED_TIME; // 每帧用 fixedupdate 模拟
                var block = this.speed * frame_time;  // 每次刷新蠕动的距离
                var now_len = 0;
                var xpos = len;
                while(now_len < len) {
                    this.pos_set.push(cc.p(xpos, 0)); // 把坐标保存到数组
                    now_len += block;
                    xpos -= block;
                }
            // 按照每秒 fixed_time 进行计算，从蛇尾蠕动到蛇头所经过的位置点的集合
            this.pos_set.push(cc.p(0, 0));
            // 在开始的时候，每节蛇身所在的位置数组的索引
            var block_num = 0;
            for(var i = this.node.children.length - 1; i >= 0; i --) {
            // 从蛇尾到蛇头，计算蛇头、蛇尾、蛇身的位置
                var now_index = Math.floor((block_num * this.ITEM_DISTANCE) /
block);
                this.node.children[i].end_cur_index = now_index;
                this.node.children[i].setPosition(this.pos_set[now_index]);
                block_num ++;
            }
        },
    // 摇杆控制贪吃蛇
    fixed_update(dt) {
        if(this.stick.dir === -1) { // 摇杆停止运动，没有摇杆消息
            return;
        }
        // 摇杆方向角度，即弧度
        var r = this.stick.radius; // 弧度
        // 距离：蛇头×时间×速度
        var head = this.node.children[0];
        var s = this.speed * dt;
        var sx = s * Math.cos(r);
        var sy = s * Math.sin(r);
        head.x += sx;
        head.y += sy;
        this.pos_set.push(head.getPosition());
        // 蛇运动转向角度
        var degree = r * 180 / Math.PI; // 将弧度换算为度
        degree = 360 - degree;
        head.rotation = degree;
        // 贪吃蛇的每节蛇身都跟着蛇头运动
        for(var i = 1; i < this.node.childrenCount; i ++) {
            var item = this.node.children[i];
```

```
            var src = item.getPosition();
            // 每节蛇身的位置调整
            item.end_cur_index  ++;
            item.setPosition(this.pos_set[item.end_cur_index]);
            // 每节蛇身的角度调整
            var dst = item.getPosition();
            var dir = cc.pSub(dst, src);
            r = Math.atan2(dir.y, dir.x);
            degree = r * 180 / Math.PI;
            degree = 360 - degree;
            item.rotation = degree;
        }
    },
    // update 函数：每次刷新游戏的时候调用
    update (dt) {
        // FIXED_TIME 机制任何时候都可以被调用，保证 dt 是固定值
        this.fixed_time += dt;
        while(this.fixed_time > this.FIXED_TIME) {
            this.fixed_update(this.FIXED_TIME);
            this.fixed_time -= this.FIXED_TIME;
        }
    },
});
```

代码解读：

- 设置贪吃蛇的移动速度，蛇头和蛇身移动的速度、方向是一样的；
- 摇杆控制贪吃蛇移动，贪吃蛇根据摇杆的方向运动即可。

这是一个简单的摇杆控制项目，大家可以试着编写贪吃蛇完整的项目。

第9章 跳一跳

项目简介：玩家要操作一个蹦蹦跳跳的小怪物去触碰不断出现的星星。

项目难点：

- 实现星星。
- 角色与星星间的碰撞检测——角色吃星星。
- 单击按钮控制角色移动、跳跃。

项目完成效果如图 9-1 所示。

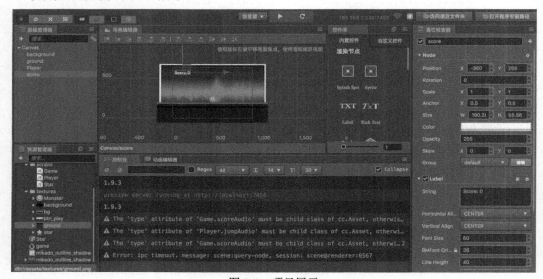

图 9-1　项目展示

项目运行效果如图 9-2 所示。

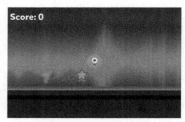

图 9-2　项目模拟器运行

项目流程：

（1）项目初始化，项目基本信息设置、项目文件分级、项目资源导入；

（2）游戏场景搭建；

（3）实现角色跳一跳；

（4）随机生成星星；

（5）角色和星星的碰撞检测。

9.1 准备项目和资源

使用 Cocos Creator 编辑器初始化"跳一跳"项目，并将所需要的资源添加到资源管理器中。项目如图 9-3 所示。

图 9-3 初始化项目资源

- 声音文件，一般为 mp3 文件，jump 为游戏中小怪物跳跃的声音，score 为小怪物跳跃吃星星得分的声音。
- BF 位图字体，该字体由 fnt 文件和 png 图片文件共同组成，fnt 文件提供了对每个字符图的索引。位图字体（Bitmap Font）是游戏开发中常用的字体资源，可以通过一些软件生成。字体资源需要通过 Label 组件渲染使用。
- 图片资源大都是各种各样的缩略图，一般是 png 或 jpg 格式的文件。导入图片资源后，经过简单的处理，将其变为 texture 类型的资源，降低内存消耗。

9.2 创建游戏场景

（1）创建游戏场景。整个项目展示页面有三个固定元素：游戏背景、游戏中的主角——小怪物、游戏得分。分别在层级管理器中创建场景图片和文字，在资源管理器中创建游戏场景。

（2）添加背景。在资源管理器中可以找到 background 的背景图片资源，将该图片拖曳到层级管理器中的 Canvas 节点上，使 background 成为 Canvas 的子节点。为达到游戏效果，可以通过工具栏调整背景图的尺寸。

（3）添加地面。在资源管理器中找到 ground 资源，将其拖曳到 Canvas 节点上，成为子节点。通过工具栏直接调整其大小、位置，达到游戏效果。

（4）添加游戏主角——小怪物。在资源管理器中找到 PurpleMonster 文件，将其拖曳到 Canvas 节点上，成为 Canvas 的子节点，并调整其大小，达到游戏需要的效果。

（5）制作星星。星星是不断随机出现的，对于重复生成的节点，需要将其制作保存为 Prefab（预制）资源，作为可以动态生成节点时使用的模块。

思考：

- 星星预制体的制作。
- 角色收集星星，角色与星星间的碰撞。

将 star 图片从资源管理器拖曳至场景中，创建 star.js 脚本文件。

```
cc.Class({
    extends: cc.Component,
    properties: {
        // 星星和主角之间的距离小于这个数值时完成收集
        pickRadius: 0,
        // 暂存 game 对象的引用
        game: {
            default: null,
            serializable: false
        }
    },
    // use this for initialization
    onLoad: function () {
    },
    // 距离
    getPlayerDistance: function () {
        // 根据 player 节点位置判断距离
        var playerPos = this.game.player.getPosition();
        // 根据两点位置计算两点之间的距离
        var dist = cc.pDistance(this.node.position, playerPos);
        return dist;
    },
    // 收集星星
    onPicked: function() {
        // 当星星被收集时，调用 game 脚本中的接口生成一个新的星星
        this.game.spawnNewStar();
        // 调用 game 脚本的得分方法
        this.game.gainScore();
        // 销毁当前星星节点
```

```
            this.node.destroy();
        },
        // called every frame
        update: function (dt) {
            // 每帧都判断星星和主角之间的距离是否小于收集距离
            if (this.getPlayerDistance() < this.pickRadius) {
                // 调用收集行为
                this.onPicked();
                return;
            }
            // 根据 game 脚本中的计时器更新星星的透明度
            var opacityRatio = 1 - this.game.timer/this.game.starDuration;
            var minOpacity = 50;
            this.node.opacity = minOpacity + Math.floor(opacityRatio * (255 -
minOpacity));
        },
    });
```

代码解读：

- 声明一个星星的类；
- 星星类需要定义的方法，包括星星的收集（角色与星星发生碰撞）、判断星星与角色是否发生碰撞（计算星星与角色的距离）；
- 游戏每帧刷新之后，星星的生成及位置变化。

将脚本文件添加到 star 节点上，将 star 节点拖曳到资源管理器中即生成 star 的 Prefab 文件，再从场景中将 star 节点删除。

（6）添加得分。在 Canvas 节点上创建 Label 节点，并在场景编辑器中调整其大小和位置。

9.3　创建游戏主角的脚本

（1）直接在资源管理器中创建 JavaScript 脚本文件。

（2）创建小怪物的 Player.js 脚本文件。

（3）初始化 Playerjs 脚本文件，设置初始值，并编写主角跳跃和移动代码。

```
cc.Class({
    extends: cc.Component,
    properties: {
        // 设置属性和初始值
        jumpHeight: 0, // 主角跳跃高度
        jumpDuration: 0, // 主角跳跃持续时间
        maxMoveSpeed: 0, // 主角最大移动速度
        accel: 0, // 加速度
        // 跳跃音效资源
```

```
        jumpAudio: {
            default: null,
            url: cc.AudioClip
        },
    },
    // 移动控制
    setJumpAction: function () {
        // 跳跃上升
        var jumpUp = cc.moveBy(this.jumpDuration, cc.p(0, this. jumpHeight)).
easing(cc.easeCubicActionOut());
        // 下落
        var jumpDown = cc.moveBy(this.jumpDuration, cc.p(0,-this.jumpHeight)).
easing(cc.easeCubicActionIn());
        // 添加一个回调函数, 在动作结束时调用我们定义的其他方法
        var callback = cc.callFunc(this.playJumpSound, this);
        // 不断重复, 而且每次完成落地动作后调用回调来播放声音
        return cc.repeatForever(cc.sequence(jumpUp, jumpDown, callback));
    },
        // 调用声音引擎播放声音
    playJumpSound: function () {
        cc.audioEngine.playEffect(this.jumpAudio, false);
    },
    // 键盘监听
    setInputControl: function () {
        var self = this;
        //add keyboard input listener to jump, turnLeft and turnRight
        cc.eventManager.addListener({
            event: cc.EventListener.KEYBOARD,
            // set a flag when key pressed
            // 使用 A 键和 D 键控制主角跳动
            onKeyPressed: function(keyCode, event) {
                switch(keyCode) {
                    case cc.KEY.a:
                        self.accLeft = true;
                        self.accRight = false;
                        break;
                    case cc.KEY.d:
                        self.accLeft = false;
                        self.accRight = true;
                        break;
                }
            },
            // unset a flag when key released
            // 使用 A 键和 D 键控制主角左右跳动
            onKeyReleased: function(keyCode, event) {
                switch(keyCode) {
```

```
                case cc.KEY.a:
                    self.accLeft = false;
                    break;
                case cc.KEY.d:
                    self.accRight = false;
                    break;
            }
        }
    }, self.node);
},
// use this for initialization
// 初始化一些操作
onLoad: function () {
    // 初始化跳跃动作
    this.jumpAction = this.setJumpAction();
    this.node.runAction(this.jumpAction);
    // 加速度方向开关
    this.accLeft = false;
    this.accRight = false;
    this.xSpeed = 0; // 主角水平方向的速度
    this.setInputControl();// 初始化键盘输入监听
},
// called every frame
update: function (dt) {
    // 根据当前加速度方向更新速度
    if (this.accLeft) {
        this.xSpeed -= this.accel * dt;
    } else if (this.accRight) {
        this.xSpeed += this.accel * dt;
    }
    // 限制主角的速度不能超过最大值
    if ( Math.abs(this.xSpeed) > this.maxMoveSpeed ) {
        // if speed reach limit, use max speed with current direction
        this.xSpeed = this.maxMoveSpeed * this.xSpeed / Math.abs
(this.xSpeed);
    }
    this.node.x += this.xSpeed * dt; // 根据当前速度更新主角的位置
},
});
```

代码解读：

- 定义角色，初始化角色的跳跃高度、移动速度、加速度、跳跃时间；
- 控制角色进行移动、跳跃；
- 游戏音乐的播放、暂停。

角色节点 Player 的属性设置如图 9-4 所示。

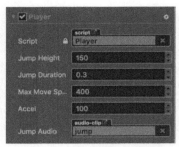

图 9-4　角色属性设置

　　主角的跳跃使用 Cocos Creator 的动作系统（Action）实现。在 Cocos Creator 中，动作可以分为节点的位移、缩放和旋转。脚本文件中使用的 moveBy() 方法就是在规定的时间内移动指定的一段距离，第一个参数为时间，这里指主角跳跃的时间；第二个参数为距离 Vec2（表示 2D 向量和坐标）类型的对象，这里指主角跳跃的高度。

9.4　创建游戏控制脚本

　　直接在资源管理器中创建 game.js 脚本文件。

```
cc.Class({
    extends: cc.Component,
    properties: {
        // 这个属性引用了星星预制资源
        starPrefab: {
            default: null,
            type: cc.Prefab
        },
        // 星星产生后又消失的随机时间范围
        maxStarDuration: 0,
        minStarDuration: 0,
        // 地面节点，用于确定星星的高度
        ground: {
            default: null,
            type: cc.Node
        },
        // player 节点，用于获取主角弹跳的高度，并控制主角行动开关
        player: {
            default: null,
            type: cc.Node
        },
        // 引用 score label
        scoreDisplay: {
            default: null,
            type: cc.Label
```

```
        },
        // 得分音效资源
        scoreAudio: {
            default: null,
            url: cc.AudioClip
        }
    },
    // use this for initialization
    onLoad: function () {
        // 获取地平面的 y 轴坐标
        this.groundY = this.ground.y + this.ground.height/2;
        // 初始化计时器
        this.timer = 0;
        this.starDuration = 0;
        // 生成一个新的星星
        this.spawnNewStar();
        // 初始化分数
        this.score = 0;
    },
    spawnNewStar: function() {
        // 使用给定的模板在场景中生成一个新节点
        var newStar = cc.instantiate(this.starPrefab);
        // 将新增的节点添加到 Canvas 节点下
        this.node.addChild(newStar);
        // 为星星设置一个随机位置
        newStar.setPosition(this.getNewStarPosition());
        // 将 game 组件的实例传入星星组件
        newStar.getComponent('Star').game = this;
        // 重置计时器
        this.starDuration = this.minStarDuration + cc.random0To1() *
(this.maxStarDuration - this.minStarDuration);
        this.timer = 0;
    },
    getNewStarPosition: function () {
        var randX = 0;
        // 根据地平面位置和主角跳跃高度，随机得到一个星星的 y 轴坐标
        var randY = this.groundY + cc.random0To1() * this.player.
getComponent('Player').jumpHeight + 50;
        // 根据屏幕宽度，随机得到一个星星的 x 轴坐标
        var maxX = this.node.width/2;
        randX = cc.randomMinus1To1() * maxX;
        // 返回星星的坐标
        return cc.p(randX, randY);
    },
    // called every frame
    update: function (dt) {
```

```
        // 每帧更新计时器，超过限定的时间还没有生成新的星星
        // 调用游戏失败逻辑
        if (this.timer > this.starDuration) {
            this.gameOver();
            return;
        }
        this.timer += dt;
    },
    // 得分
    gainScore: function () {
        this.score += 1;
        // 更新 scoreDisplay Label 的文字
        this.scoreDisplay.string = 'Score: ' + this.score.toString();
        // 播放得分音效
        cc.audioEngine.playEffect(this.scoreAudio, false);
    },
    // 游戏结束
    gameOver: function () {
        this.player.stopAllActions(); //停止 player 节点的跳跃动作
        cc.director.loadScene('game');
    }
});
```

代码解读：

- 利用制作好的星星预制体，在游戏场景中随机生成星星（使用计时器添加星星预制体，并随机设置星星的位置）；
- 角色收集星星，检测角色与星星之间的距离，判断角色与星星是否发生碰撞，若发生碰撞则角色收集星星成功，否则角色收集星星失败；
- 根据角色收集星星是否成功，改变游戏分数。

第 10 章　地图路径

项目简介：根据游戏地图背景，编辑地图的路径，并使游戏角色沿着编辑的地图路径行走。

项目难点：

- 如何编辑游戏中需要的不规则的地图路径；
- 如何使游戏角色按照编辑的不规则路径行走。

项目最终运行效果如图 10-1 所示。

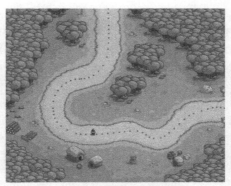

图 10-1　地图路径效果

项目流程：

（1）项目初始化，包括项目基本信息设置、项目文件分级、项目资源导入；

（2）游戏场景搭建，搭建游戏的地图背景，直接在资源管理器面板中选择背景图片资源，将资源拖曳到层级管理器面板中自动生成背景节点；

（3）地图路径实现，使用动画编辑器编辑地图的不规则路径；

（4）读取地图路径，控制角色沿地图路径行走。

10.1　项目初始化

（1）使用 Cocos Creator 创建新项目。

（2）在 Cocos Creator 中添加项目资源，将项目资源导入项目中。

（3）构建初始化游戏场景：添加节点、地图背景、游戏角色，搭建游戏可见视图，如图 10-2 所示。

图 10-2　游戏场景

层级管理器面板节点树：Canvas – Main Camera/bg/level1(-road1)/player。

- road1：路径，路径初始位置在地图的起始位置。
- player：角色，设置角色的中心点在其图片下部分的中间位置（角色身体的下部分中间位置）。
- bg：游戏背景。

（4）使用动画编辑器为 road1 添加动画，作为地图路径，设置 road1 的 position 属性，添加关键帧，根据地图路径更改 road1 的起始点到终点的路径曲线，如图 10-3 所示。

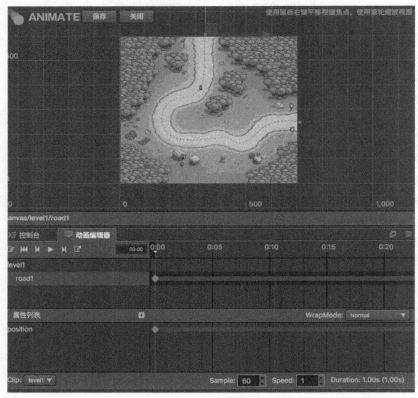

图 10-3　路径动画

动画编辑器中的曲线按地图路径进行编辑，编辑完毕后保存此次编辑的动画。

10.2　脚本编写

（1）从动画文件中读取路径，获取路径数组对象。编辑脚本文件 map_gen.js，并将其添加到 level1 的节点下。

思考：

- 读取动画文件，返回数组对象，每个对象对应的就是一个点。
- 返回数组对象，将对象中的点绘制在场景中。

map_gen.js

```
// 从 road1 动画文件中读取路径，作为地图路径
cc.Class({
    extends: cc.Component,
    properties: {
        // foo: {
        //    default: null,      // 默认值仅作用于组件第一次和节点关联时
        //    url: cc.Texture2D,  // 可选，默认为 typeof default
        //    serializable: true, // 可选，默认为 true
        //    visible: true,      // 可选，默认为 true
        //    displayName: 'Foo', // 可选
        //    readonly: false,    // 可选，默认为 false
        // },
        // ...
        is_debug: false,
    },
    // 初始化
    onLoad: function () {
        // 初始化
        // 读取动画文件
        this.anim_com = this.node.getComponent(cc.Animation);
        var clips = this.anim_com.getClips();
        var clip = clips[0];
        this.graphics = this.node.addComponent(cc.Graphics);
        this.graphics.fillColor = cc.color(255, 0, 0, 255);
        // 路径
        var paths = clip.curveData.paths;
        // console.log(paths);
        // 路径对应的数组
        this.road_data_set = [];
        var k;
        for (k in paths) {
            var road_data = paths[k].props.position;
            this.gen_path_data(road_data);
        }
```

```
            if (this.is_debug) {
                // 绘制路径
                this.draw_roads();
            }
        },
        // 开始
        start: function() {
            /*
            // test()
            var actor = cc.find("UI_ROOT/map_root/ememy_gorilla").getComponent
("actor");
            // actor.gen_at_road(this.road_data_set[0]);
            actor   =   cc.find("UI_ROOT/map_root/ememy_small2").getComponent
("actor");
            // actor.gen_at_road(this.road_data_set[1]);
            actor   =   cc.find("UI_ROOT/map_root/ememy_small3").getComponent
("actor");
            actor.gen_at_road(this.road_data_set[2]);
            */
            // end
        },
        // 数组对象: [road1, road2, road3, road4] -→ road1, [p1, p2, p3, p4,
p5...p_end]
        get_road_set: function() {
            // 返回路径数据
            return this.road_data_set;
        },
        // 读取数据
        gen_path_data: function(road_data) {
            var ctrl1 = null;
            var start_point = null;
            var end_point = null;
            var ctrl2 = null;
            var road_curve_path = []; // [start_point, ctrl1, ctrl2, end_point],
            for(var i = 0; i < road_data.length; i ++) {
                var key_frame = road_data[i];
                if (ctrl1 !== null) {
                    road_curve_path.push([start_point,  ctrl1,  ctrl1,  cc.v2
(key_frame.value[0], key_frame.value[1])]);
                }
                // 起始点
                start_point = cc.v2(key_frame.value[0], key_frame.value[1]);
                // 遍历路径
                for(var j = 0; j < key_frame.motionPath.length; j ++) {
                    var  end_point  =  cc.v2(key_frame.motionPath[j][0],  key_
frame.motionPath[j][1]);
                    ctrl2   =   cc.v2(key_frame.motionPath[j][2],   key_frame.
motionPath[j][3]);
```

```
            if (ctrl1 === null) {
                ctrl1 = ctrl2;
            }
            // 贝济埃曲线
            road_curve_path.push([start_point, ctrl1, ctrl2, end_
point]);
            ctrl1 = cc.v2(key_frame.motionPath[j][4], key_frame.
motionPath[j][5]);
            start_point = end_point;
        }
    }
    console.log(road_curve_path);
    // 起始路径点
    var one_road = [road_curve_path[0][0]];
    // 遍历路径
    for(var index = 0; index < road_curve_path.length; index ++) {
        start_point = road_curve_path[index][0];
        ctrl1 = road_curve_path[index][1];
        ctrl2 = road_curve_path[index][2];
        end_point = road_curve_path[index][3];
        var len = this.bezier_length(start_point, ctrl1, ctrl2, end_
point);
        var OFFSET = 16;
        var count = len / OFFSET;
        count = Math.floor(count);
        var t_delta = 1 / count;
        var t = t_delta;
        // 路径点
        for(var i = 0; i < count; i ++) {
            var x = start_point.x * (1 - t) * (1 - t) * (1 - t) + 3 *
ctrl1.x * t * (1 - t) * (1 - t) + 3 * ctrl2.x * t * t * (1 - t) + end_point.x *
t * t * t;
            var y = start_point.y * (1 - t) * (1 - t) * (1 - t) + 3 *
ctrl1.y * t * (1 - t) * (1 - t) + 3 * ctrl2.y * t * t * (1 - t) + end_point.y *
t * t * t;
            one_road.push(cc.v2(x, y));
            t += t_delta;
        }
    }
    console.log(one_road);
    this.road_data_set.push(one_road);
},
// 绘制路径
draw_roads(path) {
    this.graphics.clear();
    for(var j = 0; j < this.road_data_set.length; j ++) {
        var path = this.road_data_set[j];
        // 遍历路径数组
        for(var i = 0; i < path.length; i ++) {
            this.graphics.moveTo(path[i].x - 1, path[i].y + 1);
```

```
                this.graphics.lineTo(path[i].x - 1, path[i].y - 1);
                this.graphics.lineTo(path[i].x + 1, path[i].y - 1);
                this.graphics.lineTo(path[i].x + 1, path[i].y + 1);
                this.graphics.close(); // 组成一个封闭的路径
            }
        }
        // 画图, 填充
        // this.graphics.stroke();
        this.graphics.fill();
    },
    // 贝济埃路径长度
    bezier_length: function(start_point, ctrl1, ctrl2, end_point) {
        // t [0, 1]将 t 分成 20 等份, 每份的时间是 1 / 20 = 0.05
        var prev_point = start_point;
        var length = 0;
        var t = 0.05;
        for(var i = 0; i < 20; i ++) {
            var x = start_point.x * (1 - t) * (1 - t) * (1 - t) + 3 *
ctrl1.x * t * (1 - t) * (1 - t) + 3 * ctrl2.x * t * t * (1 - t) + end_point.x *
t * t * t;
            var y = start_point.y * (1 - t) * (1 - t) * (1 - t) + 3 *
ctrl1.y * t * (1 - t) * (1 - t) + 3 * ctrl2.y * t * t * (1 - t) + end_point.y *
t * t * t;
            var now_point = cc.v2(x, y);
            // var dir = cc.pSub(now_point, prev_point);
            var dir = now_point.sub(prev_point);
            prev_point = now_point;
            length += dir.mag();
            t += 0.05;
        }
        return length;
    }
    // called every frame, uncomment this function to activate update
callback
    // update: function (dt) {
    // },
});
```

代码解读:

- 读取动画文件, 返回数组对象, 每个对象都是一个点。
- 角色按路径行走, 就是让角色按数组的每个对象对应的点行走。
- 读取数组的每个对象, 并显示在场景背景中, 完成地图绘制。

(2) 角色行走的路径与控制。编辑脚本文件 player.js, 并将其添加到 player 节点下。

🔖 思考:

- 通过引用路径脚本文件 map_gen. js 获取地图路径。
- 设置角色初始状态。
- 获取角色行走的下一个点的位置。

```
// 引用 map_gen 脚本
var map_gen = require("map_gen");
cc.Class({
    extends: cc.Component,
    // 声明
    properties: {
        // 初始状态
        speed: 200, // 速度 200
         // 地图
        map: {
            type: map_gen,
            default: null,
        },
        // 角色在哪条路径行走
        road_index: 0,
    },
    // 初始数据设置
    start () {
        // 行走是否结束
        this.is_walking = false;
        // 行走
        this.walk_on_road(this.road_index);
    },
    // 行走
    walk_on_road(index) {
        var map_data = this.map.get_road_set();
        if (index < 0 || index >= map_data.length) {
            return;
        }
        // 获取路径数据
        this.road_data = map_data[index];
        // 判断路径是否有两个点
        if (this.road_data.length < 2) {
            return;
        }
        // 角色开始行走，配置好初始状态
        this.node.setPosition(this.road_data[0]);
        // 角色行走的下一个点
        this.next_step = 1;
        // 行走
        this.walk_to_next();
    },
    // 角色行走的下一个点
    walk_to_next() {
        // 判断角色是否走完
        if (this.next_step >= this.road_data.length) {
            this.is_walking = false;
```

```
                return;
            }
            // 当前点
            var src = this.node.getPosition();
            var dst = this.road_data[this.next_step];
            var dir = dst.sub(src);
            var len = dir.mag();
            // 行走的方向
            this.vx = this.speed * dir.x / len;
            this.vy = this.speed * dir.y / len;
            // 行走的时间
            this.walk_time = len / this.speed;
            this.passed_time = 0; // 播放动画，改变坐标
            this.is_walking = true;
        },
        // 根据时间刷新角色行走的位置
        update (dt) {
            // 是否行走
            if (this.is_walking === false) {
                return;
            }
            // 播放动画时间
            this.passed_time += dt;
            // 确保在规定时间内
            if (this.passed_time > this.walk_time) {
                dt -= (this.passed_time - this.walk_time);
            }
            // 行走范围
            this.node.x += (this.vx * dt);
            this.node.y += (this.vy * dt);
            // 是否行走到下一个点，并继续向下一个点行走
            if (this.passed_time >= this.walk_time) {
                // 继续行走
                this.next_step ++;
                this.walk_to_next();
            }
        },
    });
```

代码解读：

- 引用脚本文件 map_gen.js，获取文件中的路径数组；
- 设置角色的初始状态，包括初始位置、移动速度；
- 控制角色按路径脚本返回的数组中的点依次行走（以一定的速度改变角色的位置）；
- 角色是否已经走完整个地图路径。

（3）运行模拟器即可达到项目效果。

第 11 章 触摸控制角色移动射击

项目简介：触摸控制游戏角色移动射击，同时整个游戏背景循环滚动。通过此项目学习控制角色及循环背景的实现。

项目难点：

- 如何通过触摸移动控制角色移动。
- 在移动过程中实现射击动画。
- 如何实现滚动背景？

项目最终运行效果如图 11-1 所示。

图 11-1　项目效果

项目流程：

（1）项目初始化，包括项目基本信息设置、项目文件分级、项目资源导入；

（2）游戏场景搭建；

（3）循环背景的实现；

（4）触摸控制角色移动；

（5）控制角色发射子弹。

11.1　项目初始化

（1）使用 Cocos Creator 编辑器创建新项目 shoot。

（2）在 Cocos Creator 编辑器中添加项目资源。

（3）构建游戏场景：游戏背景、游戏角色，如图 11-2 所示。

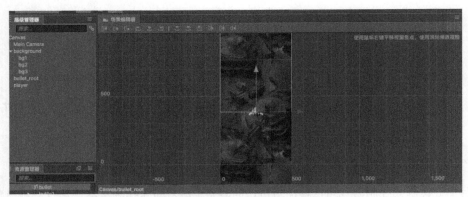

图 11-2　游戏场景

- background：游戏背景、滚动背景，准备首尾相接的资源图片，一般选 3 张图片即可实现滚动循环。
- bg1、bg2、bg3：背景图片。
- player：游戏角色。
- bullet_root：射击子弹。

11.2　脚本编写

（1）实现游戏背景滚动循环，编写背景脚本文件 background.js，并将该脚本文件添加到节点 background 上。选中 background 节点，在属性检查器面板中设置 background 脚本组件属性，如图 11-3 所示。

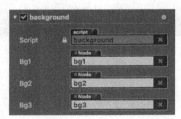

图 11-3　设置 background 脚本组件属性

思考：实现循环场景，是否就是循环背景图片 bg1、bg2、bg3？

```javascript
// 滚动背景脚本
cc.Class({
    extends: cc.Component,
    // 属性
    properties: {
        // 背景 1
        bg1: {
            type: cc.Node,
            default: null,
        },
```

```
        // 背景2
        bg2: {
            type: cc.Node,
            default: null,
        },
        // 背景3
        bg3: {
            type: cc.Node,
            default: null,
        },
    },
    // 初始设置
    start () {
        // 背景滚动的速度
        this.speed = 100;
    },
    // 刷新画面
    // dt: 距离上一次刷新的时间
    update (dt) {
        var s = this.speed * dt;
        this.node.y -= s;
        // 切换图片
        var screen_pos = this.bg1.convertToWorldSpaceAR(cc.v2(0, 0));
        // 判断单张背景图片是否移出屏幕
        if (screen_pos.y <= 0) {
            var temp = this.bg1;
            this.bg1 = this.bg2;
            this.bg2 = this.bg3;
            this.bg3 = temp;
            this.bg3.y = this.bg2.y + 768;
        }
    },
});
```

代码解读：

- 通过循环衔接的图片实现游戏场景背景的循环，在背景脚本文件中声明需要的循环背景图（bg1、bg2、bg3）；
- 设置背景图片滚动速度，在每帧刷新时不断移动背景图片，实现背景循环。

（2）为角色添加触摸事件，控制角色移动。编辑脚本文件 player.js，并将其添加到节点 player 下。

🐾思考：监听触摸事件。

```
// 角色脚本
cc.Class({
    extends: cc.Component,
    properties: {
```

```
    },
    // 初始化
    start () {
        this.now_time = this.shoot_time;
        // 监听触摸事件
        // this.node
        // e 事件对象，引擎传给我们的 e 事件→获取触摸坐标→screen_pos→节点坐标→设
        // 置节点位置和谁触摸
        this.node.on(cc.Node.EventType.TOUCH_MOVE, function(e) {
            // 获取触摸坐标
            var screen_pos = e.getLocation();
            // 坐标转换
            var pos = this.node.parent.convertToNodeSpaceAR(screen_pos);
            this.node.setPosition(pos);

        }.bind(this), this);
    },
});
```

代码解读：添加触摸事件，获取触摸点。

（3）制作子弹预制体 bullet，编辑子弹组件脚本文件 bullet.js。

```
// 子弹
cc.Class({
    extends: cc.Component,
    // 声明
    properties: {
        attack: 100,
        speed: 800, // 速度
    },
    // onLoad () {},
    start () {
    },
    // 刷新
    update (dt) {
        var s = this.speed * dt;
        this.node.y += s;
        // 子弹到一定位置时被移除
        if (this.node.y >= (cc.winSize.height + this.node.height) * 0.5) {
            this.node.removeFromParent();
        }
    },
});
```

代码解读：

- 子弹预制体的脚本，发射子弹就是控制子弹以一定的速度移动。
- 在 update()方法中控制子弹随时间变化而移动。

子弹预制体如图 11-4 所示。

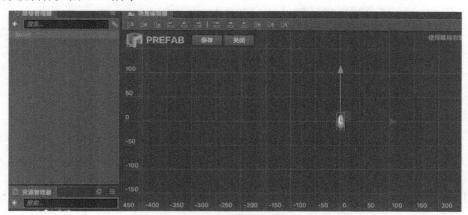

图 11-4 子弹预制体

（4）完善 player.js 脚本文件，实现射击。

思考：如何实现子弹周期性射击。

```
// 角色脚本
cc.Class({
    extends: cc.Component,
    properties: {
        // 发射子弹的间隔
        shoot_time: 0.2,
        // 子弹预制体
        bullet_prefab: {
            type: cc.Prefab,
            default: null,
        },
        // 子弹根节点
        bullet_root: {
            type: cc.Node,
            default: null,
        },
    },
    // 初始设置
    start () {
        this.now_time = this.shoot_time;
        // 监听触摸事件
        // this.node
        // e 事件对象，引擎传给我们的 e 事件→获取触摸坐标→sceen_pos→节点坐标→设置节
        // 点位置和谁触摸
        this.node.on(cc.Node.EventType.TOUCH_MOVE, function(e) {
            // 获取触摸坐标
            var screen_pos = e.getLocation();
            // 坐标转换
```

```
            var pos = this.node.parent.convertToNodeSpaceAR(screen_pos);
            this.node.setPosition(pos);
        }.bind(this), this);
    },
    // 发射子弹函数
    do_shoot() {
        // 左边的子弹位置改变
        var b = cc.instantiate(this.bullet_prefab);
        this.bullet_root.addChild(b);
        var pos = this.node.getPosition();
        b.setPosition(cc.v2(pos.x - 22, pos.y + 48));
        // 右边的子弹位置改变
        b = cc.instantiate(this.bullet_prefab);
        this.bullet_root.addChild(b);
        pos = this.node.getPosition();
        b.setPosition(cc.v2(pos.x + 22, pos.y + 48));
    },
    // 刷新
    update (dt) {
        this.now_time += dt;
        // 时间比对
        if (this.now_time >= this.shoot_time) {
            // 发射
            this.do_shoot();
            this.now_time = 0;
        }
    },
});
```

代码解读：

- 同时发射两颗子弹，不断改变子弹的位置。
- 判断子弹是否已经离开屏幕，并做相应的处理。

（5）运行模拟器即可触摸控制角色移动发射子弹。

第 12 章　NPC 的控制

项目简介：实现 NPC 与游戏角色的互动。NPC 在很多关卡类游戏中会被用到，通过此项目学习对 NPC 的控制。

项目难点：

- 如何实现对 NPC 的控制。
- 如何实现 NPC 与游戏角色的关联控制。

项目运行效果如图 12-1 所示。

图 12-1　项目效果

项目流程：

（1）项目初始化，包括项目基本信息设置、项目文件分级、项目资源导入；

（2）游戏场景搭建；

（3）控制角色行走；

（4）对 NPC 的决策与思考。

12.1　项目初始化

（1）使用 Cocos Creator 编辑器创建新项目 NPC。

（2）在 Cocos Creator 编辑器中添加项目资源。

（3）在 Cocos Creator 编辑器中构建初始化游戏场景： 添加节点、搭建游戏可见视图，如图 12-2 所示。

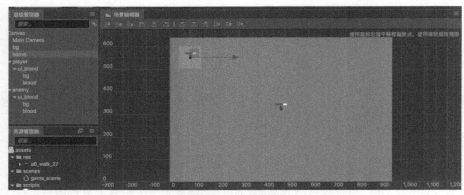

图 12-2　搭建场景

- player：游戏角色根节点。
- bg：游戏背景。
- home：NPC 的老家。
- enemy：NPC 根节点。
- ui_blood：血条根节点。
- ui_blood 下的 bg：血条背景。
- ui_blood 下的 blood：血条。

12.2　脚本编写

（1）控制角色行走，添加脚本文件 game_main.js，并将该脚本文件添加到根节点 Canvas 上。

思考：添加触摸事件。

```
// 根节点脚本
cc.Class({
    extends: cc.Component,
    // 声明
    properties: {
    },
    // 初始设置
    start () {
        this.node.on(cc.Node.EventType.TOUCH_START, function(e) {
            // 获取触摸位置
            var screen_pos = e.getLocation();
            var map_pos = this.node.convertToNodeSpaceAR(screen_pos);
        }.bind(this), this.node);
    },
    // 距离上一次更新的时间
    update (dt) {
    },
});
```

代码解读：在 start()方法中添加触摸事件，获取触摸点。

（2）控制角色行走，添加脚本文件 player.js，并将该脚本文件添加到节点 player 下。

思考：

- 监听触摸事件。
- 触摸控制角色行走。

更改 game_main.js 脚本文件，监听触摸事件，触摸时调用 player.js 脚本文件中的角色行走方法。

① game_main.js 脚本文件。

```
// 根节点脚本
// 引用 player 脚本
var nav_agent = require("player");
cc.Class({
    extends: cc.Component,
    // 声明
    properties: {
        // 角色
        player: {
            type: nav_agent,
            default: null,
        },
    },
    // 初始化
    start () {
        this.node.on(cc.Node.EventType.TOUCH_START, function(e) {
            var screen_pos = e.getLocation();
            var map_pos = this.node.convertToNodeSpaceAR(screen_pos);
            // 行走
            this.player.walk_to(map_pos);
        }.bind(this), this.node);
    },
    // 距离上一次更新的时间
    update (dt) {
    },
});
```

代码解读：监听触摸事件，触摸控制角色移动，改变角色位置。

② player.js 脚本文件。

```
// 角色脚本
cc.Class({
    extends: cc.Component,
    properties: {
        // 角色移动的速度
        speed: 200,
    },
    // 初始化
```

```
    start () {
        // 是否行走
        this.is_walking = false;
    },
    // 行走
    walk_to(dst) {
        var src = this.node.getPosition();
        var dir = dst.sub(src);
        var len = dir.mag();
        if (len <= 0) {
            return;
        }
        // 行走的方向
        this.vx = this.speed * dir.x / len;
        this.vy = this.speed * dir.y / len;
        // 行走的时间
        this.walk_time = len / this.speed;
        this.passed_time = 0; // 行走了多长时间
        this.is_walking = true;
    },
    // 停止行走
    stop_walk() {
        this.is_walking = false;
    },
    // 刷新位置
    update (dt) {
        if (this.is_walking === false) {
            return;
        }
        // 更改位置
        this.passed_time += dt;
        if (this.passed_time > this.walk_time) {
            dt -= (this.passed_time - this.walk_time);
        }
        this.node.x += (this.vx * dt);
        this.node.y += (this.vy * dt);
        // 是否走到目的地
        if (this.passed_time >= this.walk_time) {
            this.is_walking = false;
        }
    },
});
```

代码解读：

- 定义角色行走方法。
- 角色行走就是角色以一定的速度改变位置；
- 添加布尔值，控制角色是否行走。

（3）实现对 NPC 的控制，添加脚本文件 enemy_AI.js，并将该脚本文件添加到 enemy 节点下。

思考： 对 NPC 的思考，以及玩家的决策。

- 如果目标出现在攻击范围内则发起攻击。
- 如果目标出现在追击范围内则发起追击。
- 如果目标不在攻击或追击范围内则回家守营。

```javascript
// NPC 脚本
cc.Class({
    extends: cc.Component,
    properties: {
        // 每隔 0.3 秒做一次决策
        think_time: 0.3,
        // 思考目标对象
        target: {
            type: cc.Node,
            default: null,
        },
        // 攻击距离
        attack_R: 20,
        // search 距离
        search_R: 150,
    },
    // 初始化
    start () {
        this.born_pos = this.node.getPosition();
        // 行走组件
        this.agent = this.getComponent("player");
        // 攻击组件
        this.now_time = this.think_time;
    },
    // 对 NPC 的决策与思考
    do_AI() {
        var dst = this.target.getPosition();
        var src = this.node.getPosition();
        var dir = dst.sub(src);
        var len = dir.mag();
        // 比较目标与 NPC 的距离
        if (len <= this.attack_R) {
            // 停止行走
            this.agent.stop_walk();
            // 发起攻击
        }
        else if (len <= this.search_R) {
            // 发起追击
```

```
            this.agent.walk_to(dst);
        }
        else {
            // 回家守营
            this.agent.walk_to(this.born_pos);
        }
    },
    // 刷新
    update (dt) {
        this.now_time += dt;
        // 是否重新决策
        if (this.now_time >= this.think_time) {
            this.now_time = 0;
            this.do_AI();
        }
    },
});
```

代码解读：

- 对 NPC 的决策和思考需要设置一个条件，通过条件判断 NPC 的行为（如更改位置、状态等）；
- 设置条件，NPC 与角色之间的距离，根据距离让 NPC 移动到指定位置；
- 设置时间，规定每隔多长时间进行一次条件判断，根据条件改变 NPC 的行为。

在属性检查器面板中查看节点 enemy 的 enemy_AI.js 脚本组件属性，如图 12-3 所示。

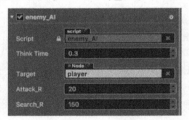

图 12-3　enemy_AI.js

（4）将脚本文件 player.js 添加到节点 enemy 下，实现 enemy 的行走。

（5）运行模拟器即可达到触摸控制角色移动及控制 NPC 移动的效果。

第 13 章　天气效果——雨

项目简介：模拟天气状况，这里主要实现雨天的效果，天空中不断有雨滴落下，而且雨滴落到地面的时候会被弹起。

项目难点：

- 不断下落的雨滴。
- 地面的雨滴花。

项目最终运行效果如图 13-1 所示。

图 13-1　项目效果

项目流程：

（1）项目初始化，包括项目基本信息设置、项目文件分级、项目资源导入；

（2）游戏场景搭建；

（3）雨滴不断下落的实现；

（4）地面反弹雨花的实现。

13.1　项目初始化

（1）使用 Cocos Creator 编辑器创建新项目 rain。

（2）在 Cocos Creator 编辑器中添加项目资源。

（3）构建初始化游戏场景，如图 13-2 所示。

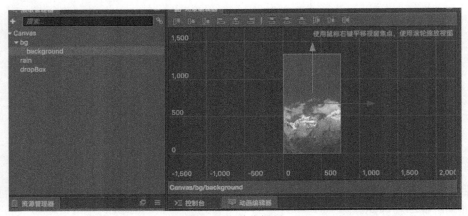

图 13-2　游戏场景

- bg：背景根节点。
- background：雨天背景。
- rain：雨滴根节点。
- dropBox：地面。

（4）制作雨滴的预制体 linePrefab。初始化属性设置如图 13-3 所示。

（5）制作水珠预制体 dropPrefab。初始化属性设置如图 13-4 所示。

图 13-3　linePrefab 初始化属性

图 13-4　dropPrefab 初始化属性

13.2　脚本编辑

（1）制作雨滴预制体 linePrefab，添加脚本文件 line.js，并将该脚本文件添加到 linePrefab 预制体中。

```
cc.Class({
    extends: cc.Component,
    // 声明
    properties: {
```

```
    },
    // 初始化
    // onLoad () {},
    // 开始
    start () {
    },
    // update (dt) {},
});
```

代码解读：声明 line.js 脚本文件，便于后面调用。

（2）添加脚本文件 drop.js，并将该脚本文件添加到 dropPrefab 预制体中。

```
cc.Class({
    extends: cc.Component,
    // 声明
    properties: {
    },
    // 初始化
    // onLoad () {},
    // 开始
    start () {
    },
    // update (dt) {},
});
```

代码解读：声明 drop.js 脚本文件，便于后面调用。

（3）添加脚本文件 rain.js，并将该脚本文件添加到 rain 节点下，将脚本文件 line.js、drop.js 也添加到节点 rain 下。

选中 rain 节点，在属性检查器面板中查看该节点的 rain 脚本组件属性，如图 13-5 所示。

图 13-5　rain 脚本组件属性

思考：

● 雨滴下落。

● 雨滴落地弹出雨花。

```
// rain
var width = 0;
var height = 0;
// mousePos[0] 代表 x 轴的值，mousePos[1] 代表 y 轴的值
var mousePos = [0, 0];
var maxspeedx = 0;
var speedx = 0;
var f = 0;
cc.Class({
    extends: cc.Component,
    // 属性
    properties: {
        lineNum:0,//每次更新进入场景的雨滴数量
        linePoolSize:0,//雨滴池的元素数量
        dropPoolSize:0,//水珠池的元素数量
        linePrefab:cc.Prefab,//雨滴的预制体
        dropPrefab:cc.Prefab,//水珠的预制体
        rain:cc.Node,//雨滴展示节点
        gravity:0,//重力
        dropBox:cc.Node,//水珠容器
    },
    // LIFE-CYCLE CALLBACKS
    // 初始化
    onLoad () {
        width = this.node.width;
        height = this.node.height;
        // 创建雨滴池
        this.linePool = new cc.NodePool();
        for(let i=0;i<this.linePoolSize;i++) {
            let line = cc.instantiate(this.linePrefab);
            this.linePool.put(line);
        }
        // 创建水珠池
        this.dropPool = new cc.NodePool();
        for(let i=0;i<this.dropPoolSize;i++) {
            let drop = cc.instantiate(this.dropPrefab);
            this.dropPool.put(drop);
        }
        // 绑定事件
        this.rain.on(cc.Node.EventType.TOUCH_MOVE,function(event){
            mousePos[0] = event.getLocationX();
            mousePos[1] = height - event.getLocationY();
            maxspeedx = (mousePos[0] - width / 2) / (width / 2);
        },this);
    },
    // 雨滴下落
    init (line) {
```

```
        // 雨滴随机下落的速度
        line.getComponent('line').speed = 5.5 * (Math.random() * 6 + 3);
        line.x = Math.random() * 2 * width - (0.5 * width);
        line.y = 50;
    },
    // 雨滴落地反弹
    initD (drop) {
        // x 轴的值变化的速度
        drop.getComponent('drop').vx = (Math.random() - 0.5) * 8;
        // y 轴的值变化的速度
        drop.getComponent('drop').vy = Math.random() * (-6) - 3;
        // 圆弧的半径
        drop.getComponent('drop').radius = Math.random() * 1.5 + 1;
    },
    // 雨滴变化
    change (line) {
        line.x = line.x + line.getComponent('line').speed * speedx;
        line.y = line.y - line.getComponent('line').speed;
        line.rotation = -45 * speedx;
    },
    // 创建一些水珠
    createDrops (x,y) {
        //生成随机数量的水珠
        var ram = Math.floor(Math.random() * 5 + 5);
        for(var i=0;i<ram;i++) {
            let drop;
            if(this.dropPool.size() > 0) {
                drop = this.dropPool.get();
            }else {
                drop = cc.instantiate(this.dropPrefab);
            }
            drop.x = x;
            drop.y = y;
            // 雨滴落地反弹
            this.initD(drop);
            drop.parent = this.dropBox;
        }
    },
    // 刷新
    update (dt) {
        //遍历水珠节点树
        let drops = this.dropBox.children;
        drops.forEach(function(drop){
            drop.getComponent('drop').vx = drop.getComponent('drop').vx +
(speedx / 2);
            drop.x = drop.x + drop.getComponent('drop').vx;
```

```
        drop.getComponent('drop').vy = drop.getComponent('drop').vy +
this.gravity;
        drop.y = drop.y - drop.getComponent('drop').vy;
        if(drop.y < -height) {
            this.dropPool.put(drop);
        }
    }.bind(this));
    // 设置下雨方向变换的速度
    // 当 speedx = maxspeedx 时，下雨方向会随鼠标移动方向立即改变
    speedx = speedx + (maxspeedx - speedx) / 50;
    // 每次更新时创建一定数量的新雨滴
    for(let i=0;i<this.lineNum;i++) {
        let line;
        if(this.linePool.size() > 0) {
            line = this.linePool.get();
        }else {
            line = cc.instantiate(this.linePrefab);
        }
        this.init(line);//初始化
        line.parent = this.rain;
    }
    // 遍历节点树
    let childs = this.rain.children;
    childs.forEach(function(line){
        this.change(line);
        if(line.y < -height+10) {
            // 创建水珠
            this.createDrops(line.x,line.y);
            this.linePool.put(line);
        }
    }.bind(this));
    },
});
```

代码解读：

- 初始化雨滴，设置雨滴的数量、下落速度；
- 控制雨滴不断下落，实现下雨天的效果；
- 检测雨滴下落位置，实现雨滴的落地反弹动画（以一定的速度、角度移动）。

（4）运行模拟器即可查看整个雨天效果。

第 14 章　打地鼠

项目简介：地鼠从地鼠洞中出来，用户用锤子击打地鼠。

项目难点：

- 地鼠随机出现。
- 触摸控制锤子打地鼠。

项目最终运行效果如图 14-1 所示。

图 14-1　打地鼠

项目流程：

（1）项目初始化，包括项目基本信息设置、项目文件分级、项目资源导入；

（2）游戏场景搭建；

（3）地鼠随机出现；

（4）触摸控制锤子打地鼠。

14.1　项目初始化

（1）使用 Cocos Creator 编辑器创建新项目 Mouse。

（2）在 Cocos Creator 编辑器中添加项目资源。

（3）构建初始化游戏场景：添加节点、搭建游戏可见视图，如图 14-2 所示。

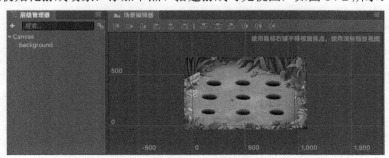

图 14-2　游戏场景

思考：游戏背景。

14.2　脚本编辑

（1）实现游戏场景。添加脚本文件 game.js，并将该脚本文件添加到根节点 Canvas 上。

📋 思考：

● 地鼠随机出现。

● 锤子的显示与隐藏。

制作地鼠预制体。添加脚本文件 mouse.js，并将该脚本文件添加到预制体中的 mouse 节点上。

```
// 地鼠脚本
cc.Class({
    extends: cc.Component,
    // 声明
    properties: {
    },
    // LIFE-CYCLE CALLBACKS:
    onLoad () {
    },
    start () {
    },
    // 刷新
    update (dt) {
    },
});
```

代码解读：制作地鼠预制体，创建地鼠的脚本文件，方便后面使用。

制作锤子预制体。添加脚本文件 hammer.js，并将该脚本文件添加到锤子预制体 hammer 节点上。

```
// 锤子脚本
cc.Class({
    extends: cc.Component,
    // 声明
    properties: {
    },
    // LIFE-CYCLE CALLBACKS:
    onLoad () {
    },
    start () {
    },
    // 刷新
    update (dt) {
    },
});
```

代码解读：制作锤子预制体，创建锤子的脚本文件，方便后面使用。

（2）编辑主游戏脚本文件 game.js，实现游戏场景。

思考：随机生成地鼠的位置。

```javascript
// 主游戏脚本
cc.Class({
    extends: cc.Component,
    // 声明
    properties: {
        // 地鼠的预制体数组
        mousePrefab: [cc.Prefab],
        // 地鼠的位置数组
        pointmouse:[cc.Vec2],
    },
    // 初始化设置，生成地鼠
    createNewMouse: function() {
        // 0~2
        var num=Math.floor(Math.random()*3);
        // 生成地鼠
        var newMouse=cc.instantiate(this.mousePrefab[num]);
        // 添加地鼠
        this.node.addChild(newMouse);
        this.mouse=newMouse;
        // 为地鼠设置一个随机位置
        var num1=Math.floor(Math.random()*9);
        newMouse.setPosition(this.pointmouse[num1]);
        this.mousepoint=newMouse.getPosition();
    },
    // LIFE-CYCLE CALLBACKS:
    onLoad () {
        // 生成地鼠
        this.createNewMouse();
    },
});
```

代码解读：创建一个地鼠的预制体数组，从数组中随机生成地鼠预制体，在场景中随机添加地鼠（随机设置地鼠出现的位置）。

（3）实现游戏逻辑，触摸控制锤子击打地鼠。

思考：击打地鼠，重新生成新的地鼠。

```javascript
// 地鼠脚本
// 引用
var Game  = require('game');
cc.Class({
    extends: cc.Component,
    // 声明
    properties: {
```

```
    },
    // LIFE-CYCLE CALLBACKS:
    onLoad () {
        this.timer = 0;
    },
    // 击打地鼠
    onPicked : function(){
        // 生成地鼠
        Game.createNewMouse();
        // 销毁地鼠
        this.node.destroy();
    },
    start () {
    },
    // 刷新
    update (dt) {
        if(this.timer > 3){
            this.onPicked();
        }
        this.timer+=dt;
    },
});
```

代码解读：使用锤子击打地鼠，在地鼠脚本文件中定义击打方法，并对地鼠的消失做销毁处理。

🔖思考：击打地鼠后对锤子的处理。

```
// 锤子脚本
cc.Class({
    extends: cc.Component,
    // 声明
    properties: {
    },
    // LIFE-CYCLE CALLBACKS:
    // 初始化
    onLoad () {
        this.timer = 0;
    },
    start () {
    },
    // 刷新
    update (dt) {
        if(this.timer > 1){
            // 销毁锤子
            this.node.destroy();
        }
        this.timer += dt;
    },
});
```

代码解读：使用锤子后对锤子做销毁处理。

🔲思考：

- 触摸控制锤子。
- 击打地鼠。

```
// 主游戏脚本
cc.Class({
    extends: cc.Component,
    // 声明
    properties: {
        // 地鼠的预制体数组
        mousePrefab: [cc.Prefab],
        // 地鼠的位置数组
        pointmouse:[cc.Vec2],
        // 锤子的预制体
        hammerPrefab:{
            default:null,
            type:cc.Prefab
        }
    },
    // 初始化设置，生成地鼠
    createNewMouse: function() {
        var num=Math.floor(Math.random()*3);
        // 生成地鼠
        var newMouse=cc.instantiate(this.mousePrefab[num]);
        // 添加地鼠
        this.node.addChild(newMouse);
        this.mouse=newMouse;
        // 为地鼠设置一个随机位置
        var num1=Math.floor(Math.random()*9);
        newMouse.setPosition(this.pointmouse[num1]);
        this.mousepoint=newMouse.getPosition();
    },
    // LIFE-CYCLE CALLBACKS:
    onLoad () {
        // 初始值
        this.count=0;
        this.timer=0;
        // 生成地鼠
        this.spawnNewMouse()
        // 触摸事件
        cc.eventManager.addListener({
            event:cc.EventListener.TOUCH_ONE_BY_ONE,
            onTouchBegan:this.onTouchBegan.bind(this),
            onTouchMoved:this.onTouchMoved.bind(this),
            onTouchEnded:this.onTouchEnded.bind(this),
```

```
                onTouchCancelled:this.onTouchCancelled.bind(this)
            },this.node);
        },
        // 开始
        onTouchBegan:function(touch,event){
            // 触摸点
            var pointPos = touch.getLocation();
            // 返回指定的两个向量之间的距离
            var dist = cc.pDistance(this.mousepoint, pointPos);
            if (dist<100)
                {
                    this.counn++
                    // 引用
                    this.mouse.getComponent("mouse").onPicked();
                    // 创建锤子
                    var newHammer=cc.instantiate(this.hammerPrefab);
                    this.node.addChild(newHammer,10);
                    // 锤子的位置
                    newHammer.setPosition(cc.p(pointPos.x,pointPos.y-20));
                }
            return true;
        },
        // 结束
        onTouchEnded:function(touch,event){
            console.log("onTouchEnded");
        },
        // 移动
        onTouchMoved:function(touch,event){
            console.log("onTouchMoved");
        },
        // 取消
        onTouchCancelled:function(touch,event){
            console.log("onTouchCancelled");
        },
        start () {
        },
        // update (dt) {},
});
```

代码解读:

- 在场景中随机生成地鼠, 即随机添加不同位置的地鼠预制体;
- 添加触摸事件, 用户触摸显示锤子, 控制锤子击打地鼠;
- 使用锤子击打地鼠后的结果处理——锤子、地鼠被销毁—新地鼠出现—击打成功或失败。

(4)运行模拟器即可查看整个游戏效果。

第 15 章　消消乐

项目简介：简单的消消乐游戏，三个连着的水果相同则消除水果并获取分数，记录消除全部水果所用的时间。

项目难点：

- 水果页面布局展示。
- 触控移动水果位置。
- 成功消除相连水果，分数增加。
- 水果消除检测。
- 计算游戏所用的时间。
- 场景切换。

项目运行效果如图 15-1 所示。

 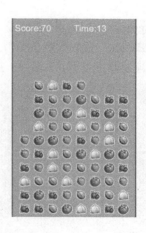

图 15-1　项目效果

项目流程：

（1）项目初始化，包括项目基本信息设置、项目文件分级、项目资源导入；

（2）游戏场景搭建；

（3）场景跳转；

（4）游戏页面搭建；

（5）触控改变水果位置，三个连着的水果相同则进行消除；

（6）成功消除水果之后分数改变；

（7）计算游戏所用的时间。

15.1 项目初始化

（1）使用 Cocos Creator 编辑器创建新项目 xiaoxiaole。

（2）在 Cocos Creator 编辑器中添加项目资源。

（3）在 Cocos Creator 编辑器中构建初始化游戏场景，menuScene 场景如图 15-2 所示。

图 15-2　构建游戏初始场景

- background：初始场景背景。
- StartButton：开始游戏按钮节点。

（4）构建游戏主场景，如图 15-3 所示。

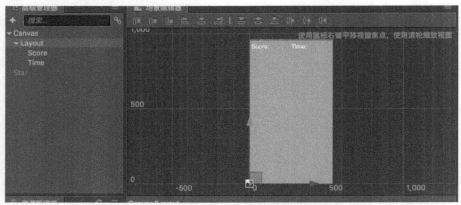

图 15-3　构建游戏主场景

- Layout：页面布局。
- Score：分数。
- Time：时间

（5）制作每个水果的预制体 Star，如图 15-4 所示。

Star：水果节点。

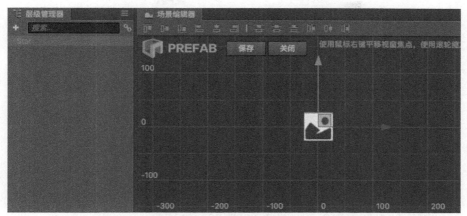

图 15-4 Star 预制体

15.2 脚本编辑

（1）制作 Star 水果预制体，添加脚本文件 Star.js，并将该脚本文件添加到预制体 Star 节点下。

思考：

- 随机获取水果类别。
- 随机设置水果图片。

```
// 预制体脚本文件
cc.Class({
    extends: cc.Component,
    // 声明
    properties: {
    // 水果数组
        icons:{
            default:[], // 默认值
            type:cc.SpriteFrame // 类型
        },
        pos:{
            default:new cc.Vec2
        },
        // 数量
        number:0,
        // 位置索引
        sfIndex:0,
    },
    // use this for initialization
    onLoad: function () {
        // 初始化数据
```

```
        this.initSpriteFrame();
        // this.listeningEvent();
    },
    // 初始化
    initSpriteFrame:function(){
        function getRandomInt(min,max){
            // 随机配置水果类别
            var ratio=Math.random();
            return min+Math.floor((max-min)*ratio);
        }
        this.sfIndex=getRandomInt(0,this.number);
        // window.console.log(this.index);
        var sprite=this.getComponent(cc.Sprite);
        // 水果图片
        sprite.spriteFrame=this.icons[this.sfIndex];
    },
    // called every frame, uncomment this function to activate update
callback
    // update: function (dt) {
    // },
});
```

代码解读：

- 初始化水果预制体脚本，声明水果数组、初始化水果、随机设置各水果的图片；
- 这里声明的水果初始化方法，是为了在主游戏脚本中添加不同类别的水果。

对预制体 Star 的脚本文件 Star.js 组件属性的设置，主要是设置水果类别，如图 15-5 所示。

图 15-5　Star 预制体

（2）实现游戏页面显示。添加脚本文件 gameLayout.js，并将该脚本文件添加到 Layout 节点下。

思考：

- 水果整齐排列。
- 水果类别随机产生。

```
// 主游戏脚本
cc.Class({
    extends: cc.Component,
    // 属性
    properties: {
        // 初始位置
        Col:0,
        Row:0,
        Padding:0,
        SpacingX:0,
        SpacingY:0,
        // 预制体
        star:{
            default:null,
            type:cc.Prefab
        },
    },
    // 坐标矩阵集合
    pSet:null,
    stars:null,
    mask:null,
    onLoad: function () {
        // 根据配置信息生成每个元素的坐标点集合
        this.buildCoordinateSet();
        // 初始化
        this.init();
    },
    // 初始化函数，生成 star 节点
    init:function(){
        // 生成水果
        var node=this.node;
        this.mask=[];
        this.stars=[];
        var pSet=this.pSet;
        // 行排列
        for(var i=0;i<this.Row;i++){
            var arr1=[];
            var marr=[];
            // 列排列
```

```
            for(var j=0;j<this.Col;j++){
                var ele=cc.instantiate(this.star);
                ele.setPosition(pSet[i][j].x,pSet[i][j].y);
                // 添加
                node.addChild(ele,0,"ele");
                var com=ele.getComponent('Star');
                com.pos=cc.v2(i,j);
                arr1.push(ele);
                marr.push(0);
            }
            this.mask.push(marr);
            this.stars.push(arr1);
        }
    },
    // 根据配置信息生成每个元素的坐标点对象
    buildCoordinateSet:function(){
        // 设置坐标数值
        var ele=cc.instantiate(this.star);
        var eleSize=ele.getContentSize();
        var beginX=(this.node.width-(this.Row-1)*(this.SpacingX+eleSize.
width))/2;
        var beginY=this.Padding+eleSize.height/2;
        // 坐标数组
        this.pSet=[];
        // 行
        for(var i=0;i<this.Row;i++){
            var arr=[];
            // 列
            for(var j=0;j<this.Col;j++){
                // 坐标点
                var position=cc.v2(beginX+i*(eleSize.width+this.SpacingX),
beginY+j*(eleSize.height+this.SpacingY));
                window.console.log(position.toString());
                arr.push(position);
            }
            this.pSet.push(arr);
        }
    },
});
```

代码解读：
- 主要实现主游戏的场景，水果在场景中随机排列；
- 根据水果预制体的尺寸，设置整个游戏场景容纳水果的行、列，并获取每个点（这个点是用来放置水果的）；
- 在场景中添加水果预制体，并将其放置在位置点，这样就可以实现游戏主页面的场景。

节点 Layout 的 gameLayout 脚本组件设置属性如图 15-6 所示。

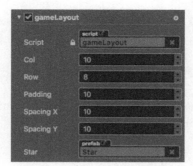

图 15-6　Layout 节点属性设置

运行模拟器可以查看主游戏的页面显示效果。

（3）在 menuScene 场景下添加脚本文件 StartGame.js，并将该脚本文件添加到 StartButton 节点上。

在属性检查器面板中设置节点 StartButton 的 Button 组件属性，主要设置按钮的状态图片、单击事件、脚本组件，如图 15-7 所示。

图 15-7　StartButton 节点属性设置

思考：场景切换。

```
// 开始游戏
cc.Class({
    extends: cc.Component,
    properties: {
    },
    // use this for initialization
    onLoad: function () {
    },
```

```
    // 开始游戏
    startGame:function(){
        // 场景切换
        cc.director.loadScene('playScene', null);
    }
    // called every frame, uncomment this function to activate update callback
    // update: function (dt) {
    // },
});
```

代码解读：

- 在按钮脚本组件中定义按钮单击事件方法；
- 使用 cc.director.loadScene()做场景切换，实现单击"开始游戏"按钮进入主游戏页面。

（4）记录游戏时间。添加脚本文件 Time.js，并将该脚本文件添加到 Time 节点下。

思考：

- 记录时间。
- 文本变化。

```
// 记录时间
cc.Class({
    extends: cc.Component,
    properties: {
        time:0,
    },
    // 初始化
    onLoad: function () {
        // 间隔性调用
        this.schedule(this.updataTime,1);
    },
    // 更新时间的回调函数
    updataTime:function(){
        this.time++;
        // 更新时间组件的显示
        var com=this.getComponent(cc.Label);
        com.string="Time:"+this.time;
    }
    // called every frame, uncomment this function to activate update callback
    //  update: function (dt) {
    //  },
});
```

代码解读：简单地记录时间，设置初始时间为 0，根据时间变化更改时间。

（5）实现触控移动水果角色，三个相同的水果相连则消除水果并改变分数。添加脚本文件 Score.js，并将该脚本文件添加到 Score 节点下。

🈴思考：

● 刷新分数。
● 触摸事件处理。
● 相同水果的检测。
● 水果相连的检测。

```
// 分数脚本
cc.Class({
    extends: cc.Component,
    // 声明
    properties: {
        // 分数
        score:0,
    },
    reward:0,
    // use this for initialization
    onLoad: function () {
    },
    // 重置
    setReward:function(reward){
        this.reward=reward;
    },
    // 更新分数
    updateScore:function(){
        var com=this.node.getComponent(cc.Label);
        this.score+=this.reward;
        com.string="Score:"+this.score;
    }
    // called every frame, uncomment this function to activate update callback
    // update: function (dt) {
    // },
});
```

代码解读：

● 在分数脚本中设置初始分数为 0；
● 定义一个简单的分数更新方法。

（6）完善 gameLayout.js 文件，实现消除水果得分。

```
// 主游戏脚本
cc.Class({
    extends: cc.Component,
    // 属性
    properties: {
        // 初始位置
        Col:0,
```

```
            Row:0,
            Padding:0,
            SpacingX:0,
            SpacingY:0,
            // 水果预制体
            star:{
                default:null,
                type:cc.Prefab
            },
        },
        reward:0,
        // 坐标矩阵集合
        pSet:null,
        stars:null,
        mask:null,
        // 根据配置信息生成每个元素的坐标点集合
        onLoad: function () {
            this.buildCoordinateSet();
            // 初始设置
            this.init();
            // 检测
            this.check();
        },
        // 初始化函数，生成 star 节点，添加监听事件
        init:function(){
            // 水果排列
            var node=this.node;
            this.mask=[];
            this.stars=[];
            var pSet=this.pSet;
            // 行
            for(var i=0;i<this.Row;i++){
                var arr1=[];
                var marr=[];
                // 列
                for(var j=0;j<this.Col;j++){
                    // 初始化水果
                    var ele=cc.instantiate(this.star);
                    // 位置
                    ele.setPosition(pSet[i][j].x,pSet[i][j].y);
                    // 添加水果
                    node.addChild(ele,0,"ele");
                    this.addTouchEvents(ele);
                    var com=ele.getComponent('Star');
                    com.pos=cc.v2(i,j);
                    arr1.push(ele);
                    marr.push(0);
```

```
        }
        // 添加
        this.mask.push(marr);
        this.stars.push(arr1);
    }
},
// 检测
check:function(){
    // 检测水果是否相连
    if(this.checkConnected()){
        // 对相连水果的处理
        this.delAndDrop();
    }
},
// 根据配置信息生成每个元素的坐标点对象
buildCoordinateSet:function(){
    var ele=cc.instantiate(this.star);
    var eleSize=ele.getContentSize();
    var beginX=(this.node.width-(this.Row-1)*(this.SpacingX+eleSize.
width))/2;
    var beginY=this.Padding+eleSize.height/2;
    // 坐标数组
    this.pSet=[];
    // 行
    for(var i=0;i<this.Row;i++){
        var arr=[];
        // 列
        for(var j=0;j<this.Col;j++){
            var position=cc.v2(beginX+i*(eleSize.width+this.SpacingX),
beginY+j*(eleSize.height+this.SpacingY));
            window.console.log(position.toString());
            // 添加
            arr.push(position);
        }
        // 添加
        this.pSet.push(arr);
    }
},
// 添加触摸监听事件
addTouchEvents:function(node){
    var p1=null;
    var p2=null;
    window.console.log("m"+this);
    // 开始
    node.on('touchstart',function(event){//传回节点位置
        node.select=true;
        p1=node.getComponent('Star').pos;
```

```
            window.console.log(p1);
        },this);
        // 移动
        node.on('touchmove',function(event){
            if(node.select){
                var x=event.getLocationX();
                var y=event.getLocationY();
                // 改变触摸水果的位置
                node.setPosition(x,y);
                window.console.log(x+" "+y);
            }
        },this);
        // 结束
        node.on('touchend',function(event){
            node.select=false;
            var x=event.getLocationX();
            var y=event.getLocationY();
            p2=this.PositionToPos(x,y);
            window.console.log(p2);
            // 判断矩阵坐标 p2 是否与 p1 相邻，是否可以触摸控制水果移动
            if(this.isAround(p1,p2)&&typeof(this.stars[p2.x][p2.y])!=
'undefined'){
            }else{
            }
        },this);
    },
    // 判断矩阵坐标 p2 是否与 p1 相邻
    isAround:function(p1,p2){
        var dis=Math.abs((p2.x-p1.x)+(p2.y-p1.y));
        window.console.log(dis);
        if(dis==1){
            return true;
        }
        return false;
    },
    // 对相连水果的处理
    delAndDrop:function(){
        //
    },
    // 检查水果是否相连
    checkConnected:function(){
        var count1=this.verticalCheckConnected();
        var count2=this.horizontalCheckConnected();
        return ((count1+count2)>0)?true:false;
    },
    // 纵向检查 star 的相连情况
    verticalCheckConnected:function(){
```

```
        var index1,index2;
        var start,end;
        // 记录需要删除的 star 数
        var count=0;
        for(var i=0;i<this.stars.length;i++){
            if(typeof(this.stars[i][0])=='undefined'){
                continue;
            }
            index1=this.stars[i][0].getComponent('Star').sfIndex;
            start=0;
            for(var j=1;j<=this.stars[i].length;j++){
                if(j==this.stars[i].length){// 当到达边界值时
                    index2=-1;
                }else{
                    index2=this.stars[i][j].getComponent('Star').sfIndex;
                }
                if(index1!=index2){
                    end=j;
                    if(end-start>=3){
                        while(start!=end){
                            this.mask[i][start]=1;
                            start++;
                            count++;
                        }
                    }
                    start=end;
                    if(start!=this.stars[i].length){
                        index1=this.stars[i][start].getComponent('Star').
sfIndex;
                    }
                }
            }
        }
        return count;
    },
    // 横向检查 star 的相连情况
    horizontalCheckConnected:function(){
        var index1,index2;
        var start,end;
        // 记录需要删除的 star 数
        var count=0;
        for(var j=0;j<this.Col;j++){
            for(var i=0;i<this.Row;){
                if(typeof(this.stars[i][j])=='undefined'){
                    i++;
                    continue;
                }
```

```
                index1=this.stars[i][j].getComponent('Star').sfIndex;
                var begin=i;
                end=begin;
                while(end<this.Row){
                    if(typeof(this.stars[end][j])=='undefined'){
                        if(end-begin>=3){
                            while(begin!=end){
                                if(this.mask[begin][j]!=1){
                                    this.mask[begin][j]=1;
                                    count++;
                                }
                                begin++;
                            }
                        }
                        break;
                    }
                    index2=this.stars[end][j].getComponent('Star').sfIndex;
                    if(index1!=index2){
                        if(end-begin>=3){
                            while(begin!=end){
                                if(this.mask[begin][j]!=1){
                                    this.mask[begin][j]=1;
                                    count++;
                                }
                                begin++;
                            }
                        }
                        break;
                    }
                    end++;
                }
                if(end==this.Row&&end-begin>=3){
                    while(begin!=end){
                        if(this.mask[begin][j]!=1){
                            this.mask[begin][j]=1;
                            count++;
                        }
                        begin++;
                    }
                }
                i=end;
            }
        }
        return count;
    },
    // called every frame, uncomment this function to activate update callback
```

```
//  update: function (dt) {
//  },
});
```

代码解读：

- 添加触摸事件，判断触摸的水果移动到的位置是否和触摸的水果位置相邻，若相邻则改变触摸水果的位置；
- 触摸水果时，对水果周围的水果进行检测，横向检测是否有 3 个相同的相连的水果，纵向检测是否有 3 个相同的相连的水果。

（7）实现触摸水果移动，判断是否消除成功，改变游戏得分。

```
// 主游戏脚本
cc.Class({
    extends: cc.Component,
    // 属性
    properties: {
        // 初始位置
        Col:0,
        Row:0,
        Padding:0,
        SpacingX:0,
        SpacingY:0,
        // 水果预制体
        star:{
            default:null,
            type:cc.Prefab
        },
        // 分数
        Score:{
            default:null,
            type:cc.Node
        }
    },
    reward:0,
    // 坐标矩阵集合
    pSet:null,
    stars:null,
    mask:null,
    // 根据配置信息生成每个元素的坐标点集合
    onLoad: function () {
        this.buildCoordinateSet();
        // 初始设置
        this.init();
        // 检测
        this.check();
    },
```

```
// 初始化函数，生成star节点，添加监听事件
init:function(){
    // 水果排列
    var node=this.node;
    this.mask=[];
    this.stars=[];
    var pSet=this.pSet;
    // 行
    for(var i=0;i<this.Row;i++){
        var arr1=[];
        var marr=[];
        // 列
        for(var j=0;j<this.Col;j++){
            // 初始化水果
            var ele=cc.instantiate(this.star);
            // 位置
            ele.setPosition(pSet[i][j].x,pSet[i][j].y);
            // 添加水果
            node.addChild(ele,0,"ele");
            this.addTouchEvents(ele);
            var com=ele.getComponent('Star');
            com.pos=cc.v2(i,j);
            arr1.push(ele);
            marr.push(0);
        }
        // 添加
        this.mask.push(marr);
        this.stars.push(arr1);
    }
},
// 检测
check:function(){
    // 检测水果是否相邻
    if(this.checkConnected()){
        // 相邻则消除
        this.delAndDrop();
    }
},
// 根据配置信息生成每个元素的坐标点对象
buildCoordinateSet:function(){
    var ele=cc.instantiate(this.star);
    var eleSize=ele.getContentSize();
    var beginX=(this.node.width-(this.Row-1)*(this.SpacingX+eleSize.
width))/2;
    var beginY=this.Padding+eleSize.height/2;
    // 坐标数组
    this.pSet=[];
```

```
        // 行
        for(var i=0;i<this.Row;i++){
            var arr=[];
            // 列
            for(var j=0;j<this.Col;j++){
                var position=cc.v2(beginX+i*(eleSize.width+this.SpacingX),
beginY+j*(eleSize.height+this.SpacingY));
                window.console.log(position.toString());
                // 添加
                arr.push(position);
            }
            // 添加
            this.pSet.push(arr);
        }
    },
    // 添加触摸监听事件
    addTouchEvents:function(node){
        var p1=null;
        var p2=null;
        window.console.log("m"+this);
        // 开始
        node.on('touchstart',function(event){//传回节点位置
            node.select=true;
            p1=node.getComponent('Star').pos;
            window.console.log(p1);
        },this);
        // 移动
        node.on('touchmove',function(event){
            if(node.select){
                var x=event.getLocationX();
                var y=event.getLocationY();
                // 改变触摸水果的位置
                node.setPosition(x,y);
                window.console.log(x+" "+y);
            }
        },this);
        // 结束
        node.on('touchend',function(event){
            node.select=false;
            var x=event.getLocationX();
            var y=event.getLocationY();
            p2=this.PositionToPos(x,y);
            window.console.log(p2);
            // 判断矩阵坐标 p2 是否与 p1 相邻，是否可以触摸控制水果移动
            if(this.isAround(p1,p2)&&typeof(this.stars[p2.x][p2.y])!=
'undefined'){
                window.console.log('isAround');
```

```
                        // 改变触摸水果的位置，移动目标位置
                        this.changeTwoPos(p1,p2);
                        // 检查相邻水果
                        this.check();
                    }else{
                        node.setPosition(this.pSet[p1.x][p1.y]);
                    }
                },this);
        },
        // 屏幕坐标转矩阵坐标
        PositionToPos:function(x,y){
            var ele=cc.instantiate(this.star);
            var eleSize=ele.getContentSize();
            var pos=cc.v2(Math.floor((x-this.Padding)/(eleSize.width+this.
SpacingX)),Math.floor((y-this.Padding)/(eleSize.height+this.SpacingY)));
            return pos;
        },
        // 判断矩阵坐标 p2 是否与 p1 相邻
        isAround:function(p1,p2){
            var dis=Math.abs((p2.x-p1.x)+(p2.y-p1.y));
            window.console.log(dis);
            if(dis==1){
                return true;
            }
            return false;
        },
        // 交换两个 star 的位置，包括自身存储的位置信息与 stars 数组内的实例交换
        changeTwoPos:function(p1,p2){
            this.stars[p1.x][p1.y].getComponent('Star').pos=p2;
            this.stars[p1.x][p1.y].setPosition(this.pSet[p2.x][p2.y]);
            this.stars[p2.x][p2.y].getComponent('Star').pos=p1;
            this.stars[p2.x][p2.y].setPosition(this.pSet[p1.x][p1.y]);
            var t=this.stars[p1.x][p1.y];
            this.stars[p1.x][p1.y]=this.stars[p2.x][p2.y];
            this.stars[p2.x][p2.y]=t;
        },
        // 对相邻水果的处理
        delAndDrop:function(){
            // 根据 mask 的状态信息删除相连的 star
            this.deleteConnected();
            // 下落动画及更新位置信息
            this.dropAndUpdata();
        },
        // 检查水果是否相连
        checkConnected:function(){
            var count1=this.verticalCheckConnected();
            var count2=this.horizontalCheckConnected();
```

```javascript
        // 奖励分数
        this.reward=this.calScore(count1+count2);
        window.console.log(this.reward +"rew");
        return ((count1+count2)>0)?true:false;
    },
    // 计算分数
    calScore:function(num){
        return num*10;
    },
    // 纵向检查 star 的相连情况
    verticalCheckConnected:function(){
        var index1,index2;
        var start,end;
        // 记录需要删除的 star 数
        var count=0;
        for(var i=0;i<this.stars.length;i++){
            if(typeof(this.stars[i][0])=='undefined'){
                continue;
            }
            index1=this.stars[i][0].getComponent('Star').sfIndex;
            start=0;
            for(var j=1;j<=this.stars[i].length;j++){
                if(j==this.stars[i].length){// 当到达边界值时
                    index2=-1;
                }else{
                    index2=this.stars[i][j].getComponent('Star').sfIndex;
                }
                if(index1!=index2){
                    end=j;
                    if(end-start>=3){
                        while(start!=end){
                            this.mask[i][start]=1;
                            start++;
                            count++;
                        }
                    }
                    start=end;
                    if(start!=this.stars[i].length){
                        index1=this.stars[i][start].getComponent('Star').
sfIndex;
                    }
                }
            }
        }
        return count;
    },
```

```
// 横向检查 star 的相连情况
horizontalCheckConnected:function(){
    var index1,index2;
    var start,end;
    // 记录需要删除的 star 数
    var count=0;
    for(var j=0;j<this.Col;j++){
        for(var i=0;i<this.Row;){
            if(typeof(this.stars[i][j])=='undefined'){
                i++;
                continue;
            }
            index1=this.stars[i][j].getComponent('Star').sfIndex;
            var begin=i;
            end=begin;
            while(end<this.Row){
                if(typeof(this.stars[end][j])=='undefined'){
                    if(end-begin>=3){
                        while(begin!=end){
                            if(this.mask[begin][j]!=1){
                                this.mask[begin][j]=1;
                                count++;
                            }
                            begin++;
                        }
                    }
                    break;
                }
                index2=this.stars[end][j].getComponent('Star').sfIndex;
                if(index1!=index2){
                    if(end-begin>=3){
                        while(begin!=end){
                            if(this.mask[begin][j]!=1){
                                this.mask[begin][j]=1;
                                count++;
                            }
                            begin++;
                        }
                    }
                    break;
                }
                end++;
            }
            if(end==this.Row&&end-begin>=3){
                while(begin!=end){
                    if(this.mask[begin][j]!=1){
                        this.mask[begin][j]=1;
```

```
                    count++;
                }
                begin++;
            }
        }
        i=end;
    }
    }
    return count;
},
// 根据 mask 的状态信息删除相连的 star
deleteConnected:function(){
    // 行
    for(var i=0;i<this.Row;i++){
        var count=0;
        var start=0,end;
        var onoff=true;
        // 列
        for(var j=this.Col-1;j>=0;j--){
            if(this.mask[i][j]==1){
                if(onoff){
                    start=j;
                    onoff=false;
                }
                // 动画消失
                var act=cc.sequence(cc.blink(0.2,1),cc.scaleBy(0.5,0,0));
                this.stars[i][j].runAction(act);
            }
            if((this.mask[i][j-1]!=1||j-1<0)&&onoff==false){
                end=j;
                // 删除 star 实例
                this.stars[i].splice(end,start-end+1);
                onoff=true;
            }
            this.mask[i][j]=0;
        }
    }
    // 删除相连的 star 后更新分数
    this.updateScore();
},
// 下落动画及更新位置信息
dropAndUpdata:function(){
    var finished=cc.callFunc(function(target){
        // 检测
        this.check();
    },this);
    // 更新水果位置
```

```
          for(var i=0;i<this.stars.length;i++){
              for(var j=0;j<this.stars[i].length;j++){
                  if(i==this.stars.length-1&&j==this.stars[i].length-1){
                      var act = cc. sequence(cc. moveTo(1, this. pSet[i][j]),
finished);
                  }else{
                      var act=cc.moveTo(1,this.pSet[i][j]);
                  }
                  // 执行
                  this.stars[i][j].runAction(act);
                  var com=this.stars[i][j].getComponent('Star');
                  com.pos=cc.v2(i,j);
              }
          }
      },
      // 更新分数
      updateScore:function(){
          // 脚本引用
          var score=this.Score.getComponent('Score');
          score.setReward(this.reward);
          // 删除相连的 star 后更新分数
          score.updateScore();
      }
      // called every frame, uncomment this function to activate update callback
      // update: function (dt) {
      // },
  });
```

代码解读：

- 触摸移动水果的时候横向、纵向检测水果；
- 若 3 个相邻的水果一样则更改分数，添加水果消除动画（水果移动、水果下落、删除相邻水果）。

（8）运行模拟器即可查看整个游戏效果。

第 16 章　捕鱼达人

项目简介：鱼塘中的鱼随机产生且沿不同的曲线游动，炮台发射子弹射击鱼塘中游动的鱼。

项目难点：

- 鱼塘随机产生沿不同曲线游动的鱼。
- 炮台根据鱼的游动轨迹发射子弹。
- 炮台的角度变化。
- 炮台发射子弹。

项目运行效果如图 16-1 所示。

图 16-1　项目效果

项目流程：

（1）项目初始化，包括项目基本信息设置、项目文件分级、项目资源导入；

（2）游戏场景搭建；

（3）编写地图路径；

（4）控制鱼沿路径游动；

（5）控制炮台随鱼的游动而旋转；

（6）发射子弹；

（7）控制炮台自动发射子弹。

16.1　项目初始化

（1）使用 Cocos Creator 编辑器创建新项目 fish。

（2）在 Cocos Creator 编辑器中添加项目资源。

（3）在 Cocos Creator 编辑器中构建初始化游戏场景，如图 16-2 所示。

图 16-2　游戏场景

- fish：角色，鱼。
- cannon：炮台，用于发射子弹射击鱼。
- player：角色，设置角色的中心点在图片中心点之间。
- game_bg_2：游戏背景。
- level_map：路径根节点。
- road1：路径，鱼游动的路径。
- road2：路径，鱼游动的路径。

（4）使用动画编辑器编辑鱼的游动路径：road1、road2。在动画编辑器中，设定 position 属性，增加关键帧，在关键帧上更改 road1、road2 的位置，在场景编辑器中调整路径为不规则曲线，编辑完成之后保存编辑的路径动画文件，如图 16-3 所示。

图 16-3　路径动画

16.2　脚本编辑

（1）读取动画文件路径，获取路径数组对象。编辑脚本文件 fish_map.js，并将该脚本文件添加到 level_map 节点下。

🔖 **思考**：动画文件路径的读取。

```javascript
// 路径脚本
// 读取动画文件，获取路径
cc.Class({
    extends: cc.Component,
    properties: {
        // 属性声明
        is_debug: false,
    },
    // use this for initialization
    onLoad: function () {
        // 读取动画文件
        this.anim_com = this.node.getComponent(cc.Animation);
        var clips = this.anim_com.getClips();
        var clip = clips[0];
        // 添加
        this.graphics = this.node.addComponent(cc.Graphics);
        this.graphics.fillColor = cc.color(255, 0, 0, 255);
        // 路径
        var paths = clip.curveData.paths;
        // console.log(paths);
        // 路径点数组
        this.road_data_set = [];
        var k;
        for (k in paths) {
            var road_data = paths[k].props.position;
            this.gen_path_data(road_data);
        }
        if (this.is_debug) {
            this.draw_roads();
        }
    },
    // 初始化设置
    start: function() {
        /*
        // test()
        var actor = cc.find("UI_ROOT/map_root/ememy_gorilla").getComponent
("actor");
```

```
        // actor.gen_at_road(this.road_data_set[0]);
        actor = cc. find("UI_ROOT/map_root/ememy_small2"). getComponent
("actor");
        // actor.gen_at_road(this.road_data_set[1]);
        actor = cc. find("UI_ROOT/map_root/ememy_small3"). getComponent
("actor");
        actor.gen_at_road(this.road_data_set[2]);
        */
        // end
    },
    // 返回路径数组
    get_road_set: function() {
        return this.road_data_set;
    },
    // 获取路径点
    gen_path_data: function(road_data) {
        var ctrl1 = null;
        var start_point = null;
        var end_point = null;
        var ctrl2 = null;
        // [start_point, ctrl1, ctrl2, end_point],
        var road_curve_path = [];
        // 遍历路径
        for(var i = 0; i < road_data.length; i ++) {
            var key_frame = road_data[i];
            if (ctrl1 !== null) {
                road_curve_path.push([start_point, ctrl1, ctrl1, cc.v2(key_
frame.value[0], key_frame.value[1])]);
            }
            // 开始点
            start_point = cc.v2(key_frame.value[0], key_frame.value[1]);
            for(var j = 0; j < key_frame.motionPath.length; j ++) {
                var end_point = cc.v2(key_frame.motionPath[j][0], key_
frame.motionPath[j][1]);
                ctrl2 = cc.v2(key_frame.motionPath[j][2], key_frame. motionPath
[j][3]);
                if (ctrl1 === null) {
                    ctrl1 = ctrl2;
                }
                // 贝济埃曲线
                road_curve_path.push([start_point, ctrl1, ctrl2, end_point]);
                ctrl1 = cc. v2(key_frame.motionPath[j][4], key_frame.
motionPath[j][5]);
                start_point = end_point;
            }
        }
        console.log(road_curve_path);
```

```
        // 第一个路径
        var one_road = [road_curve_path[0][0]];
        // 遍历路径
        for(var index = 0; index < road_curve_path.length; index ++) {
            start_point = road_curve_path[index][0];
            ctrl1 = road_curve_path[index][1];
            ctrl2 = road_curve_path[index][2];
            end_point = road_curve_path[index][3];
            // 贝济埃曲线
            var len = this.bezier_length(start_point, ctrl1, ctrl2, end_
point);
            var OFFSET = 16;
            var count = len / OFFSET;
            count = Math.floor(count);
            var t_delta = 1 / count;
            var t = t_delta;
            for(var i = 0; i < count; i ++) {
                var x = start_point.x * (1 - t) * (1 - t) * (1 - t) + 3 *
ctrl1.x * t * (1 - t) * (1 - t) + 3 * ctrl2.x * t * t * (1 - t) + end_point.x *
t * t * t;
                var y = start_point.y * (1 - t) * (1 - t) * (1 - t) + 3 *
ctrl1.y * t * (1 - t) * (1 - t) + 3 * ctrl2.y * t * t * (1 - t) + end_point.y *
t * t * t;
                one_road.push(cc.v2(x, y));
                t += t_delta;
            }
        }
        console.log(one_road);
        // 添加
        this.road_data_set.push(one_road);
    },
    // 绘制路径
    draw_roads(path) {
        this.graphics.clear();
        for(var j = 0; j < this.road_data_set.length; j ++) {
            var path = this.road_data_set[j];
            // 路径点
            for(var i = 0; i < path.length; i ++) {
                this.graphics.moveTo(path[i].x - 2, path[i].y + 2);
                this.graphics.lineTo(path[i].x - 2, path[i].y - 2);
                this.graphics.lineTo(path[i].x + 2, path[i].y - 2);
                this.graphics.lineTo(path[i].x + 2, path[i].y + 2);
                this.graphics.close(); // 组成一个封闭的路径
            }
        }
        // 画图，填充
        // this.graphics.stroke();
```

```
        this.graphics.fill();
    },
    // 获取路径点
    bezier_length: function(start_point, ctrl1, ctrl2, end_point) {
        var prev_point = start_point;
        var length = 0;
        var t = 0.05;
        for(var i = 0; i < 20; i ++) {
            var x = start_point.x * (1 - t) * (1 - t) * (1 - t) + 3 *
ctrl1.x * t * (1 - t) * (1 - t) + 3 * ctrl2.x * t * t * (1 - t) + end_point.x *
t * t * t;
            var y = start_point.y * (1 - t) * (1 - t) * (1 - t) + 3 *
ctrl1.y * t * (1 - t) * (1 - t) + 3 * ctrl2.y * t * t * (1 - t) + end_point.y *
t * t * t;
            var now_point = cc.v2(x, y);
            // var dir = cc.pSub(now_point, prev_point);
            var dir = now_point.sub(prev_point);
            prev_point = now_point;
            length += dir.mag();

            t += 0.05;
        }
        return length;
    }
    // called every frame, uncomment this function to activate update callback
    // update: function (dt) {
    // },
});
```

代码解读：
- 读取动画文件，返回数组对象，每个对象都是一个点（组成路径的点、角色要走的点）。
- 鱼按照路径游动，就是让鱼按照数组对象中的每个点依次游动。
- 读取数组对象中的每个点，并显示在场景背景中，完成地图绘制。

（2）添加 fish 的脚本组件，实现鱼按照绘制的路径游动。编辑脚本文件 fish.js，并将该脚本文件添加到 fish 节点下。

思考：
- 鱼按照设定的不规则曲线游动。
- 鱼消失在屏幕中。
- 如何由 road1 路径转为 road2 路径，使鱼在不同的位置游动。

```
// 引用 fish_map 脚本
var fish_map = require("fish_map");
// 组件类
cc.Class({
```

```
extends: cc.Component,
properties: {
    // 路径
    map: {
        type: fish_map,
        default: null,
    },
    // 鱼游动的速度
    speed: 100,
},
// onLoad () {},
// 初始化
start () {
    this.run_road();
},
// 鱼游行路径的获取
run_road() {
    var road_set = this.map.get_road_set();
    var index = Math.random() * road_set.length;
    index = Math.floor(index);
    this.road_data = road_set[index];
    if (this.road_data.length < 2) {
        return;
    }
    this.is_walking = false;
    this.node.setPosition(this.road_data[0]);
    this.next_step = 1;
    // 鱼要经过的下一个路径点
    if (this.road_data[0].x < this.road_data[this.road_data.length -
1].x) {
        this.node.scaleX = 1;
    }
    else {
        this.node.scaleX = -1;
    }
    this.walk_to_next();
},
// 鱼游动的下一个点
get_next_point() {
    if (this.next_step + 3 >= this.road_data.length) {
        return this.road_data[this.road_data.length - 1];
    }
    return this.road_data[this.next_step + 3];
},
// 鱼游动的下一个位置
walk_to_next() {
    if (this.next_step >= this.road_data.length) {
```

```
                this.is_walking = false;
                this.run_road();
                return;
            }
            this.is_walking = true;
            var src = this.node.getPosition();
            var dst = this.road_data[this.next_step];
            var dir = dst.sub(src);
            var len = dir.mag();
            // 游动时间
            this.total_time = len / this.speed;
            this.now_time = 0;
            this.vx = this.speed * dir.x / len;
            this.vy = this.speed * dir.y / len;
            // 调转鱼头
            var r = Math.atan2(dir.y, dir.x); // 弧度
            var degree = r * 180 / Math.PI;
            degree = degree - 90;
            this.node.angle = degree;
            // this.node.runAction(cc.rotateTo(0.5, degree));
            // end
        },
    // update 组件在每次刷新游戏画面的时候被调用
    // 距离上一次刷新的时间
    update (dt) {
        // 判断鱼是否游出屏幕
        if(this.is_walking === false) {
            return;
        }
        // 鱼当前的位置
        this.now_time += dt;
        if (this.now_time > this.total_time) {
            dt -= (this.now_time - this.total_time);
        }
        var sx = this.vx * dt;
        var sy = this.vy * dt;
        this.node.x += sx;
        this.node.y += sy;
        // 时间比对
        if (this.now_time >= this.total_time) {
            this.next_step ++;
            // 继续游到下一个点
            this.walk_to_next();
        }
    },
});
```

代码解读：

- 引用脚本 fish_map，获取路径脚本文件中的路径数组；
- 设置鱼的初始状态，包括初始位置、移动速度；
- 控制鱼按路径脚本返回的路径数组中的点依次游动；
- 鱼是否已经游完地图中的某个路径，切换路径，循环游走。

（3）编辑炮台脚本，实现炮台的射击角度随着鱼的游动而改变。添加 cannon.js 脚本文件，并将该脚本文件添加到 cannon 节点下。

思考： 炮台的射击角度随鱼的游动而变。

```
// 炮台脚本
cc.Class({
    extends: cc.Component,
    // 声明
    properties: {
        target: {
            type: cc.Node,
            default: null,
        },
    },
    // 炮台随鱼的游动而转动
    update (dt) {
        if (this.target === null) {
            return;
        }
        // 炮台射击角度
        var src = this.node.getPosition(); // 炮台的位置
        var dst = this.target.getPosition();
        var dir = dst.sub(src); // 炮台的方向
        var r = Math.atan2(dir.y, dir.x);
        var degree = r * 180 / Math.PI;
        this.node.angle = degree - 90;
    },
});
```

代码解读：编写炮台脚本，设置炮台的初始属性，包括位置、方向。

（4）添加子弹节点，制作子弹预制体，将子弹节点添加到子弹脚本文件 bullet.js 中。

思考：

- 子弹移出屏幕的处理。
- 子弹的运动轨迹。

```
// 子弹脚本
cc.Class({
    extends: cc.Component,
    // 基本属性设置
```

```
    properties: {
        degree: 45, // 角度
        speed: 800, // 速度
        play_onload: false,
    },
    // LIFE-CYCLE CALLBACKS:
    // onLoad () {},
    start () {
        // 射击
        if (this.play_onload) {
            this.shoot(this.degree, this.speed);
        }
    },
    // 发射子弹的角度
    // 子弹从某个角度射出
    shoot(degree, speed) {
        this.degree = degree;
        this.speed = speed;
        // 子弹的角度
        var r = (this.degree / 180) * Math.PI;
        this.vx = this.speed * Math.cos(r);
        this.vy = this.speed * Math.sin(r);
        this.node.angle = this.degree - 90;
    },
    // 生成子弹
    update (dt) {
        // 子弹射出
        var sx = this.vx * dt;
        var sy = this.vy * dt;
        this.node.x += sx;
        this.node.y += sy;
        // 子弹移出屏幕
        if (this.node.x < -cc.winSize.width * 0.5 ||
            this.node.x > cc.winSize.width * 0.5 ||
            this.node.y < -cc.winSize.height * 0.5 ||
            this.node.y > cc.winSize.height * 0.5) {
            console.log("delete");
            this.node.removeFromParent();
        }
    },
});
```

代码解读：
- 子弹脚本的编写，设置子弹初始属性，包括角度、速度。
- 定义射击方法，子弹以一定的速度沿着某个角度不断改变射击位置（x、y 坐标点）。

子弹预制体如图 16-4 所示。

子弹预制体中的 bullet 节点的 bullet 脚本组件属性设置如图 16-5 所示。

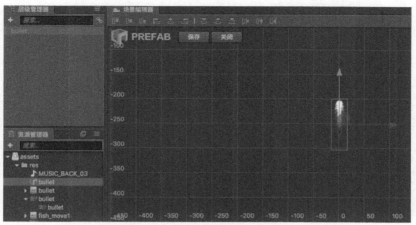

图 16-4　子弹预制体

图 16-5　子弹预制体属性设置

（5）完善 cannon.js 脚本文件，实现整个游戏效果。

🎓思考：炮台自动射击。

```
// 炮台脚本文件
cc.Class({
    extends: cc.Component,
    // 声明
    properties: {
        target: {
            type: cc.Node,
            default: null,
        },
        // 子弹预制体
        bullet_prefab: {
            type: cc.Prefab,
            default: null,
        },
        // 子弹根节点
        bullet_root: {
            type: cc.Node,
            default: null,
        },
        // 每隔 0.2 秒发射一颗子弹
        shoot_time: 0.2,
    },
    // 初始化
    start () {
```

```
        // this this.node →
        this.now_time = this.shoot_time;
    },
    // 发射一颗子弹
    do_shoot() {
        if (this.target === null) {
            return;
        }
        // 获取鱼游动的路径
        var dst = this.target.getComponent("fish").get_next_point();
        // var dst = this.target.getPosition();
        var src = this.node.getPosition();
        // 炮台的方向
        var dir = dst.sub(src);
        var r = Math.atan2(dir.y, dir.x);
        var degree = r * 180 / Math.PI;
        // 获取子弹
        var bullet = cc.instantiate(this.bullet_prefab);
        this.bullet_root.addChild(bullet);
        bullet.setPosition(src);
        // 设置子弹发射的角度
        bullet.getComponent("bullet").shoot(degree, 800);
    },
    // 刷新
    update (dt) {
        if (this.target === null) {
            return;
        }
        // 刷新炮台角度
        var src = this.node.getPosition(); // 炮台的位置
        var dst = this.target.getPosition();
        // 炮台的方向
        var dir = dst.sub(src);
        var r = Math.atan2(dir.y, dir.x);
        var degree = r * 180 / Math.PI;
        this.node.angle = degree - 90;
        // 刷新炮台发射子弹
        this.now_time += dt;
        // 时间比对，决定是否继续射击
        if (this.now_time >= this.shoot_time) {
            this.now_time = 0;
            this.do_shoot();
        }
    },
});
```

代码解读：

- 炮台的角度随着鱼的游动而改变，根据鱼位置的改变获取炮台转动的角度。
- 将炮台的角度传给子弹，调用子弹的射击方法。

（6）运行模拟器即可查看整个游戏效果。

第 17 章 趣味套牛

项目简介：在养殖场中，不同颜色的牛从左向右行走，单击按钮控制套绳套牛。若绳头位置和牛头位置在同一个区域，则套牛成功，否则套牛失败。

项目难点：
- 不断随机产生一头牛。
- 单击按钮控制套绳套牛。
- 判断套牛成功/失败。

项目运行效果如图 17-1 所示。

图 17-1　项目效果

项目流程：
（1）项目初始化，包括项目基本信息设置、项目文件分级、项目资源导入；
（2）游戏场景搭建；
（3）套绳的伸缩控制；
（4）随机产生不同颜色的牛；
（5）套取牛的动画并实现；
（6）控制套绳套牛，判断是否套牛成功；
（7）把项目发布到微信平台。

17.1　项目初始化

本节主要讲解套牛游戏项目的初始化配置：项目初始化创建、项目资源导入、项目文件分级、项目基本文件创建、项目偏好设置。

17.1.1　创建项目

（1）打开 Cocos Creator，选择"新建项目→空白项目"命令，并将项目命名为"cow"。

（2）打开新建项目并运行。

（3）在场景编辑器中编辑场景，设置大小、位置、中心点。

如图 17-2 所示，场景调整工具菜单主要用于调整场景的大小、角度、中心点等。

图 17-2　场景调整工具菜单

17.1.2　项目资源

项目资源的根目录名为 assets，解压之后对应初始化项目中的 assets 目录，只有在这个目录下的资源才会被 Cocos Creator 导入项目并进行管理。

资源管理器可以显示任意层级的目录结构，一个文件图标代表一个文件夹，单击文件夹左边的三角形图标可以展示文件夹的内容。项目文件分级管理的一般方法如下。

（1）在资源管理器中创建三个文件夹，分别为 scenes、scripts 和 res。

- scenes 文件夹：存放项目中所有的游戏场景。
- scripts 文件夹：存放项目中所有的脚本文件。
- res 文件夹：存放项目中所有的资源文件。

（2）在 scenes 文件夹下创建游戏主场景"game_scene"，并设置主场景的相关参数。

（3）将项目需要的资源拖动到 res 文件夹下，如图 17-3 所示。

图 17-3　项目资源

17.2　搭建游戏场景

本节进行套牛游戏的场景搭建，设置游戏主背景、套绳、按钮等。

17.2.1　创建游戏场景

在 Cocos Creator 中，游戏场景是开发时组织游戏内容的中心，也是呈现给玩家所有游戏内容的载体。游戏场景中一般会包括以下内容：

- 场景图片和文字。
- 角色。
- 以组件形式附加在场景节点上的游戏逻辑脚本。

玩家运行游戏时就会载入游戏场景，之后会自动运行所包含组件的游戏脚本，实现逻辑功能。所以除了资源，游戏场景是一切内容创作的基础，现在就新建一个场景。

（1）在资源管理器中选中 assets 目录，确保场景创建在该目录下。

（2）单击资源管理器左上角的加号按钮，在弹出的菜单中选择"Scene"选项。

（3）创建一个名为"New Scene"的场景文件，用鼠标右键单击它并在弹出的快捷菜单中选择"重命名"命令，将其重命名为"game"。

（4）双击"game"文件，就会在场景编辑器和层级编辑器中打开这个场景。

17.2.2　设置游戏场景图片

（1）游戏主背景：套牛场景图。

将资源管理器面板中 res 文件夹下的资料背景图片"bg_index"拖曳至层级管理器的 Canvas 节点下，并将名称改为"bg"。

（2）按钮场景。

在层级管理器面板中创建 UI 节点，将"Button（按钮）"至于 Canvas 节点下，更改名称为"throw_rope"，在其属性检查器面板中设置属性，如图 17-4 所示。

- 将 Sprite 精灵的 Sprite Frame 文件设置为 button_off。
- 设置 Button 组件的按钮状态图片。
- Size Mode：设置图片填充样式为 RAW（自适应填充）。
- 不需要文字：在层级管理器中将 label 删除即可。

（3）套牛绳子场景。

将 res 文件夹下的 rope 资源拖曳至层级管理器面板中的 Canvas 节点下。

用场景编辑器中的工具修改绳子的中心点，因为绳头套住牛才算套牛成功，所以要改变套绳的中心点。

套牛游戏主场景搭建完毕，运行效果如图 17-5 所示。

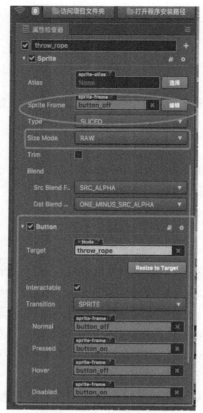

图 17-4 Button 属性设置

图 17-5 游戏场景

17.3　按钮控制套绳套牛

本节主要讲解通过单击按钮控制套绳套牛（移动位置）的实现，包括单击按钮事件、套绳位置改变等。

17.3.1　单击事件

（1）在资源管理器中的 scripts 文件夹下创建 game_scene 脚本文件 。

（2）将脚本文件挂载到 Canvas 节点下，在节点 Canvas 的属性检查器中，选择"添加组件"→"添加用户脚本组件"选项，添加 game_scene 脚本文件。

（3）按钮绑定函数。

在脚本文件 game_scene 中声明按钮单击方法。

```
// 按钮单击方法
on_throw_button_click(){
    console.log("on_throw_button_click");
},
```

在 throw_rope 节点的属性检查器面板中设置单击事件"Click Events"，如图 17-6 所示。

- 1：单击事件数。
- Canvas 节点：单击事件的节点。
- game_scene.js：单击事件的脚本文件。
- on_throw_button_click()：脚本文件中的单击方法。

图 17-6　Button 单击事件

运行模拟器，单击"场景"按钮，在控制台查看打印："on_throw_button_click"。

创建套绳节点对象，脚本文件声明 rope。

```
// 声明变量
properties: {
    / /套绳
    rope:{
        type:cc.Node, // 类型
        default:null, // 默认值
    },
},
```

将节点赋值给变量，从层级管理器面板中将"rope"节点拖曳到 Canvas 节点的属性检查器面板中的 game_scene 脚本组件的 Rope 属性上，如图 17-7 所示。

图 17-7　脚本变量初始值

17.3.2　控制绳子移动

（1）单击按钮控制绳子移动。

```
cc.Class({
    extends: cc.Component,
properties: {
        rope:{ // 套绳
            type:cc.Node,
            default:null,
        },
    },
    // onLoad () {},
start () {
        // 绳子的初始位置
        this.rope.y = -560;
        // this 指当前的组件实例
    },
    // 单击按钮事件
on_throw_button_click(){
        console.log("on_throw_button_click");
        this.rope.y = -560;
        // 控制绳子移动
        var m1 = cc.moveTo(0.5,cc.p(0,59));
        var m2 = cc.moveTo(0.5,cc.p(0,-560));
        // 顺序调用方法
        var seq = cc.sequence([m1,m2]);
        this.rope.runAction(seq);
    },
    // update (dt) {},
});
```

代码解读：定义单击按钮方法，使用 moveTo 方法实现绳子的移动。

（2）运行模拟器，连续单击按钮，绳子移动位置重复，做代码修改。

```
cc.Class({
    extends: cc.Component,
```

```
properties: {
        rope:{ //套绳
            type:cc.Node,
            default:null,
        },
    },
    // onLoad () {},
start () {
        // 绳子初始位置
        this.rope.y = -560;
        // 声明一个布尔值控制按钮单击，避免重复单击操作
        this.is_throwing = false;
},
// 单击按钮事件
    on_throw_button_click(){
        console.log("on_throw_button_click");
        if(this.is_throwing){
            return;
        }
        this.is_throwing = true;
        this.rope.y = -560;
        // 控制绳子移动
        var m1 = cc.moveTo(0.5,cc.p(0,59));
        var m2 = cc.moveTo(0.5,cc.p(0,-560));
        // 完成回调
        var end_func = cc.callFunc(function(){
            this.is_throwing = false;
        }.bind(this));
        // 按顺序依次执行方法
        var seq = cc.sequence([m1,m2,end_func]);
        // runAction
        this.rope.runAction(seq);
    },
// update (dt) {},
});
```

代码解读：

- 在脚本文件中定义单击按钮的方法，控制绳子移动（更改绳子位置）；
- 按顺序调用方法，控制绳子开始移动、移动结束、结束处理；
- 声明一个布尔值，避免用户连续单击按钮，第二次单击操作必须在第一次单击操作完成之后才有效。

17.4　游戏核心——套牛

　　这节主要讲解牛的预制体的制作与使用、游戏动画脚本的编写、牛对象脚本的抽取及核心玩法。

17.4.1　游戏动画脚本

让不同颜色的牛从左向右不断行走，利用动画脚本 frame_anim 来实现，具体步骤如下。

（1）在层级管理器中，创建空节点 cow_root，在此节点下创建空节点 cow（逻辑节点），在 cow 节点下创建节点 anim（动画节点）。

（2）在资源管理器的 scripts 文件夹下创建动画脚本 frame_anim。

📖 思考：

● 不断出现不同颜色的牛；

● 牛离开屏幕的处理。

```
// frame_anim
cc.Class({
    extends: cc.Component,
properties: {
    // 精灵：切换牛的颜色
        sprite_frames : {
            default: [],
            type: cc.SpriteFrame,
        },
        duration: 0.1, // 每帧的时间间隔
        loop: false, // 是否循环播放
        play_onload: false, // 是否在组件加载的时候播放
    },
    // LIFE-CYCLE CALLBACKS
    onLoad () {
        // 判断组件挂载的节点上有没有 cc.Sprite 组件，要显示图片一定要有 cc.Sprite 组件
        var s_com = this.node.getComponent(cc.Sprite);
        if (!s_com) { // 没有 cc.Sprite 组件，所以添加一个 cc.Sprite 组件
            s_com = this.node.addComponent(cc.Sprite);
        }
        this.sprite = s_com; // 精灵组件
        // end
        this.is_playing = false; // 是否正在播放
        this.play_time = 0;
        this.is_loop = false;
        this.end_func = null;
        // 显示第 0 个 frame
        if (this.play_onload) {
            this.sprite.spriteFrame = this.sprite_frames[0];
            if (!this.loop) {
                this.play_once(null);
            }
            else {
```

```
            this.play_loop();
        }
    }
},
start () {
},
// 实现播放一次
play_once: function(end_func) {
    this.play_time = 0;
    this.is_playing = true;
    this.is_loop = false;
    this.end_func = end_func;
},
// end
// 实现循环播放
play_loop: function() {
    this.play_time = 0;
    this.is_playing = true;
    this.is_loop = true;
},
// end
stop_anim: function() {
    this.play_time = 0;
    this.is_playing = false;
    this.is_loop = false;
},
// 每次刷新的时候需要调用的函数，dt 为距离上一次刷新的时间
update (dt) {
    if (this.is_playing === false) { // 没有播放时不做处理
        return;
    }
    this.play_time += dt; // 累计播放时间

    // 计算时间
    var index = Math.floor(this.play_time / this.duration);// 向下取整数
    // index
    if (this.is_loop === false) { // 播放一次
        if (index >= this.sprite_frames.length) { // 非循环播放结束
            // 精灵显示的是最后一帧
            this.sprite.spriteFrame
            = this.sprite_frames[this.sprite_ frames.length - 1];
            // end
            this.is_playing = false;
            this.play_time = 0;
            if (this.end_func) { // 调用回调函数
                this.end_func();
            }
```

```
                    return;
            }
            else {
                this.sprite.spriteFrame = this.sprite_frames[index];
            }
        }
        else { // 循环播放
            while (index >= this.sprite_frames.length) {
                index -= this.sprite_frames.length;
                this.play_time -= (this.duration * this.sprite_frames.
length);
            }
            // 在合法的范围之内
            this.sprite.spriteFrame = this.sprite_frames[index];
            // end
        }
    },
});
```

代码解读：

- 在游戏场景开发中，只要是不断重复出现的场景元素，几乎都需要将其制作成预制体来实现；
- 随机出现不同颜色的牛，其实就是随机在游戏场景中添加牛的预制体，并为生成的预制体更改图片（更改预制体的精灵 Sprite Frame）；
- 牛从左边移动到右边的动画本质就是牛以一定的速度不断改变 x 的值；
- 不断出现的牛，可以通过在每帧刷新时不断添加牛的预制体来实现。

17.4.2　编写游戏逻辑脚本

本节学习如何抽取牛对象，并设置牛对象的属性，实现不同颜色的牛从左向右移动。

（1）在资源管理器的 scripts 文件夹下创建逻辑脚本文件 cow。

```
// 定义 cow_skin 类
var cow_skin = cc.Class({
    name: "cow_skin",
    properties: {
        // 牛动画
        cow_anim: {
            default: [],
            type: cc.SpriteFrame,
        },
    }
});
```

代码解读：定义一个牛的皮肤的类，方便设置牛的皮肤。

随机取一个种类的牛从左向右移动。

```
properties: {
        // 牛的皮肤
        cow_skin_set: {
            default: [],
            type: cow_skin,
        },
    },
    // LIFE-CYCLE CALLBACKS
    onLoad () {
        // this.game_scene = cc.find("UI_ROOT").getComponent("game_scene");
        this.anim_com  =  this.node.getChildByName("anim").addComponent
("frame_anim");
        // 随机数
        this.c_type = Math.random() * 3 + 1;
        // 向下取整
        this.c_type = Math.floor(this.c_type);
        // 牛动画方法
        this._set_cow_anim();
        // 牛从左向右移动的速度
        this.speed = -(200 + Math.random() * 100);
    },
    // 设置动画
    _set_cow_anim: function() {
        // 牛的精灵重置（图片更换）
        this.anim_com.sprite_frames = this.cow_skin_set[this.c_type - 1].
cow_anim;
        this.anim_com.duration = 0.2;
        this.anim_com.play_loop();
    },
```

代码解读：从牛的皮肤数组中随机取一个皮肤给当前出现的牛。

收回离开屏幕的牛，提高性能。

```
    // 场景更新
    update (dt) {
        // 牛移动的速度
        // 更新到最左边时删除，将超出屏幕的牛移除
        var s = this.speed * dt;
        this.node.x += s;
        if (this.node.x <= -510) {
            // this.game_scene.remove_cow(this.node);
            this.node.removeFromParent();
        }
    },
```

代码解读：当牛离开屏幕时将其节点移除，节省资源。

编写 cow 脚本文件。

```
// 定义 cow_skin 类
var cow_skin = cc.Class({
    name: "cow_skin",
    properties: {
        // 牛动画
        cow_anim: {
            default: [],
            type: cc.SpriteFrame,
        },
    }
});
cc.Class({
    extends: cc.Component,
    properties: {
        // 牛的皮肤
        cow_skin_set: {
            default: [],
            type: cow_skin,
        },
    },
    // LIFE-CYCLE CALLBACKS
    onLoad () {
        // this.game_scene = cc.find("UI_ROOT").getComponent("game_scene");
        this. anim_com = this. node.getChildByName("anim"). addComponent
("frame_anim");
        // 随机数
        this.c_type = Math.random() * 3 + 1;
        // 向下取整
        this.c_type = Math.floor(this.c_type);
        // 牛动画方法
        this._set_cow_anim();
        // 牛从左向右移动的速度
        this.speed = -(200 + Math.random() * 100);
    },
    start () {
    },
    // 设置动画
    _set_cow_anim: function() {
        this.anim_com.sprite_frames = this.cow_skin_set[this.c_type - 1].
cow_anim;
        this.anim_com.duration = 0.2;
        this.anim_com.play_loop();
    },
    update (dt) {
        // 牛移动的速度
        // 更新到最左边时删除，将超出屏幕的牛移除
        var s = this.speed * dt;
        this.node.x += s;
        if (this.node.x <= -510) {
```

```
        // this.game_scene.remove_cow(this.node);
        this.node.removeFromParent();
    }
    },
})
```

代码解读：首先编写牛的移动动画，然后为随机出现的牛随机设置皮肤，最后对离开屏幕的牛进行处理。

（2）配置脚本初始值。

在节点 cow 下添加脚本组件 cow，有 3 套牛的皮肤 CowSkinSet，每套皮肤下的牛都有动画 CowAnim，每个动画有 3 帧，对应 3 张图片，如图 17-8 所示。

图 17-8　初始化脚本 cow

将资源管理器 res 文件夹下的图片资源拖曳到属性检查器对应的属性上。

17.4.3　构建牛的预制体

（1）将层级管理器面板中的 cow 节点拖曳到资源管理器面板的 res 文件夹下，形成 cow 模板，这样就可以自动生成预制体了。

（2）将资源管理器面板中的 cow 预制体拖曳到层级管理器的 cow_root 节点下，获取不断出现的牛。

（3）在 game_scene 中获取预制体 。

game_scene 脚本文件声明如下。

```
// 声明
properties: {
        // 绳子
        rope:{
            type:cc.Node, // 类型
```

```
        default:null, // 默认值
    },
    // 牛的预制体
    cow_prefab:{
        type:cc.Prefab, // 类型
        default:null, // 默认值
    },
},
```

代码解读：在脚本文件的 properties 字段中声明预制体，之后就可以在脚本文件中使用该预制体。

17.5　套牛玩法

本节主要讲解套牛游戏的玩法：随机产生不同颜色的牛、判断套牛是否成功。要实现套牛，无非是对位置的判断。

17.5.1　随机产生一头牛

编写主脚本 game_scene 的代码。

（1）随机产生一头牛。

```
properties: {
    cow_prefab:{ // 预制体
        type:cc.Prefab,
        default:null,
    }, cow_root: { // 放置 cow 节点
        type: cc.Node,
        default: null,
    },
},
    start () {
        // 随机产生一头牛
        this.gen_one_cow();
    },
    // 产生一头牛
    gen_one_cow() {
        // 将 cow 预制体添加到 cow_root 节点下
        var cow = cc.instantiate(this.cow_prefab);
        this.cow_root.addChild(cow);
        // 牛的初始位置
        cow.y = -66;
        cow.x = 550;
        // 取随机数
        var time = 3 + Math.random() * 2;
```

```
        this.scheduleOnce(this.gen_one_cow.bind(this), time);
    }
```

代码解读：通过添加牛的预制体在场景中添加牛，并设置牛的初始位置。

（2）game_scene 脚本文件全代码。

```
// game_scene
cc.Class({
    extends: cc.Component,
    properties: {
        rope:{ // 绳子
            type:cc.Node,
            default:null,
        },
        cow_prefab:{ // 预制体
            type:cc.Prefab,
            default:null,
        },
        cow_root: { // 放置 cow 节点
            type: cc.Node,
            default: null,
        },
    },
    // onLoad () {},
    start () {
        // 绳子初始位置
        this.rope.y = -560;
        // 声明布尔值控制按钮连续单击
        this.is_throwing = false;
        // 随机产生一头牛
        this.gen_one_cow();
    },
    // 产生一头牛
    gen_one_cow() {
        // 将 cow 预制体添加到 cow_root 节点下
        var cow = cc.instantiate(this.cow_prefab);
        this.cow_root.addChild(cow);
        cow.y = -66;
        cow.x = 550;
        // 取随机数
        var time = 3 + Math.random() * 2;
        this.scheduleOnce(this.gen_one_cow.bind(this), time);
    },
    // 单击按钮控制套绳
    on_throw_button_click(){
        if (this.is_throwing) {
            return;
        }
```

```
        this.is_throwing = true;
        this.rope.y = -560;
        // 绳子移动
        var m1 = cc.moveTo(0.5, cc.p(0, 59));
        var m2 = cc.moveTo(0.5, cc.p(0, -560));
        // 方法完成回调
        var end_func = cc.callFunc(function() {
            this.is_throwing = false;
        }.bind(this));
        // 顺序执行方法
        var seq = cc.sequence([m1, m2, end_func]);
        this.rope.runAction(seq);
    },
    // update (dt) {},
});
```

代码解读：

- 定义按钮单击方法，通过 moveTo 方法使绳子移动；
- 添加牛的预制体生成牛，通过随机数从牛的皮肤数组中选取皮肤，设置牛的皮肤。

（3）运行模拟器查看效果。

17.5.2 对套牛成功、失败的判断

编写对套牛成功、失败进行判断的主脚本。

（1）判断有没有套住牛。

```
properties: {
    rope:{ // 绳子
        type:cc.Node,
        default:null,
    },
    cow_prefab:{ // 预制体
        type:cc.Prefab,
        default:null,
    },
    cow_root: { // 放置 cow 节点
        type: cc.Node,
        default: null,
    },
    rope_imgs: { // 套牛图片数组
        type: cc.SpriteFrame,
        default: [],
    },
    rope_sprite: { // 绳子精灵
        type: cc.Sprite,
        default: null,
    },
```

```
    },
    // 判断有没有套住牛
    hit_test() {
        // 遍历所有的牛
        for(var i = 0; i < this.cow_root.childrenCount; i ++) {
            var cow = this.cow_root.children[I];
            // 根据牛的位置、套绳中心圈的位置判断有没有套中牛
            if (cow.x >= 98 && cow.x <= 152) { //套牛成功
                return cow;
            }
        }
        return null;
    },
```

代码解读：判断绳子的中心位置和牛头的位置是否会在某一时刻同在某一区域内，若在则套牛成功，若不在则套牛失败。

（2）控制按钮单击进行套牛。

```
    // 单击按钮控制套绳进行套牛
    on_throw_button_click(){
        // 避免重复单击按钮
        if (this.is_throwing) {
            return;
        }
        this.is_throwing = true;
        // 绳子的初始位置
        this.rope.y = -560;
        // 绳子移动
        var m1 = cc.moveTo(0.5, cc.p(0, 59));
        // 扔出绳子，判断有没有套住牛
        var mid_func = cc.callFunc(function() {
            // 调用套牛方法，返回是否套牛成功
            var cow = this.hit_test();
            if (cow) { // 套牛成功
                // 获取套到的牛的类型（哪种皮肤）
                var cow_type = cow.getComponent("cow").c_type;
                // 移除套到的牛
                cow.removeFromParent();
                // 更换套到的牛的图片（更换绳子精灵）
                this.rope_sprite.spriteFrame = this.rope_imgs[cow_type];
                // 修改绳子的位置，使其与牛头重合
                this.rope.y = 143;
            }
        }.bind(this));
        var m2 = cc.moveTo(0.5, cc.p(0, -560));
        // 方法完成回调
        var end_func = cc.callFunc(function() {
```

```
            this.is_throwing = false;
        }.bind(this));
        // 顺序执行方法
        var seq = cc.sequence([m1, mid_func, m2, end_func]);
        // runAction
        this.rope.runAction(seq);
    },
```

代码解读：在单击按钮的方法中实现绳子的移动，并判断绳子的位置，以及是否套牛成功。

（3）game_scene 主脚本实现。

```
// game_scene
cc.Class({
    extends: cc.Component,
    properties: {
        rope:{ // 绳子
            type:cc.Node,
            default:null,
        },
        cow_prefab:{ // 预制体
            type:cc.Prefab,
            default:null,
        },
        cow_root: { // 放置 cow 节点
            type: cc.Node,
            default: null,
        },
        rope_imgs: { // 套牛图片数组
            type: cc.SpriteFrame,
            default: [],
        },
        rope_sprite: { // 绳子精灵
            type: cc.Sprite,
            default: null,
        },
    },
    // onLoad () {},
    // 项目初始化
    start () {
        // 初始绳子的位置
        this.rope.y = -560;
        this.is_throwing = false;
        // 放空绳子
        this.rope_sprite.spriteFrame = this.rope_imgs[0];
        // 随机产生一头牛
        this.gen_one_cow();
    },
    // 产生一头牛
```

```
gen_one_cow() {
    // 将 cow 预制体添加到 cow_root 节点下
    var cow = cc.instantiate(this.cow_prefab);
    this.cow_root.addChild(cow);
    cow.y = -66;
    cow.x = 550;
    // 随机数
    var time = 3 + Math.random() * 2;
    this.scheduleOnce(this.gen_one_cow.bind(this), time);
},
// 判断有没有套住牛
hit_test() {
    // 遍历所有的牛
    for(var i = 0; i < this.cow_root.childrenCount; i ++) {
        var cow = this.cow_root.children[I];
        // 根据牛的位置、套绳中心圈的位置判断有没有套中牛
        if (cow.x >= 98 && cow.x <= 152) { //套牛成功
            return cow;
        }
    }
    return null;
},
// 单击按钮控制套绳套牛
on_throw_button_click(){
    if (this.is_throwing) {
        return;
    }
    this.is_throwing = true;
    this.rope.y = -560;
    // 绳子移动
    var m1 = cc.moveTo(0.5, cc.p(0, 59));
    // 扔出绳子，判断有没有套住牛
    var mid_func = cc.callFunc(function() {
        var cow = this.hit_test();
        if (cow) { // 套牛成功
            // 获取套到的牛的类型（哪种皮肤）
            var cow_type = cow.getComponent("cow").c_type;
            // 移除套到的牛
            cow.removeFromParent();
            // 更换套到的牛的图片（更换绳子精灵）
            this.rope_sprite.spriteFrame = this.rope_imgs[cow_type];
            // 修改绳子的位置，使其与牛头重合
            this.rope.y = 143;
        }
    }.bind(this));
    var m2 = cc.moveTo(0.5, cc.p(0, -560));
    // 方法完成回调
```

```
        var end_func = cc.callFunc(function() {
            this.is_throwing = false;
        }.bind(this));
        // 顺序执行方法
        var seq = cc.sequence([m1, mid_func, m2, end_func]);
        this.rope.runAction(seq);
    },
    // update (dt) {},
});
```

代码解读：

- 主要是对脚本代码进行重构，使其更具有可读性；
- 将游戏中每个方法都抽离出来，通常是按功能抽离。

编辑器展示效果如图 17-9 所示。

图 17-9　编辑器展示效果

运行 Cocos Creator 模拟器，查看并测试套牛游戏效果。

（4）真机预览。

使手机与电脑在同一个局域网下，用手机扫描 Cocos Creator 开发工具右上角的 Wi-Fi 二维码，即可在手机上运行并预览游戏。

17.6　构建发布

本节将介绍使用 Cocos Creator 应用程序将开发完的小游戏发布在微信平台上。

17.6.1　构建发布游戏项目

（1）在 Cocos Creator 应用程序的菜单栏选择"偏好设置→原生开发环境"选项，在打开的页面配置相关路径，如图 17-10 所示。

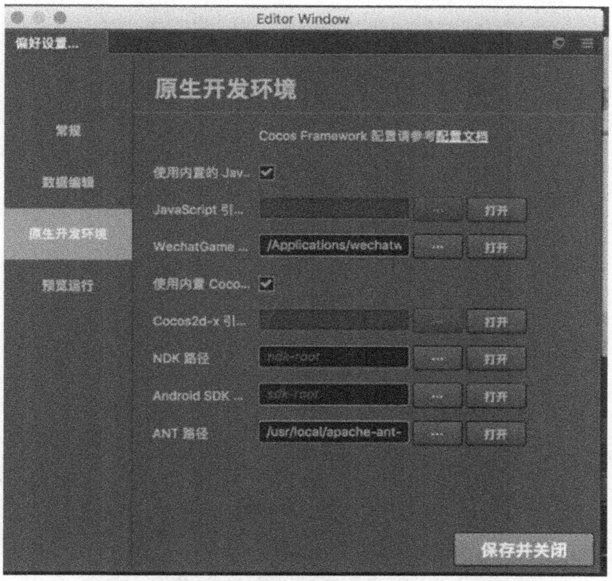

图 17-10　项目配置

- JavaScript 引擎路径：可以使用自带的 engine 路径，也可以设置一个新的路径。
- 使用内置的 JavaScript 引擎：默认勾选该复选框，是否使用 Cocos Creator 自带的 engine 路径作为 JavaScript 引擎的路径，该引擎用于对场景编辑器面板中场景的渲染。
- 使用内置的 Cocos2d-x 引擎：设置 Cocos2d-x 引擎路径，常用于构建发布原生平台。
- WechatGame 路径：微信开发工具的路径，构建发布微信小游戏主要就是设置这个路径。

（2）登录官方微信公众平台，查看 AppID（项目唯一的 ID），如图 17-11 所示。

图 17-11　查看 AppID

（3）在 Cocos Creator 编辑器的构建面板中设置项目名和 AppID。

（4）在 Cocos Creator 编辑器中选择"项目→构建发布"选项，弹出"构建发布"面板。

（5）在"构建发布"面板，选择发布平台为"Wechat Game"，在这里也可以设置初始场景，如图 17-12 所示。

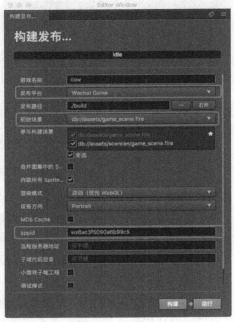

图 17-12　构建项目

（6）在"构建发布"面板中单击"构建"按钮，构建成功之后再单击"运行"按钮，Cocos Creator 编辑器会调用微信开发者工具并运行构建后的游戏项目，如图 17-13 所示。

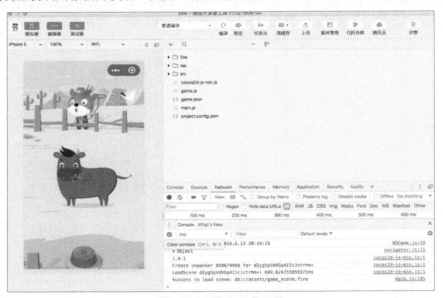

图 17-13　微信开发工具

（7）之后的发布上线工作全部在微信开发者工具上完成。设置发布的域名，将项目直接打包上传到微信公众平台即可完成游戏发布。

　　此时，项目的 build 目录下就会生成一个微信小游戏的发布包，其中已经包含了微信小游戏环境的配置文件：game.json 和 project.config.json，如图 17-14 所示。

图 17-14　项目文件包

17.6.2　微信小游戏

　　针对微信小游戏，微信官方提供了很多原生 SDK 接口供开发者使用，常见的 SDK 接口如下。

- 用户接口：包括登录、授权、用户信息等。
- 微信支付。
- 转发信息：转发信息给个人或微信群。
- 文件的上传、下载。
- 媒体：图片、录音、相机、播放等。
- 其他：位置、设备信息、扫码、NFC 等。

　　在小游戏设计中，设计人员可以利用这些接口设计更风趣的游戏，也可以利用提供的接口实现游戏资源管理、用户设备分析等。

　　在小游戏环境中，微信官方根据微信的特性，对小游戏包做了一定的限制。

- 对小游戏的包内体积（包括所有代码和资源）有一定的限制（目前是 4MB），超出的游戏资源必须通过网络请求下载。
- 对于从远程服务器下载的资源文件，小游戏环境目前没有缓存、过期更新机制。
- 小游戏的包内资源是一次性加载完成的。
- 在小游戏环境下不可以从远程服务器下载脚本文件。

　　基于以上限制，在开发小游戏时要充分考虑游戏的资源管理、游戏场景资源的下载与清除、保证游戏整体的大小等情况。

第 18 章　趣味桌球

项目简介：常见的台球游戏，单击白球，弹出球杆击打其他球，使球进洞；单击"重新开始"按钮，控制游戏进入初始状态，重新开始游戏。

项目难点：

- 对球杆的控制。
- 球之间的碰撞。
- 球与桌子之间的碰撞。
- 对球杆角度的控制。
- 球杆击球进洞。

项目运行效果如图 18-1 所示。

图 18-1　项目运行效果

项目流程：

（1）项目初始化，包括项目基本信息设置、项目文件分级、项目资源导入；

（2）桌球游戏场景搭建；

（3）开启物理引擎；

（4）对球杆的控制；

（5）白球的碰撞检测；

（6）球的碰撞检测；

（7）用球杆击球；

（8）重新开始游戏。

18.1 项目初始化

本节主要讲解桌球游戏项目的初始化配置：项目初始化创建、项目资源导入、项目文件分级、项目基本文件创建、项目偏好设置、场景搭建。

18.1.1 创建项目

（1）使用 Cocos Creator 创建新项目 Ball。

（2）将 Cocos Creator 编辑器中的项目资源添加到资源管理器中。

（3）在层级管理器面板中添加节点，构建初始化游戏场景：游戏背景、桌球、白球、球杆、控制按钮等可见视图，并设置基本属性参数，如图 18-2 所示。

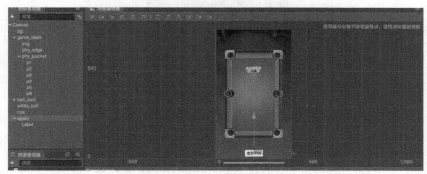

图 18-2　游戏场景

- bg：游戏背景。
- game_table：球桌节点。
- phy_edge：物理边缘，碰撞容器。
- phy_pocket：口袋根节点。
- p1、p2、p3、p4、p5、p6：6 个口袋。
- img：球桌图片。
- ball_root 节点下有 ball1～ball15：15 个球。
- white_ball：白球。
- cue：球杆。
- again：重新开始按钮。

18.1.2 搭建游戏场景

（1）phy_edge 物理边缘一共有 6 个边缘，用于处理球桌与球之间的碰撞，每个边缘在属性检查器中添加碰撞事件，如图 18-3 所示。

桌球一共可以分为 6 个边缘，所以要在属性检查器中添加 6 个 PhysicsBoxCollider。这 6 个边缘用于桌球在球桌上的碰撞处理。第二个边缘如图 18-4 所示。

通过复制粘贴功能快速创建其他桌球边缘，改变桌球边缘的位置（位置都是对称的）即可。所有边缘都添加完毕后如图 18-5 所示。

图 18-3　PhysicsBoxCollider（1）

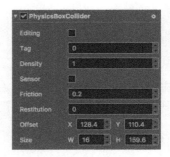

图 18-4　PhysicsBoxCollider（2）

图 18-5　碰撞边缘

（2）创建 6 个口袋，为口袋 p1 添加物理形状 RigidBody，并设置 PhysicsCircleCollider 属性和 RigidBody 的值。由于只做碰撞触发不做碰撞（球要穿过口袋），所以要勾选 Sensor 复选框。在属性检查器面板中设置口袋的属性，如图 18-6 所示。

图 18-6　设置口袋的属性

　　使用复制粘贴功能陆续创建另外 5 个口袋（口袋位置对称），属性设置类似。所有口袋创建完成后效果如图 18-7 所示。

图 18-7　口袋创建完成

　　（3）创建所有的桌球，每个桌球要添加物理形状 RigidBody，并设置 PhysicsCircleCollider 属性及 RogoBody 值。

- Restitution：弹性系数，设置为 1。
- Linear Damping：线性阻力，设为 1（球越转越慢）。
- Angular Damping：转动阻力，设为 1（球越转越慢）。

属性设置如图 18-8 所示。

　　（4）添加白球节点，添加物理形状 RigidBody，并设置 PhysicsCircleCollider 属性及 RogoBody 值。白球节点的属性设置如图 18-9 所示。

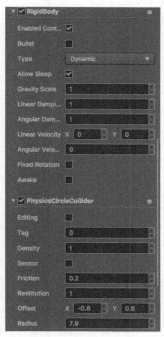

图 18-8　桌球的属性设置　　　　　　图 18-9　白球节点的属性设置

（5）添加球杆节点，添加物理形状 RigidBody，并设置 PhysicsCircleCollider 属性及 RogoBody 值，调整物理区域。要做碰撞检测需选择 EnableContactListener 复选框，如图 18-10 所示。

图 18-10　球杆

（6）添加重新开始游戏节点 again，并设置相关属性。

18.2　脚本编写

本节主要讲解桌球游戏核心功能的脚本编写：开启物理引擎、击打白球的场景实现、碰撞检测及碰撞处理、球杆与白球的碰撞检测、白球与桌面的碰撞检测、白球与其他球的碰撞检测、其他球与桌面的碰撞检测、球与球洞的碰撞检测。

18.2.1　开启物理引擎

开启物理引擎，添加脚本文件 phy.js，并将脚本文件添加到根节点 Canvas 上。

组件化开发：每个开发功能都是由开发组件开始的。

（1）创建一个组件类。

（2）克隆出一个组件类（实例化组件类）。

（3）管理组件实例。

- 运行场景初始化：遍历场景节点→遍历节点上的组件实例→调用组件实例。
- 每次游戏刷新。

```
// 物理引擎脚本
cc.Class({
    extends: cc.Component,
    // 声明
    properties: {
        // 是否显示调试信息
        is_debug: false,
        // 重力加速度是一个向量
        gravity: cc.p(0, -320), // 系统默认值
    },
    // use this for initialization
    // 开启物理引擎
    onLoad: function () {
        // 对游戏引擎的总控制
        // cc.Director, cc.director
        // cc.Director 是一个类, cc.director 是全局的实例
        cc.director.getPhysicsManager().enabled = true; // 开启物理引擎
        // 独立的形状, 打开一个调试区域
```

```
        // 开始调试模式
        if (this.is_debug) {
            // 开启调试信息
            var Bits = cc.PhysicsManager.DrawBits;
            // 要显示的类型
            cc.director.getPhysicsManager().debugDrawFlags = Bits.e_jointBit|
Bits.e_shapeBit;
        }
        else {
            // 关闭调试信息
            cc.director.getPhysicsManager().debugDrawFlags = 0;
        }
        // 重力加速度的配置
        cc.director.getPhysicsManager().gravity = this.gravity;
    },
    // called every frame, uncomment this function to activate update callback
    // update: function (dt) {
    // },
});
```

代码解读：

- 开启物理引擎，使用碰撞检测。
- 对整个项目做一些基本设置，如调试设置。

18.2.2　白球的碰撞检测

编辑脚本文件 white_ball.js，并将脚本文件添加到 white_ball 节点下。

思考：实现触摸时显示球杆，并且球杆的方向和白球到触摸点的方向一致。

```
// 白球脚本
cc.Class({
    extends: cc.Component,
    // 声明
    properties: {
        // 球杆
        cue: {
            type: cc.Node,
            default: null,
        },
        // 判断球杆是隐藏还是显示
        min_dis: 20,
    },
    // LIFE-CYCLE CALLBACKS:
    // onLoad () {},
    // 初始化
    start () {
```

```
        // START(单击)、MOVE(触摸移动)、END(触摸在节点范围内弹起)、CANCEL(接触
        // 在节点范围外弹起)
        this.node.on(cc.Node.EventType.TOUCH_START, function(e) {
        }.bind(this), this);
        // 监听事件 TOUCH_MOVE
        this.node.on(cc.Node.EventType.TOUCH_MOVE, function(e) {
            // 触摸点与白球点
            var w_pos = e.getLocation();
            var dst = this.node.parent.convertToNodeSpaceAR(w_pos);
            var src = this.node.getPosition();
            // 方向
            var dir = cc.pSub(dst, src);
            var len = cc.pLength(dir);
            // 最小距离
            if (len < this.min_dis) {
                // 隐藏球杆
                this.cue.active = false;
                return;
            }
            this.cue.active = true;
            // 球杆旋转角度
            var r = Math.atan2(dir.y, dir.x);
            var degree = r * 180 / Math.PI;
            degree = 360 - degree;
            this.cue.rotation = degree + 180;
            // 球杆的位置
            var cue_pos = dst;
            var cue_len_half = this.cue.width * 0.5;
            cue_pos.x += (cue_len_half * dir.x / len);
            cue_pos.y += (cue_len_half * dir.y / len);
            // 球杆延长后的位置
            this.cue.setPosition(cue_pos);
        }.bind(this), this);
        // 监听事件 TOUCH_END
        this.node.on(cc.Node.EventType.TOUCH_END, function(e) {
        }.bind(this), this);
        // 监听事件 TOUCH_CANCEL
        this.node.on(cc.Node.EventType.TOUCH_CANCEL, function(e) {
        }.bind(this), this);
    },
    // update (dt) {},
});
```

代码解读：

- 编辑白球脚本文件，监听触摸事件。
- 实现球杆与白球的触摸处理，控制球杆的显示或隐藏。
- 实现触摸白球，获取触摸角度，根据触摸角度显示球杆。

18.2.3　球杆击球

（1）编辑脚本文件 cue.js，并将该脚本文件添加到 cue 节点下。

思考：

击球后球杆移动。

球杆的碰撞检测后处理。

碰撞检测如下。

onBeginContact：碰撞开始被调用。

onendedContact：碰撞结束被调用。

onPreSolve：碰撞接触更新前调用。

onPostSolve：碰撞接触更新后调用。

参数如下。

contact：碰撞信息。

selfCollider：自己的碰撞器。

otherCollider：其他碰撞器。

```
// 球杆脚本
cc.Class({
    extends: cc.Component,
    // 声明
    properties: {
        // 大小
        SHOOT_POWER: 18,
    },
    // LIFE-CYCLE CALLBACKS:
    // onLoad () {},
    // 初始化
    start () {
        // 获取body
        this.body = this.getComponent(cc.RigidBody);
    },
    // 用球杆击球
    shoot_at: function(dst) {
        // 冲量：给球杆一个方向的冲量
        // 方向： src→ dst
        var src = this.node.getPosition();
        var dir = cc.pSub(dst, src);
        // 大小
        var cue_len_half = this.node.width * 0.5;
        var len = cc.pLength(dir);
        var distance = len - cue_len_half;
        // end
```

```
            // x、y
            var power_x = distance * this.SHOOT_POWER * dir.x / len;
            var power_y = distance * this.SHOOT_POWER * dir.y / len;
            // applyLinearImpulse(冲量大小向量, 球杆的原点转成世界坐标, true)
            this.body.applyLinearImpulse(cc.p(power_x, power_y), this.node.
convertToWorldSpaceAR(cc.p(0, 0)), true);
        },
        // 碰撞接触更新前调用
        onPreSolve: function(contact, selfCollider, otherCollider) {
            // 隐藏球杆
            this.node.active = false;
        },
        // update (dt) {},
    });
```

代码解读：实现球杆击球处理、球杆与球的碰撞检测处理、球杆力度控制。

（2）编辑 white_ball.js 脚本文件，实现白球的碰撞检测、打开白球的碰撞检测及白球的碰撞处理。

🔘 思考：

- 白球碰撞的情况。
- 白球碰撞后的处理。
- 白球与其他球的碰撞。
- 白球与球桌的碰撞。

```
// 白球脚本
cc.Class({
    extends: cc.Component,
    // 声明
    properties: {
        // 球杆
        cue: {
            type: cc.Node,
            default: null,
        },
        // 判断球杆是隐藏还是显示
        min_dis: 20,
    },
    // LIFE-CYCLE CALLBACKS:
    // onLoad () {},
    // 初始化
    start () {
        // 获取 body 刚体
        this.body = this.getComponent(cc.RigidBody);
        // 引用 cue 脚本
```

```
this.cue_inst = this.cue.getComponent("cue");
this.start_x = this.node.x;
this.start_y = this.node.y;
// START(单击), MOVE (触摸移动), END(触摸在节点范围内弹起), CANCEL (触摸
// 在节点范围外弹起)
this.node.on(cc.Node.EventType.TOUCH_START, function(e) {
}.bind(this), this);
// 监听事件 TOUCH_MOVE
this.node.on(cc.Node.EventType.TOUCH_MOVE, function(e) {
    // 触摸点与白球点
    var w_pos = e.getLocation();
    var dst = this.node.parent.convertToNodeSpaceAR(w_pos);
    var src = this.node.getPosition();
    // 方向
    var dir = cc.pSub(dst, src);
    var len = cc.pLength(dir);
    // 判断
    if (len < this.min_dis) {
      // 隐藏球杆
        this.cue.active = false;
        return;
    }
    this.cue.active = true;
    // 球杆旋转角度
    var r = Math.atan2(dir.y, dir.x);
    var degree = r * 180 / Math.PI;
    degree = 360 - degree;
    this.cue.rotation = degree + 180;
    // 球杆的位置
    var cue_pos = dst;
    var cue_len_half = this.cue.width * 0.5;
    cue_pos.x += (cue_len_half * dir.x / len);
    cue_pos.y += (cue_len_half * dir.y / len);
    // 球杆延长后的位置
    this.cue.setPosition(cue_pos);
}.bind(this), this);
// 监听事件 TOUCH_END
this.node.on(cc.Node.EventType.TOUCH_END, function(e) {
    if(this.cue.active === false) { // 隐藏
        return;
    }
    this.cue_inst.shoot_at(this.node.getPosition());
}.bind(this), this);
// 监听事件 TOUCH_CANCEL
this.node.on(cc.Node.EventType.TOUCH_CANCEL, function(e) {
    if(this.cue.active === false) {
```

```
                return;
            }
            this.cue_inst.shoot_at(this.node.getPosition());
        }.bind(this), this);
    },
    // 重置白球状态
    reset: function() {
        this.node.scale = 1;
        this.node.x = this.start_x;
        this.node.y = this.start_y;
        // 设置线性速度为 0
        this.body.linearVelocity = cc.p(0, 0);
        // 设置旋转速度为 0
        this.body.angularVelocity = 0;
    },
    // 碰撞检测
    // 碰撞开始被调用
    onBeginContact: function(contact, selfCollider, otherCollider) {
        // 白球有可能碰球杆、碰球、碰边缘、进口袋
        if(otherCollider.node.groupIndex == 2) {
            // 间隔 1 秒，要把白球放回原处
            this.node.scale = 0;
            this.scheduleOnce(this.reset.bind(this), 1);
            // end
            return;
        }
    },
    // update (dt) {},
});
```

代码解读：对白球的处理，触摸时球杆的显示、隐藏、角度；白球与球杆的碰撞处理；白球的重置。

18.2.4　球的碰撞检测

添加脚本文件 ball.js，并将该脚本文件添加到节点 ball1～ball15 上。打开所有球的碰撞检测。

思考：

- 球的碰撞检测。
- 球碰撞后的运动轨迹。
- 球与球直接碰撞。
- 球与桌子碰撞。
- 球与球杆的碰撞。

```
// ball 脚本
cc.Class({
    extends: cc.Component,
    // 属性列表，它将被绑定到编辑器上
    properties: {
        value: 1,
    },
    // LIFE-CYCLE CALLBACKS:
    // 组件实例加载时被调用
    onLoad () {
    },
    // 组件实例在开始运行时被调用
    start () {
        // this 指的是当前的组件实例
        this.body = this.getComponent(cc.RigidBody);
        this.start_x = this.node.x;
        this.start_y = this.node.y;
    },
    // 距离上一次刷新的时间
    update (dt) {
    },
    // 重置球的物理状态
    reset: function() {
        this.node.active = true;
        this.node.x = this.start_x;
        this.node.y = this.start_y;
        // 设置线性速度为 0
        this.body.linearVelocity = cc.p(0, 0);
        // 设置旋转速度为 0
        this.body.angularVelocity = 0;
    },
    // 碰撞检测
    // 碰撞开始被调用
    onBeginContact: function(contact, selfCollider, otherCollider) {
        // 白球有可能碰球杆、碰球、碰边缘、碰口袋
        if(otherCollider.node.groupIndex == 2) {
            this.node.active = false;
            return;
        }
    },
});
```

代码解读：

- 主要实现对球的碰撞的检测及处理，球碰撞后的移动、停止。
- 着重考虑的碰撞情况：球与球之间、球与桌面之间、球与球杆之间。在游戏开发中要考虑所有可能发生的情况。

18.2.5　重新开始游戏

（1）添加脚本文件 game_scene.js，并将该脚本文件添加到根节点 Canvas 上，控制游戏重新开始。节点 again 的 Button 属性设置如图 18-11 所示。

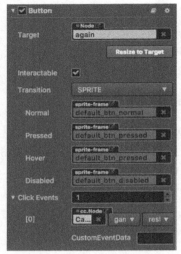

图 18-11　Button 属性

思考：

- 重新开始游戏，重置游戏状态。
- 游戏结束。
- 游戏初始化。

```
// 根节点脚本
// 控制游戏
cc.Class({
    extends: cc.Component,
    // 声明
    properties: {
        // 球的根节点
        ball_root: {
            type: cc.Node,
            default: null,
        },
        // 白球
        white_ball: {
            type: cc.Node,
            default: null,
        },
    },
    // LIFE-CYCLE CALLBACKS
    // onLoad () {},
```

```
    // 初始化
    start () {
        // 游戏是否重新开始
        this.is_game_started = true;
    },
    // 重新开始游戏
    restart_game: function() {
        // 重置球的状态
        for(var i = 0; i < this.ball_root.childrenCount; i ++) {
            var b = this.ball_root.children[i];
            b.getComponent("ball").reset();
        }
        // 重置白球的状态
        this.white_ball.getComponent("white_ball").reset();
        this.is_game_started = true;
    },
    // 游戏结束
    check_game_over: function() {
        for(var i = 0; i < this.ball_root.childrenCount; i ++) {
            var b = this.ball_root.children[i];
            if(b.active === true) {
                return;
            }
        }
        // 游戏结束
        this.is_game_started = false;
        this.scheduleOnce(this.restart_game.bind(this), 5);
    },
    // 刷新
    update (dt) {
        if (!this.is_game_started) {
            return;
        }
        // 是否所有的球都被打入口袋
        // end
    },
});
```

代码解读：

- 管理游戏各个场景间的切换，控制游戏的开始、结束、重新开始。
- 重置所有球的状态。

（2）运行模拟器可查看整个游戏效果。

第 19 章 点我+1

项目简介：单击数字则数字加 1，3 个或以上相同数字相连，产生消除并合并成更大的数字。单击一次步数就减少一步，用完步数游戏结束。连续消除会增加步数，没有步数后查看最后得分。

项目难点：

- 游戏主页面搭建。
- 游戏逻辑编写。
- 得分逻辑。
- 步数更改逻辑。

项目运行效果如图 19-1 所示。

图 19-1　项目运行效果

项目流程：

（1）项目初始化，包括项目基本信息设置、项目文件分级、项目资源导入；

（2）游戏场景搭建；

（3）主游戏页面搭建；

（4）场景跳转；

（5）主游戏逻辑编写；

（6）重新开始游戏。

19.1　项目初始化

本节主要讲解游戏项目的初始化配置：项目初始化创建、项目资源导入、项目文件分级、项目基本文件创建、项目偏好设置、场景搭建。

19.1.1　创建项目

（1）使用 Cocos Creator 编辑器创建新项目点我+1。

（2）在 Cocos Creator 编辑器中添加项目资源到资源管理器。

（3）在层级管理器面板中添加节点，构建初始化游戏场景。

构建开始场景 startScene，如图 19-2 所示。

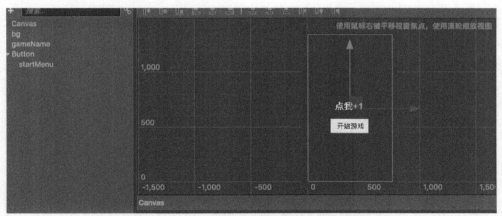

图 19-2　开始场景

- bg：游戏背景。
- gameName：游戏名称节点。
- Button：Button 节点，开始游戏按钮。

19.1.2　搭建游戏场景

在层级管理器面板中添加节点，构建初始化游戏场景。构建游戏主场景 gameScene，如图 19-3 所示。

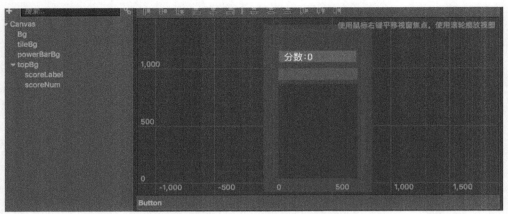

图 19-3　游戏主场景

- Bg：游戏背景。
- topBg：显示分数的根节点。
- scoreLabel：分数文本。
- scoreNum：得分文本。
- powerBarBg：步数根节点。
- titleBg：数字根节点。

19.1.3　搭建游戏结束场景

在层级管理器面板中添加节点，构建初始化游戏场景。构建游戏结束场景 overScene，如图 19-4 所示。

图 19-4　游戏结束场景

- bg：游戏背景。
- Button：游戏返回菜单按钮节点。
- GameText：游戏结束提示文本。
- scoreText：游戏结束时显示得分的根节点。

19.2　开始游戏

本节主要讲解游戏玩法的实现：开始场景的实现、音乐播放、场景切换。

19.2.1　开始游戏页面

为方便对整个项目代码进行管理，添加脚本文件 Colors.js，管理游戏中的颜色。

思考：采用这种管理方式的好处。

```
// 颜色管理
module.exports = {
    startBg:new cc.color(89,69,61,255),
    overBg:new cc.color(89,69,61,255),
    gameBg:new cc.color(89,69,61,255),
    topBg:new cc.color(166,137,194,255),
    tileBg:new cc.color(166,137,194,255),
    powerBarBg:new cc.color(166,137,194,255),
    power:new cc.color(100,107,48,255),
    num1:new cc.color(217,202,184,255),
    num2:new cc.color(191,177,159,255),
    num3:new cc.color(166,133,104,255),
    num4:new cc.color(115,86,69,255),
    num5:new cc.color(64,40,32,255),
    num6:new cc.color(115,100,56,255),
    num7:new cc.color(140,89,70,255),
    num8:new cc.color(115,56,50,255),
    num9:new cc.color(115,32,32,255),
    num10:new cc.color(115,103,88,255),
    num11:new cc.color(140,191,97,255),
    num12:new cc.color(191,146,107,255),
    num13:new cc.color(191,140,11,255),
    num14:new cc.color(213,185,119,255),
    num15:new cc.color(174,192,98,255),
    num16:new cc.color(181,91,82,255),
    num17:new cc.color(107,86,85,255),
    num18:new cc.color(73,58,61,255),
    num19:new cc.color(176,195,98,255),
    num20:new cc.color(232,171,197,255),
    nums:new cc.color(222,153,36,255)
};
```

代码解读：使用脚本文件统一进行属性管理，提升整个代码的可读性，方便开发者对这一属性进行修改与添加操作。

19.2.2 场景切换、播放音乐

（1）实现场景切换，进入游戏。编辑脚本文件 Start.js，将该脚本文件添加到场景 startScene 的根节点 Canvas 上。

思考:

- 场景切换。
- 播放音乐。

```
// 开始游戏
// 引用
var Colors = require("Colors");
cc.Class({
    extends: cc.Component,
    // 声明
    properties: {
        // 游戏名
        gameName:{
            default:null,
            type:cc.Node
        },
        // 背景
        bg:{
            default:null,
            type:cc.Node
        },
        // 开始游戏按钮
        startBtn:{
            default:null,
            type:cc.Node
        },
        // 音乐
        btnEffect:cc.AudioClip
    },
    // 初始化
    onLoad: function () {
        // 背景铺平
        this.bg.width = cc.winSize.width;
        this.bg.height = cc.winSize.height;
        this.bg.setPosition(this.bg.width/2,this.bg.height/2);
        // 取 color 值
        this.bg.color = Colors.startBg;
        // 设置文字
        // 文字忽大忽小的效果
        var action = cc.repeatForever(cc.sequence(cc.scaleTo(1, 1.5),cc.
scaleTo(1,1)));
```

```
            this.gameName.runAction(action);
            this.gameName.setPosition(cc.winSize.width/2,cc.winSize.height/2);
            // 设置按钮
            this.startBtn.setPosition(this.gameName.getPositionX(),this.
gameName.getPositionY()-210);
        },
        // 开始游戏
        startGame:function(){
            // 背景音乐
            cc.audioEngine.playEffect(this.btnEffect);
            // 切换场景
            cc.director.loadScene("gameScene");
        }
        // called every frame, uncomment this function to activate update
callback
        // update: function (dt) {
        // },
    });
```

代码解读：

- 初始化设置游戏开始场景，通过改变开始按钮的尺寸实现按钮忽大忽小的动画效果。
- 实现开始按钮单击方法，播放背景音乐，切换到游戏主场景。

（2）在属性检查器面板中设置 Button 节点的 Button 属性，如图 19-5 所示。

（3）在属性检查器面板中设置根节点 Canvas 的脚本组件 Start 的属性，如图 19-6 所示。

图 19-5　设置 Button 属性

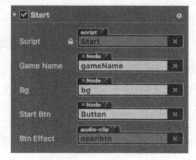

图 19-6　Start 组件属性

openbtn：游戏开始的背景音乐。

（4）运行模拟器查看整个开始游戏页面效果。

19.3 主游戏场景脚本编写

本节主要讲解核心组件等脚本的编码逻辑实现：点我+1 数字检测及处理；游戏重新开始的控制处理。

19.3.1 主游戏页面初始化

（1）编辑脚本文件 Global.js，用于管理游戏的一些数据，提高代码的可读性。

```
// 全局
module.exports = {
    score: 0,
    combo:0,
};
```

制作步数预制体 power，如图 19-7 所示。

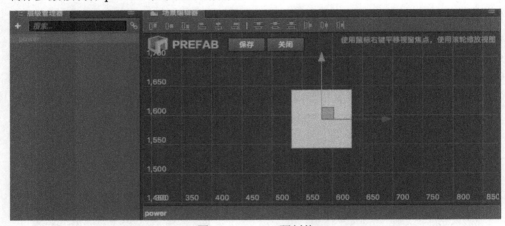

图 19-7　power 预制体

（2）添加脚本文件 Game.js，编辑脚本文件实现步数场景。初始化游戏场景，将脚本文件添加到根节点 Canvas 上。

```
// 游戏主脚本
// 引用
var Global = require("Global");
var Colors = require("Colors");
cc.Class({
    extends: cc.Component,
    // 声明
    properties: {
        // 步数预制体
        powerPre:{
```

```
            default:null,
            type:cc.Prefab
        },
        // 背景
        bg:{
            default:null,
            type:cc.Node
        },
        // 显示分数的根节点
        topBg:{
            default:null,
            type:cc.Node
        },
        // 步数数组
        powers:{
            default:null,
            type:Array
        },
        // 分数
        scoreLabel:{
            default:null,
            type:cc.Label
        },
        // 得分
        scoreNum:{
            default:null,
            type:cc.Label
        },
        // 步数根节点
        powerBarBg:{
            default:null,
            type:cc.Node
        },
        // 声音
        star1:cc.AudioClip,
        star2:cc.AudioClip,
        star3:cc.AudioClip,
        star4:cc.AudioClip,
        star5:cc.AudioClip,
        star6:cc.AudioClip,
        star7:cc.AudioClip,
        bgMusic:cc.AudioClip,
    },
    // 销毁
    onDestroy: function(){
        // 停止播放背景音乐
        cc.audioEngine.stopMusic(this.bgMusic);
    },
```

```
        // 初始化
        onLoad: function () {
            // 播放背景音乐
            cc.audioEngine.playMusic(this.bgMusic,true);
            // 初始化方块数组
            this.tiles = [
                [null,null,null,null,null],
                [null,null,null,null,null],
                [null,null,null,null,null],
                [null,null,null,null,null],
                [null,null,null,null,null]
            ];
            // 步数
            this.powers = [null,null,null,null,null];
            // 背景层
            this.bg.width = cc.winSize.width;
            this.bg.height = cc.winSize.height;
            this.bg.setPosition(-cc.winSize.width/2,-cc.winSize.height/2);
            this.bg.color = Colors.gameBg;
            // 顶部背景层
            this.topBg.width = cc.winSize.width-30;
            this.topBg.height = 100;
            this.topBg.setPosition(-cc.winSize.width/2+15,(cc.winSize.width-
30)/2);
            // 能量条背景层
            this.powerBarBg.width = cc.winSize.width-30;
            this.powerBarBg.height = this.powerBarBg.width/5/2;
            this.powerBarBg.setPosition(15-cc.winSize.width/2,this.topBg.
getPositionY()-200);
            this.powerBarBg.color = Colors.powerBarBg;
            // 方块背景层
            this.tileBg.width = cc.winSize.width-30;
            this.tileBg.height = this.tileBg.width;
            this.tileBg.setPosition(15-cc.winSize.width/2,this.powerBarBg.
getPositionY()-10-this.tileBg.height);
            this.tileBg.color = Colors.tileBg;
            // 生成能量条
            for(var i=0;i<5;i++){
                var power = cc.instantiate(this.powerPre);
                power.width = (this.powerBarBg.width-30)/5;
                power.height = this.powerBarBg.height-10;
                this.powerBarBg.addChild(power);
                power.setPosition(5+(5+power.width)*i+power.width/2,5+power.
height/2);
                power.color = Colors.power;
                this.powers[i] = power;
            };
        },
```

```
    // called every frame, uncomment this function to activate update callback
    // update: function (dt) {
    // }
});
```

代码解读：

- 添加步数预制体到场景中，实现游戏的步数场景；
- 在初始化时播放音乐，在游戏结束时停止音乐播放。

（3）实现数字场景，制作数字预制体 Tile，如图 19-8 所示。

图 19-8　Tile 预制体

- Tile：预制体根节点。
- Label：数字文本，显示数字。

添加脚本文件 Tile.js，并将该脚本文件添加到 Tile 预制体中的 Tile 节点下。属性设置如图 19-9 所示。

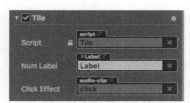

图 19-9　Tile 组件属性

click：单击音乐，音乐资源名称。

```
// 数字预制体脚本
// 引用
var Global = require("Global");
var Colors = require("Colors");
cc.Class({
    extends: cc.Component,
    // 声明
    properties: {
        // 数字
        numLabel:{
```

```
                default:null,
                type:cc.Label
        },
        // 音乐
        clickEffect:cc.AudioClip
    },
    // 初始化
    onLoad: function () {
        var self = this;
        // 触摸事件
        this.node.on(cc.Node.EventType.TOUCH_START,function(event){
            if(!self.game.isCal){
                // 切换音乐
                cc.audioEngine.playEffect(self.clickEffect);
                self.game.isCal = true;
                // 连击将次数归零
                Global.combo = 0;
                cc.audioEngine.playEffect(this.addCoin);
                self.setNum(parseInt(self.numLabel.string)+1,true,false);
            }
        }, this.node);
    },
    // 设置方块数字
    setNum:function(num,exeLogic,playEffect){
        this.game.maxNum = num>this.game.maxNum?num:this.game.maxNum;
        this.numLabel.string = num;
        // 获取颜色
        switch(num){
            case 1:
                this.node.color = Colors.num1;
                break;
            case 2:
                this.node.color = Colors.num2;
                break;
            case 3:
                this.node.color = Colors.num3;
                break;
            case 4:
                this.node.color = Colors.num4;
                break;
            case 5:
                this.node.color = Colors.num5;
                break;
            case 6:
                this.node.color = Colors.num6;
                break;
            case 7:
                this.node.color = Colors.num7;
                break;
```

```
            case 8:
                this.node.color = Colors.num8;
                break;
            case 9:
                this.node.color = Colors.num9;
                break;
            case 10:
                this.node.color = Colors.num10;
                break;
            case 11:
                this.node.color = Colors.num11;
                break;
            case 12:
                this.node.color = Colors.num12;
                break;
            case 13:
                this.node.color = Colors.num13;
                break;
            case 14:
                this.node.color = Colors.num14;
                break;
            case 15:
                this.node.color = Colors.num15;
                break;
            case 16:
                this.node.color = Colors.num16;
                break;
            case 17:
                this.node.color = Colors.num17;
                break;
            case 18:
                this.node.color = Colors.num18;
                break;
            case 19:
                this.node.color = Colors.num19;
                break;
            case 20:
                this.node.color = Colors.num20;
                break;
            default:
                this.node.color = Colors.nums;
                break;
        }
        // 播放特效
        if(playEffect){
            this.node.runAction(cc.sequence(cc.scaleTo(0.15,1.5),cc.
scaleTo(0.15,1)));
        }
    }
```

```
    // called every frame, uncomment this function to activate update
callback
    // update: function (dt) {
    // },
  });
```

代码解读：

- 编辑数字预制体脚本，在脚本文件中初始化数字，以方便在主脚本文件中使用。
- 随机设置数字的 number，并根据数字的 number 设置颜色。

（4）编辑 Game.js 脚本文件，实现主游戏场景。

```
// 游戏主脚本
// 引用
var Global = require("Global");
var Colors = require("Colors");
cc.Class({
    extends: cc.Component,
    // 声明
    properties: {
        // 数字预制体
        tilePre:{
            default:null,
            type:cc.Prefab
        },
        // 步数预制体
        powerPre:{
            default:null,
            type:cc.Prefab
        },
        // 背景
        bg:{
            default:null,
            type:cc.Node
        },
        // 分数根节点
        topBg:{
            default:null,
            type:cc.Node
        },
        // 数字数组
        tiles:{
            default:null,
            type:Array
        },
        // 步数数组
        powers:{
            default:null,
            type:Array
```

```
        },
        // 分数
        scoreLabel:{
            default:null,
            type:cc.Label
        },
        // 得分
        scoreNum:{
            default:null,
            type:cc.Label
        },
        // 数字根节点
        tileBg:{
            default:null,
            type:cc.Node
        },
        // 步数根节点
        powerBarBg:{
            default:null,
            type:cc.Node
        },
        // 声音
        star1:cc.AudioClip,
        star2:cc.AudioClip,
        star3:cc.AudioClip,
        star4:cc.AudioClip,
        star5:cc.AudioClip,
        star6:cc.AudioClip,
        star7:cc.AudioClip,
        bgMusic:cc.AudioClip,
        maxNum:0,
        isCal:false,
    },
    // 销毁
    onDestroy: function(){
        // 停止播放背景音乐
        cc.audioEngine.stopMusic(this.bgMusic);
    },
    // 初始化
    onLoad: function () {
        // 播放背景音乐
        cc.audioEngine.playMusic(this.bgMusic,true);
        // 初始化方块数组
        this.tiles = [
            [null,null,null,null,null],
            [null,null,null,null,null],
            [null,null,null,null,null],
            [null,null,null,null,null],
```

```
        [null,null,null,null,null]
    ];
    // 步数
    this.powers = [null,null,null,null,null];
    // 背景层
    this.bg.width = cc.winSize.width;
    this.bg.height = cc.winSize.height;
    this.bg.setPosition(-cc.winSize.width/2,-cc.winSize.height/2);
    this.bg.color = Colors.gameBg;
    // 顶部背景层
    this.topBg.width = cc.winSize.width-30;
    this.topBg.height = 100;
    this.topBg.setPosition(-cc.winSize.width/2+15,(cc.winSize.width-
30)/2);
    // 能量条背景层
    this.powerBarBg.width = cc.winSize.width-30;
    this.powerBarBg.height = this.powerBarBg.width/5/2;
    this.powerBarBg.setPosition(15-cc. winSize. width/2, this. topBg.
getPositionY()-200);
    this.powerBarBg.color = Colors.powerBarBg;
    // 方块背景层
    this.tileBg.width = cc.winSize.width-30;
    this.tileBg.height = this.tileBg.width;
    this.tileBg.setPosition(15-cc.winSize. width/2, this. powerBarBg.
getPositionY()-10-this.tileBg.height);
    this.tileBg.color = Colors.tileBg;
    // 生成能量条
    for(var i=0;i<5;i++){
        var power = cc.instantiate(this.powerPre);
        power.width = (this.powerBarBg.width-30)/5;
        power.height = this.powerBarBg.height-10;
        this.powerBarBg.addChild(power);
        power.setPosition(5+(5+power.width)*i+power.width/2,5+power.
height/2);
        power.color = Colors.power;
        this.powers[i] = power;
    };
    // 计算生成方块数字的概率
    var gailv = new Array();
    this.maxNum = 8;
    for(var num = 0;num<this.maxNum-3;num++){
        gailv[num] = this.maxNum-3-num;
    }
    var sum = 0;
    for(var num = 0;num<gailv.length;num++){
        sum += gailv[num];
    }
    // 生成初始方块
```

```
        for(var row=0;row<5;row++){
            for(var col = 0;col<5;col++){
                var tile = cc.instantiate(this.tilePre);
                tile.getComponent("Tile").game = this;
                tile.width = (this.tileBg.width-30)/5;
                tile.height = (this.tileBg.height-30)/5;
                var count = 0;
                var maxRandom = 8;
                var randomNum = 0;
                while(true){
                    count++;
                    var arr = new Array();
                    var scanArr = new Array();
                    // 数量判断
                        if(count>10){
                            maxRandom++;
                        }
                        randomNum = Math.ceil(Math.random()*maxRandom);
                    randomNum = Math.random()*sum;
                    var newNum = 0;
                    var min = 0;
                    for(var num = 0;num<gailv.length;num++){
                        if(randomNum>=min&&randomNum<=min+gailv[num]){
                            newNum = num+1;
                            break;
                        }else{
                            min = min + gailv[num];
                        }
                    }
                    tile.getComponent("Tile").setNum(newNum,false,false);
                    tile.setPosition(5+(5+tile.width)*col+tile.width/2,5+
(5+tile.height)*row+tile.height/2);
                    this.tiles[row][col] = tile;
                    this.scanAround(row,col,-1,-1,newNum,arr,scanArr);
                    if(arr.length<3){
                        break;
                    }
                }
                // 引用 Tile 脚本
                tile.getComponent("Tile").setArrPosition(row,col);
                this.tileBg.addChild(tile);
            }
        }
    },
    // called every frame, uncomment this function to activate update callback
    // update: function (dt) {
    // }
});
```

代码解读：

- 声明主游戏中的属性。
- 通过步数预制体添加游戏中的步数。
- 通过数字预制体添加游戏中的数字。

19.3.2　主游戏页面游戏逻辑实现

（1）游戏逻辑的初步编写。

思考：

- 方块变化。
- 方块被销毁。
- 消除方块的逻辑。

```
// 数字预制体脚本
// 引用
var Global = require("Global");
var Colors = require("Colors");
cc.Class({
    extends: cc.Component,
    // 声明
    properties: {
        // 数字
        numLabel:{
            default:null,
            type:cc.Label
        },
        // 音乐
        clickEffect:cc.AudioClip
    },
    // 初始化
    onLoad: function () {
        var self = this;
        // 触摸事件
        this.node.on(cc.Node.EventType.TOUCH_START,function(event){
            if(!self.game.isCal){
                // 切换音乐
                cc.audioEngine.playEffect(self.clickEffect);
                self.game.isCal = true;
                // 连击将次数归零
                Global.combo = 0;
                cc.audioEngine.playEffect(this.addCoin);
                // 设置数字
                self.setNum(parseInt(self.numLabel.string)+1,true,false);
            }
        }, this.node);
```

```
        },
        // 产生新方块
        newTile:function(row,col){
            // 位置
            this.node.setPosition(5+(5+this.node.width)*col+this.node.width/
2,5+(5+this.node.height)*row+this.node.height/2);
            this.node.setScale(0);
            this.node.runAction(cc.scaleTo(0.1,1));
            // 设置方块在数组中的位置
            this.setArrPosition(row,col);
        },
        // 移动到特定点
        moveTo:function(row,col){
            this.row = row;
            this.col = col;
            this.node.stopActionByTag(1);
            // 方块消除移动
            var action = cc.moveTo(0.2,cc.p(5+(5+this.node.width)*col+this.
node.width/2,5+(5+this.node.height)*row+this.node.height/2));
            this.node.runAction(action);
            action.setTag(1);
        },
        // 方块被销毁
        destoryTile:function(){
            // 销毁
            var action = cc.sequence(cc.scaleTo(0.1,0),cc.callFunc(function
(node){
                node.destroy();
            },this.node,this.node));
            this.node.runAction(action);
        },
        // 设置方块在数组中的位置
        setArrPosition:function(row,col){
            this.row = row;
            this.col = col;
        },
        // 设置方块数字
        setNum:function(num,exeLogic,playEffect){
            this.game.maxNum = num>this.game.maxNum?num:this.game.maxNum;
            this.numLabel.string = num;
            // 根据数字获取颜色
            switch(num){
                case 1:
                    this.node.color = Colors.num1;
                    break;
                case 2:
                    this.node.color = Colors.num2;
```

```
            break;
        case 3:
            this.node.color = Colors.num3;
            break;
        case 4:
            this.node.color = Colors.num4;
            break;
        case 5:
            this.node.color = Colors.num5;
            break;
        case 6:
            this.node.color = Colors.num6;
            break;
        case 7:
            this.node.color = Colors.num7;
            break;
        case 8:
            this.node.color = Colors.num8;
            break;
        case 9:
            this.node.color = Colors.num9;
            break;
        case 10:
            this.node.color = Colors.num10;
            break;
        case 11:
            this.node.color = Colors.num11;
            break;
        case 12:
            this.node.color = Colors.num12;
            break;
        case 13:
            this.node.color = Colors.num13;
            break;
        case 14:
            this.node.color = Colors.num14;
            break;
        case 15:
            this.node.color = Colors.num15;
            break;
        case 16:
            this.node.color = Colors.num16;
            break;
        case 17:
            this.node.color = Colors.num17;
            break;
        case 18:
            this.node.color = Colors.num18;
            break;
```

```
        case 19:
            this.node.color = Colors.num19;
            break;
        case 20:
            this.node.color = Colors.num20;
            break;
        default:
            this.node.color = Colors.nums;
            break;
    }
    // 播放特效
    if(playEffect){
      this.node.runAction(cc.sequence(cc.scaleTo(0.15,1.5),cc.scaleTo
(0.15,1)));
    }
    // 消除逻辑
    if(exeLogic){
        // 执行逻辑
        var isMove = this.game.operateLogic(this.row,this.col,parseInt
(this.numLabel.string),true);
        var powers = this.game.powers;
        // 能量条-1
        if(!isMove){
            for (var i = powers.length - 1; i >= 0; i--) {
                if(powers[i]!=null){
                    // 销毁
                    var costBarAction = cc.sequence(cc.scaleTo(0.1,0),
cc.callFunc(function(power){
                        power.destroy();
                    },null,powers[i]));
                    powers[i].runAction(costBarAction);
                    powers[i] = null;
                    break;
                }
            };
            // 游戏结束的逻辑判断：能量条为空
            if(powers[0]==null){
                // 传递分数
                Global.score = this.game.scoreNum.string;
                // 切换到游戏结束场景
                cc.director.loadScene("overScene");
            }
        }
    }
}
// called every frame, uncomment this function to activate update callback
```

```
    // update: function (dt) {
    // },
});
```

代码解读：
- 数字预制体完整的脚本文件；
- 声明了游戏产生新方块的方法、销毁方块的方法，而且声明的方法可供外部使用。

（2）编辑 Game.js 文件实现游戏主逻辑。

思考：
- 消除规则。
- 方块变化（数字、颜色、动画）。

```
// 游戏主脚本
// 引用
var Global = require("Global");
var Colors = require("Colors");
cc.Class({
    extends: cc.Component,
    // 声明
    properties: {
        // 数字预制体
        tilePre:{
            default:null,
            type:cc.Prefab
        },
        // 步数预制体
        powerPre:{
            default:null,
            type:cc.Prefab
        },
        // 背景
        bg:{
            default:null,
            type:cc.Node
        },
        // 分数根节点
        topBg:{
            default:null,
            type:cc.Node
        },
        // 数字数组
        tiles:{
            default:null,
            type:Array
        },
        // 步数数组
```

```
            powers:{
                default:null,
                type:Array
            },
            // 数字根节点
            tileBg:{
                default:null,
                type:cc.Node
            },
            // 步数根节点
            powerBarBg:{
                default:null,
                type:cc.Node
            },
            // 声音
            bgMusic:cc.AudioClip,
            maxNum:0,
            isCal:false,
        },
        // 初始化
        onLoad: function () {
            // 播放背景音乐
            cc.audioEngine.playMusic(this.bgMusic,true);
            // 初始化方块数组
            this.tiles = [
                [null,null,null,null,null],
                [null,null,null,null,null],
                [null,null,null,null,null],
                [null,null,null,null,null],
                [null,null,null,null,null]
            ];
            // 步数
            this.powers = [null,null,null,null,null];
            // 背景层
            this.bg.width = cc.winSize.width;
            this.bg.height = cc.winSize.height;
            this.bg.setPosition(-cc.winSize.width/2,-cc.winSize.height/2);
            this.bg.color = Colors.gameBg;
            // 顶部背景层
            this.topBg.width = cc.winSize.width-30;
            this.topBg.height = 100;
            this.topBg.setPosition(-cc.winSize.width/2+15,(cc.winSize.width-
30)/2);
            // 能量条背景层
            this.powerBarBg.width = cc.winSize.width-30;
            this.powerBarBg.height = this.powerBarBg.width/5/2;
```

```
        this.powerBarBg.setPosition(15-cc.winSize.width/2,this.topBg.
getPositionY()-200);
        this.powerBarBg.color = Colors.powerBarBg;
        // 方块背景层
        this.tileBg.width = cc.winSize.width-30;
        this.tileBg.height = this.tileBg.width;
     this.tileBg.setPosition(15-cc.winSize.width/2,this.powerBarBg.
getPositionY()-10-this.tileBg.height);
        this.tileBg.color = Colors.tileBg;
        // 生成能量条
        for(var i=0;i<5;i++){
            var power = cc.instantiate(this.powerPre);
            power.width = (this.powerBarBg.width-30)/5;
            power.height = this.powerBarBg.height-10;
            // 添加
            this.powerBarBg.addChild(power);
            power.setPosition(5+(5+power.width)*i+power.width/2,5+power.
height/2);
            power.color = Colors.power;
            this.powers[i] = power;
        };
        // 计算生成方块数字的概率
        var gailv = new Array();
        this.maxNum = 8;
        for(var num = 0;num<this.maxNum-3;num++){
            gailv[num] = this.maxNum-3-num;
        }
        var sum = 0;
        for(var num = 0;num<gailv.length;num++){
            sum += gailv[num];
        }
        // 生成初始方块
        for(var row=0;row<5;row++){
            for(var col = 0;col<5;col++){
                var tile = cc.instantiate(this.tilePre);
                // Tile 预制体
                tile.getComponent("Tile").game = this;
                tile.width = (this.tileBg.width-30)/5;
                tile.height = (this.tileBg.height-30)/5;
                var count = 0;
                // var maxRandom = 8;
                var randomNum = 0;
                while(true){
                    count++;
                    var arr = new Array();
                    var scanArr = new Array();
                    // 随机数
```

```
                    randomNum = Math.random()*sum;
                    var newNum = 0;
                    var min = 0;
                    for(var num = 0;num<gailv.length;num++){
                        if(randomNum>=min&&randomNum<=min+gailv[num]){
                            newNum = num+1;
                            break;
                        }else{
                            min = min + gailv[num];
                        }
                    }
                    // 设置数字和颜色
                    tile.getComponent("Tile").setNum(newNum,false,false);
                    // 设置位置
                    tile.setPosition(5+(5+tile.width)*col+tile.width/2,5+
(5+tile.height)*row+tile.height/2);
                    this.tiles[row][col] = tile;
                    // 查看周围数字
                    this.scanAround(row,col,-1,-1,newNum,arr,scanArr);
                    if(arr.length<3){
                        break;
                    }
                }
                tile.getComponent("Tile").setArrPosition(row,col);
                // 添加
                this.tileBg.addChild(tile);
            }
        }
    },
    /*
     * 核心扫描逻辑
     * @param row 指定行
     * @param col 指定列
     * @param lastRow 上次扫描的行
     * @param lastCol 上次扫描的列
     * @param num 扫描要比对的数字
     * @param arr 记录数字相同且彼此相邻的数组
     * @param scanArr 记录扫描过的点的数组
     */
    scanAround:function(row,col,lastRow,lastCol,num,arr,scanArr){
        // cc.log("row:",row,",col:",col,",lastRow:",lastRow,",lastCol:",
        // lastCol,",num:",num,",arr:",arr,",scanArr:",scanArr);
        if(this.tiles[row][col]==null){
            return;
        }
        var isClear = false;
        if(scanArr==undefined){
```

```
            scanArr = new Array();
        }
        // 扫描过的点不再扫描
        if(scanArr.indexOf(row+"#"+col)==-1){
            scanArr.push(row+"#"+col);
        }else{
            return;
        }
        // 扫描上面的数字
        if(row<4&&(lastRow!=(row+1)||lastCol!=col)&&this.tiles[row+1]
[col]!=null){
            var nextNum = parseInt(this.tiles[row+1][col].getComponent
("Tile").numLabel.string);
            if(nextNum==num){
                if(arr.indexOf(row+"#"+col)==-1){
                    arr.push(row+"#"+col);
                }
                this.scanAround(row+1,col,row,col,num,arr,scanArr);
                isClear = true;
            }
        }
        // 扫描下面的数字
        if(row>0&&(lastRow!=(row-1)||lastCol!=col)&&this.tiles[row-1]
[col]!=null){
            var nextNum = parseInt(this.tiles[row-1][col].getComponent
("Tile").numLabel.string);
            if(nextNum==num){
                if(arr.indexOf(row+"#"+col)==-1){
                    arr.push(row+"#"+col);
                }
                this.scanAround(row-1,col,row,col,num,arr,scanArr);
                isClear = true;
            }
        }
        // 扫描左面的数字
        if(col>0&&(lastRow!=row||lastCol!=(col-1))&&this.tiles[row][col-
1]!=null){
            var nextNum = parseInt(this.tiles[row][col-1].getComponent
("Tile").numLabel.string);
            if(nextNum==num){
                if(arr.indexOf(row+"#"+col)==-1){
                    arr.push(row+"#"+col);
                }
                this.scanAround(row,col-1,row,col,num,arr,scanArr);
                isClear = true;
            }
        }
        // 扫描右面的数字
```

```
        if(col<4&&(lastRow!=row||lastCol!=(col+1))&&this.tiles[row]
[col+1]!=null){
            var nextNum = parseInt(this.tiles[row][col+1].getComponent
("Tile").numLabel.string);
            if(nextNum==num){
                if(arr.indexOf(row+"#"+col)==-1){
                    arr.push(row+"#"+col);
                }
                this.scanAround(row,col+1,row,col,num,arr,scanArr);
                isClear = true;
            }
        }
        // 获取某一点四周的数字，然后做数字对比，判断是否要消除
        if(!isClear&&(lastRow!=-1&&lastCol!=-1)){
            var curNum = parseInt(this.tiles[row][col].getComponent
("Tile").numLabel.string)
            if(curNum==num){
                if(arr.indexOf(row+"#"+col)==-1){
                    arr.push(row+"#"+col);
                }
            }
        }
    },
    // 主要操作逻辑
    operateLogic:function(touchRow,touchCol,curNum,isFirstCall){
        // 数组
        var arr = new Array();
        var scanArr = new Array();
        // 查看选定数字周边的数字
        this.scanAround(touchRow,touchCol,-1,-1,curNum,arr,scanArr);
        if(arr.length>=3){
            var addScore = 0;
            for(var index in arr){
                var row = arr[index].split("#")[0];
                var col = arr[index].split("#")[1];
                addScore += parseInt(this.tiles[row][col].getComponent
("Tile").numLabel.string*10);
                if(row!=touchRow||col!=touchCol){
                    // 执行数字方块销毁动作
                    this.tiles[row][col].getComponent("Tile").destoryTile();
                    this.tiles[row][col] = null;
                }else{
                    // 执行数字方块更改动作
                    this.tiles[row][col].getComponent("Tile").setNum
(curNum+1,false,true);
                    this.maxNum = curNum+1>this.maxNum?curNum+1:this.maxNum;
                }
```

```
            }
            // 连击次数+1
            Global.combo++;
            // cc.log("连击次数: "+Global.combo);
            return true;
        }else{
            this.isCal = false;
        }
        return false;
    },
    // 所有方块向下移动
    moveAllTileDown:function(){
        for (var col = 0; col < 5; col++) {
            for (var row = 0; row < 5; row++) {
                if (this.tiles[row][col] != null) {
                    for (var row1 = row; row1 > 0; row1--) {
                        if (this.tiles[row1 - 1][col] == null){
                            //如果方块没有向下移动
                            this.tiles[row1 - 1][col] = this.tiles[row1]
[col];
                            this.tiles[row1][col] = null;
                            this.tiles[row1 - 1][col].getComponent("Tile").
moveTo(row1 - 1, col);
                        }
                    }
                }
            }
        }
        this.scheduleOnce(function() {
            // 计算生成方块数字的概率
            var gailv = new Array();
            for(var num = 0;num<this.maxNum-3;num++){
                gailv[num] = this.maxNum-3-num;
            }
            var sum = 0;
            for(var num = 0;num<gailv.length;num++){
                sum += gailv[num];
            }
            // 0.3s后生成新方块
            for (var col = 0; col < 5; col++) {
                for (var row = 0; row < 5; row++) {
                    if(this.tiles[row][col]==null){
                        var tile = cc.instantiate(this.tilePre);
                        tile.getComponent("Tile").game = this;
                        tile.width = (this.tileBg.width-30)/5;
                        tile.height = (this.tileBg.height-30)/5;
                        var randomNum = Math.random()*sum;
```

```
                    var newNum = 0;
                    var min = 0;
                    for(var num = 0;num<gailv.length;num++){
                        if(randomNum>=min&&randomNum<=min+gailv[num]){
                            newNum = num+1;
                            break;
                        }else{
                            min = min + gailv[num];
                        }
                    }
                    // 设置方块内容
                    tile.getComponent("Tile").setNum(newNum,false,false);
                    tile.getComponent("Tile").newTile(row,col);
                    this.tiles[row][col] = tile;
                    // 添加
                    this.tileBg.addChild(tile);
                }
            }
        }
        // 0.5秒后遍历执行逻辑
        this.scheduleOnce(function() {
            var isSearch = false;
            for (var col = 0; col < 5; col++) {
                for (var row = 0; row < 5; row++) {
                    if(!isSearch){
                        // 检索
                        isSearch   =   this.tiles[row][col]!=null&&this.
operateLogic(row,col,parseInt(this.tiles[row][col].getComponent("Tile").
numLabel.string),false);
                    }
                }
            }
        }, 0.5);
    }, 0.3);
  },
});
```

代码解读：

- 代码包括前面的场景元素初始化构建部分；
- 扫描整个列表中的数字，判断相邻的数字是否符合游戏规则；
- 移动方块、添加新生成的方块。

📋思考：

- 分数变化。
- 步数变化。
- 数字音乐和背景音乐变化。

19.3.3 主游戏页面游戏逻辑完整脚本

（1）完整的 Game.js 脚本文件。

```javascript
// 游戏主脚本
// 引用
var Global = require("Global");
var Colors = require("Colors");
cc.Class({
    extends: cc.Component,
    // 声明
    properties: {
        // 数字预制体
        tilePre:{
            default:null,
            type:cc.Prefab
        },
        // 步数预制体
        powerPre:{
            default:null,
            type:cc.Prefab
        },
        // 背景
        bg:{
            default:null,
            type:cc.Node
        },
        // 分数根节点
        topBg:{
            default:null,
            type:cc.Node
        },
        // 数字数组
        tiles:{
            default:null,
            type:Array
        },
        // 步数数组
        powers:{
            default:null,
            type:Array
        },
        // 分数
        scoreLabel:{
            default:null,
            type:cc.Label
        },
```

```
        // 得分
        scoreNum:{
            default:null,
            type:cc.Label
        },
        // 数字根节点
        tileBg:{
            default:null,
            type:cc.Node
        },
        // 步数根节点
        powerBarBg:{
            default:null,
            type:cc.Node
        },
        // 声音
        star1:cc.AudioClip,
        star2:cc.AudioClip,
        star3:cc.AudioClip,
        star4:cc.AudioClip,
        star5:cc.AudioClip,
        star6:cc.AudioClip,
        star7:cc.AudioClip,
        bgMusic:cc.AudioClip,
        maxNum:0,
        isCal:false,
    },
    // 销毁
    onDestroy: function(){
        // 停止播放背景音乐
        cc.audioEngine.stopMusic(this.bgMusic);
    },
    // 初始化
    onLoad: function () {
        // 播放背景音乐
        cc.audioEngine.playMusic(this.bgMusic,true);
        // 初始化方块数组
        this.tiles = [
            [null,null,null,null,null],
            [null,null,null,null,null],
            [null,null,null,null,null],
            [null,null,null,null,null],
            [null,null,null,null,null]
        ];
        // 步数
        this.powers = [null,null,null,null,null];
        // 背景层
        this.bg.width = cc.winSize.width;
```

```
        this.bg.height = cc.winSize.height;
        this.bg.setPosition(-cc.winSize.width/2,-cc.winSize.height/2);
        this.bg.color = Colors.gameBg;
        // 顶部背景层
        this.topBg.width = cc.winSize.width-30;
        this.topBg.height = 100;
        this.topBg.setPosition(-cc.winSize.width/2+15,(cc.winSize.width-
30)/2);
        // 能量条背景层
        this.powerBarBg.width = cc.winSize.width-30;
        this.powerBarBg.height = this.powerBarBg.width/5/2;
        this.powerBarBg.setPosition(15-cc. winSize. width/2, this. topBg.
getPositionY()-200);
        this.powerBarBg.color = Colors.powerBarBg;
        // 方块背景层
        this.tileBg.width = cc.winSize.width-30;
        this.tileBg.height = this.tileBg.width;
        this.tileBg.setPosition(15-cc.winSize. width/2, this. powerBarBg.
getPositionY()-10-this.tileBg.height);
        this.tileBg.color = Colors.tileBg;
        // 生成能量条
        for(var i=0;i<5;i++){
            var power = cc.instantiate(this.powerPre);
            power.width = (this.powerBarBg.width-30)/5;
            power.height = this.powerBarBg.height-10;
            // 添加
            this.powerBarBg.addChild(power);
            power.setPosition(5+(5+power.width)*i+power.width/2,5+power.
height/2);
            power.color = Colors.power;
            this.powers[i] = power;
        };
        // 计算生成方块数字的概率
        var gailv = new Array();
        this.maxNum = 8;
        for(var num = 0;num<this.maxNum-3;num++){
            gailv[num] = this.maxNum-3-num;
        }
        var sum = 0;
        for(var num = 0;num<gailv.length;num++){
            sum += gailv[num];
        }
        // 生成初始方块
        for(var row=0;row<5;row++){
            for(var col = 0;col<5;col++){
                var tile = cc.instantiate(this.tilePre);
                // Tile 预制体
                tile.getComponent("Tile").game = this;
```

```
                tile.width = (this.tileBg.width-30)/5;
                tile.height = (this.tileBg.height-30)/5;
                var count = 0;
                // var maxRandom = 8;
                var randomNum = 0;
                while(true){
                    count++;
                    var arr = new Array();
                    var scanArr = new Array();
                    // if(count>10){
                    //     maxRandom++;
                    // }
                    // randomNum = Math.ceil(Math.random()*maxRandom);
                    randomNum = Math.random()*sum;
                    var newNum = 0;
                    var min = 0;
                    for(var num = 0;num<gailv.length;num++){
                        if(randomNum>=min&&randomNum<=min+gailv[num]){
                            newNum = num+1;
                            break;
                        }else{
                            min = min + gailv[num];
                        }
                    }
                    // 设置数字、颜色
                    tile.getComponent("Tile").setNum(newNum,false,false);
                    // 设置位置
                    tile.setPosition(5+(5+tile.width)*col+tile.width/2,5+
(5+tile.height)*row+tile.height/2);
                    this.tiles[row][col] = tile;
                    // 查看周围的数字
                    this.scanAround(row,col,-1,-1,newNum,arr,scanArr);
                    if(arr.length<3){
                        break;
                    }
                }
                tile.getComponent("Tile").setArrPosition(row,col);
                // 添加
                this.tileBg.addChild(tile);
            }
        }
    },
    /*
     * 核心扫描逻辑
     * @param row 指定行
     * @param col 指定列
     * @param lastRow 上次扫描的行
```

```
    * @param lastCol 上次扫描的列
    * @param num 扫描要比对的数字
    * @param arr 记录数字相同且彼此相邻的数组
    * @param scanArr 记录扫描过的点的数组
    */
   scanAround:function(row,col,lastRow,lastCol,num,arr,scanArr){
       // cc.log("row:",row,",col:",col,",lastRow:",lastRow,",lastCol:",
       // lastCol,",num:",num,",arr:",arr,",scanArr:",scanArr);
       if(this.tiles[row][col]==null){
           return;
       }
       var isClear = false;
       if(scanArr==undefined){
           scanArr = new Array();
       }
       // 扫描过的点不再扫描
       if(scanArr.indexOf(row+"#"+col)==-1){
           scanArr.push(row+"#"+col);
       }else{
           return;
       }
       // 扫描上面的数字
       if(row<4&&(lastRow!=(row+1)||lastCol!=col)&&this.tiles[row+1]
[col]!=null){
           var nextNum = parseInt(this.tiles[row+1][col].getComponent
("Tile").numLabel.string);
           if(nextNum==num){
               if(arr.indexOf(row+"#"+col)==-1){
                   arr.push(row+"#"+col);
               }
               this.scanAround(row+1,col,row,col,num,arr,scanArr);
               isClear = true;
           }
       }
       // 扫描下面的数字
       if(row>0&&(lastRow!=(row-1)||lastCol!=col)&&this.tiles[row-1]
[col]!=null){
           var nextNum = parseInt(this.tiles[row-1][col].getComponent
("Tile").numLabel.string);
           if(nextNum==num){
               if(arr.indexOf(row+"#"+col)==-1){
                   arr.push(row+"#"+col);
               }
               this.scanAround(row-1,col,row,col,num,arr,scanArr);
               isClear = true;
           }
       }
       // 扫描左面的数字
```

```
        if(col>0&&(lastRow!=row||lastCol!=(col-1))&&this.tiles[row][col-
1]!=null){
            var nextNum = parseInt(this.tiles[row][col-1].getComponent
("Tile").numLabel.string);
            if(nextNum==num){
                if(arr.indexOf(row+"#"+col)==-1){
                    arr.push(row+"#"+col);
                }
                this.scanAround(row,col-1,row,col,num,arr,scanArr);
                isClear = true;
            }
        }
        // 扫描右面的数字
        if(col<4&&(lastRow!=row||lastCol!=(col+1))&&this.tiles[row][col+1]!
=null){
            var nextNum = parseInt(this.tiles[row][col+1].getComponent
("Tile").numLabel.string);
            if(nextNum==num){
                if(arr.indexOf(row+"#"+col)==-1){
                    arr.push(row+"#"+col);
                }
                this.scanAround(row,col+1,row,col,num,arr,scanArr);
                isClear = true;
            }
        }
        // 获取某一点四周的数字，然后做数字对比，判断是否要消除
        if(!isClear&&(lastRow!=-1&&lastCol!=-1)){
            var curNum = parseInt(this.tiles[row][col]. getComponent
("Tile").numLabel.string)
            if(curNum==num){
                if(arr.indexOf(row+"#"+col)==-1){
                    arr.push(row+"#"+col);
                }
            }
        }
    },
    // 主要操作逻辑
    operateLogic:function(touchRow,touchCol,curNum,isFirstCall){
        // 数组
        var arr = new Array();
        var scanArr = new Array();
        // 查看选定数字周边的数字
        this.scanAround(touchRow,touchCol,-1,-1,curNum,arr,scanArr);
        if(arr.length>=3){
            var addScore = 0;
            for(var index in arr){
                var row = arr[index].split("#")[0];
```

```
                    var col = arr[index].split("#")[1];
                    addScore  += parseInt(this.tiles[row][col].getComponent
("Tile"). numLabel.string*10);
                    if(row!=touchRow||col!=touchCol){
                        // 执行数字方块销毁动作
                        this.tiles[row][col].getComponent("Tile").destoryTile();
                        this.tiles[row][col] = null;
                    }else{
                        // 执行数字方块更改动作
                        this.tiles[row][col].getComponent("Tile").setNum
(curNum+1, false,true);
                        this.maxNum = curNum+1>this.maxNum?curNum+1:this.maxNum;
                    }
                }
            // 更新分数
            this.scoreNum.string = parseInt(this.scoreNum.string)+addScore;
            this.scheduleOnce(function() {
                // 0.1秒后所有方块向下移动
                this.moveAllTileDown();
            },0.1);
            // 更新步数（能量条）
            if(!isFirstCall){
                // 能量条补充一格（步数）
                for(var i=0;i<5;i++){
                    if(this.powers[i]==null){
                        var power = cc.instantiate(this.powerPre);
                        power.width = (this.powerBarBg.width-30)/5;
                        power.height = this.powerBarBg.height-10;
                        // 添加步数
                        this.powerBarBg.addChild(power);
                        power.setPosition(5+(5+power.width)*i+power.width/
2,5+ power.height/2);

                        power.color = Colors.power;
                        power.setScale(0);
                        power.runAction(cc.scaleTo(0.1,1));
                        this.powers[i] = power;
                        break;
                    }
                };
            }
            // 连击次数+1
            Global.combo++;
            // cc.log("连击次数："+Global.combo);
            // 播放音效
            // 每个数字对应一个音乐
            switch(Global.combo){
                case 1:
```

```
                    cc.audioEngine.playEffect(this.star1);
                break;
                case 2:
                    cc.audioEngine.playEffect(this.star2);
                break;
                case 3:
                    cc.audioEngine.playEffect(this.star3);
                break;
                case 4:
                    cc.audioEngine.playEffect(this.star4);
                break;
                case 5:
                    cc.audioEngine.playEffect(this.star5);
                break;
                case 6:
                    cc.audioEngine.playEffect(this.star6);
                break;
                case 7:
                    cc.audioEngine.playEffect(this.star7);
                break;
                default:
                    cc.audioEngine.playEffect(this.star7);
                break;
            }
            return true;
        }else{
            this.isCal = false;
        }
        return false;
    },
    // 所有方块向下移动
    moveAllTileDown:function(){
        for (var col = 0; col < 5; col++) {
            for (var row = 0; row < 5; row++) {
                if (this.tiles[row][col] != null) {
                    for (var row1 = row; row1 > 0; row1--) {
                        if (this.tiles[row1 - 1][col] == null){
                            //如果没有方块向下移动
                            this.tiles[row1 - 1][col] = this.tiles[row1]
[col];
                            this.tiles[row1][col] = null;
                            this.tiles[row1 - 1][col].getComponent("Tile").
moveTo(row1 - 1, col);
                        }
                    }
                }
            }
        }
```

```
this.scheduleOnce(function() {
    // 计算生成方块数字的概率
    var gailv = new Array();
    // for(var num = 0;num<this.maxNum;num++){
    //     gailv[num] = 0;
    // }
    for(var num = 0;num<this.maxNum-3;num++){
        gailv[num] = this.maxNum-3-num;
    }
    // for(var num = 0;num<this.maxNum;num++){
    //     for (var col = 0; col < 5; col++) {
    //         for (var row = 0; row < 5; row++) {
    //                       if(this.tiles[row][col]!=null&&parseInt
    // (this.tiles[row][col].getComponent("Tile").numLabel.string)
    // ==num+1){
    //                  gailv[num]+=1;
    //             }
    //         }
    //     }
    // }
    var sum = 0;
    for(var num = 0;num<gailv.length;num++){
        sum += gailv[num];
    }
    // 0.3秒后生成新方块
    for (var col = 0; col < 5; col++) {
        for (var row = 0; row < 5; row++) {
            if(this.tiles[row][col]==null){
                var tile = cc.instantiate(this.tilePre);
                tile.getComponent("Tile").game = this;
                tile.width = (this.tileBg.width-30)/5;
                tile.height = (this.tileBg.height-30)/5;
                // var maxRandom = this.maxNum;
                // var randomNum = Math.ceil(Math.random() * maxRandom);
                var randomNum = Math.random()*sum;
                var newNum = 0;
                var min = 0;
                for(var num = 0;num<gailv.length;num++){
                    if(randomNum>=min&&randomNum<=min+gailv[num]){
                        newNum = num+1;
                        break;
                    }else{
                        min = min + gailv[num];
                    }
                }
                // 设置方块内容
                tile.getComponent("Tile").setNum(newNum,false,false);
                tile.getComponent("Tile").newTile(row,col);
                this.tiles[row][col] = tile;
```

```
                            // 添加
                            this.tileBg.addChild(tile);
                        }
                    }
                }
                // 0.5秒后遍历执行逻辑
                this.scheduleOnce(function() {
                    var isSearch = false;
                    for (var col = 0; col < 5; col++) {
                        for (var row = 0; row < 5; row++) {
                            if(!isSearch){
                                // 检索
                                isSearch = this. tiles[row][col]!= null&&this.
operateLogic(row, col, parseInt(this. tiles[row][col]. getComponent("Tile").
numLabel.string),false);
                            }
                        }
                    }
                }, 0.5);
            }, 0.3);
        },
        // called every frame, uncomment this function to activate update callback
        // update: function (dt) {
        // }
    });
```

代码解读：
- 根据是否得分更改分数；
- 根据是否得分更改游戏步数；
- 设置触摸数字的声音及声音的切换。

（2）运行模拟器查看整个主游戏页面效果。

19.4　游戏结束页面

本节主要讲解游戏玩法的实现：游戏重新开局的控制处理。

（1）实现游戏结束页面，显示得分。添加脚本文件 Over.js，并将该脚本文件添加到场景 overScene 的根节点 Canvas 上。

根节点 Canvas 的 Over 脚本组件属性设置如图 19-10 所示。

- over：声音文件。
- addcoin：声音文件。
- closebtn：声音文件。
- scoreLabel：得分节点。

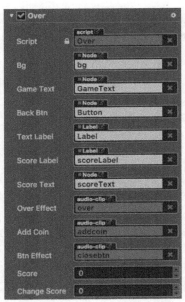

图 19-10　Over 脚本组件属性

思考:

- 得分显示 (数据传递)。

- 返回游戏开始页面。

```
// 游戏结束脚本
// 引用
var Global = require("Global");
var Colors = require("Colors");
cc.Class({
    extends: cc.Component,
    // 声明
    properties: {
        // 背景
        bg:{
            default:null,
            type:cc.Node
        },
        // 结束游戏文本
        gameText:{
            default:null,
            type:cc.Node
        },
        // 回到菜单按钮
        backBtn:{
            default:null,
            type:cc.Node
        },
```

```
        textLabel:{
            default:null,
            type:cc.Label
        },
        // 得分文件
        scoreLabel:{
            default:null,
            type:cc.Label
        },
        // 得分节点
        scoreText:{
            default:null,
            type:cc.Node
        },
        // 声音
        overEffect:cc.AudioClip,
        addCoin:cc.AudioClip,
        btnEffect:cc.AudioClip,
        score:0,
        changeScore:0,
    },
    // 初始化
    onLoad: function () {
        // 背景层
        this.bg.width = cc.winSize.width;
        this.bg.height = cc.winSize.height;
        this.bg.setPosition(this.bg.width/2,this.bg.height/2);
        this.bg.color = Colors.overBg;
        // 文字层，文字忽大忽小
        this.gameText.setPosition(cc.winSize.width/2,cc.winSize.height/2);
        var action = cc.repeatForever(cc.sequence(cc.scaleTo(1, 1.5),cc.
scaleTo(1,1)));
        this.gameText.runAction(action);
        // 播放结束音效
        cc.audioEngine.playEffect(this.overEffect);
        // 分数
        this.scoreText.setPosition(this.gameText.getPositionX(),this.
gameText.getPositionY()+200);
        this.score = Global.score;
        this.schedule(this.updateScore,0.1,cc.REPEAT_FOREVER,2);
        // 单击分数立即加到最高分数
        var self = this;
        this.bg.on(cc.Node.EventType.TOUCH_START,function(event){
            cc.log("score text touch");
            // 声音
            cc.audioEngine.playEffect(self.addCoin);
```

```
                // 分数
                self.changeScore = self.score;
                self.scoreLabel.string = "最终分数: "+self.changeScore;
            }, this.bg);
            // 返回按钮
            this. backBtn. setPosition(this. gameText. getPositionX(), this.
gameText. getPositionY()-200);
        },
        // 刷新分数
        updateScore(){
            if(this.score<=this.changeScore){
                this.unschedule(this.updateScore);
            }
            this.changeScore += 20;
            this.changeScore = this.changeScore>this.score?this.score:this.
changeScore;
            // 添加音效
            cc.audioEngine.playEffect(this.addCoin);
            this.scoreLabel.string = "最终分数: "+this.changeScore;
        },
        // 回到游戏开始页面
        back:function(){
            // 将分数清零
            Global.score = 0;
            // 音乐切换
            cc.audioEngine.playEffect(this.btnEffect);
            // 回到开始页面
            cc.director.loadScene("startScene");
        }
        // called every frame, uncomment this function to activate update callback
        // update: function (dt) {
        // },
    });
```

代码解读：

● 游戏结束后重新开始游戏，切换游戏场景，重置游戏；

● 记录最高分，并显示在结束页面。

（2）运行模拟器查看游戏结束页面效果。

（3）运行模拟器查看整个游戏效果。

第 20 章　跑酷

项目简介：通过键盘控制熊猫奔跑、跳跃并收集金币，J 键控制熊猫跳跃、D 键控制熊猫向前跑、A 键控制熊猫向后跑。

项目难点：

- 循环跑酷背景。
- 随机生成金币。
- 随机生成台阶。
- 控制熊猫跳跃、奔跑。
- 控制熊猫收集金币。

项目运行效果如图 20-1 所示。

图 20-1　项目运行效果

项目流程：

（1）项目初始化，包括项目基本信息设置、项目文件分级、项目资源导入；

（2）游戏场景搭建；

（3）循环背景的实现；

（4）金币随机生成的实现；

（5）熊猫动画；

（6）控制熊猫跳跃、奔跑；

（7）控制熊猫收集金币。

20.1　项目初始化

本节主要讲解熊猫跑酷游戏项目的初始化配置：项目初始化创建、项目资源导入、项目文件分级、项目基本文件创建、项目偏好设置、场景搭建。

（1）用 Cocos Creator 编辑器创建新项目 RunningPanda。

（2）在 Cocos Creator 编辑器中添加项目资源到资源管理器。

（3）在层级管理器中添加节点，构建初始化游戏场景：游戏背景、云彩、台阶、金币、熊猫等可见视图，并设置基本属性参数，如图 20-2 所示。

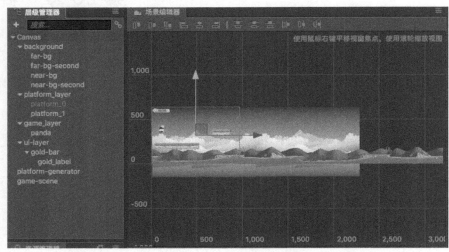

图 20-2　游戏场景

- background：游戏背景。
- far-bg：游戏左半区域云彩背景。
- far-bg-second：游戏右半区域云彩背景。
- near-bg：游戏下方的山水背景。
- near-bg-second：游戏下方的山水背景，与 near-bg 相连。
- platform_layer：台阶根节点。
- platform_0：台阶 0。
- platform_1：台阶 1。
- game_layer：角色根节点。
- panda：熊猫。
- ui-layer：收集金币的根节点。
- gold-bar：收集金币的背景。
- gold_label：收集的金币数。
- platform-generator：游戏中金币的根节点。
- game-scene：游戏初始的根节点。

20.2　游戏场景实现

本节主要讲解实现不断循环的游戏背景、不断移动的山和水。

20.2.1　循环的游戏场景

实现背景循环和不断移动。添加脚本文件 background.js，并将该脚本文件添加到 background 节点下。

思考：

- 背景以一定的速度移动。
- 背景从屏幕中移除的处理。

```
// 背景脚本
// 实现循环移动背景
cc.Class({
    extends: cc.Component,
    // 声明
    properties: {
        // 山水背景
        near_bg: [cc.Node],
        // 云彩背景
        far_bg: [cc.Node],
        // 山水背景移动速度
        near_speed: 5,
        // 云彩背景移动速度
        far_speed: 0.5,
    },
    // 初始化
    onLoad: function () {
        // 设置游戏背景——云彩
        this.fixBgPos(this.far_bg[0], this.far_bg[1]);
        // 设置游戏背景——山水
        this.fixBgPos(this.near_bg[0], this.near_bg[1]);
    },
    // 背景的位置
    fixBgPos: function (bg1, bg2)
    {
        bg1.x = 0;
        // 获得控件大小
        var bg1BoundingBox = bg1.getBoundingBox();
        bg2.setPosition(bg1BoundingBox.xMax, bg1BoundingBox.yMin);
    },
    // 刷新
    update: function (dt)
    {
        // 不断刷新山水背景和云彩背景
```

```
        // 不断移动背景
        this.bgMove(this.far_bg, this.far_speed);
        this.bgMove(this.near_bg, this.near_speed);
        // 检查背景是否要重置
        this.checkBgReset(this.far_bg);
        this.checkBgReset(this.near_bg);
    },
    // 移动背景
    bgMove:function(bgList, speed)
    {   // 限制移动速度
        for (var index = 0; index < bgList.length; index++)
        {
            var element = bgList[index];
            element.x -= speed;
        }
    },
    // 检查背景是否要重置
    checkBgReset:function(bgList)
    {
        var winSize = cc.director.getWinSize();
        // 首个背景的 x
        var first_xMax = bgList[0].getBoundingBox().xMax;
        // 判断是否需要移除离开屏幕的背景
        if (first_xMax <= 0)
        {
            // 删除第一个数组中的元素
            var preFirstBg = bgList.shift();
            // 将删除的元素添加到末尾
            bgList.push(preFirstBg);
            // 当前背景
            var curFirstBg = bgList[0];
            preFirstBg.x = curFirstBg.getBoundingBox().xMax;
        }
    }
});
```

代码解读：
- 通过移动背景实现游戏场景循环移动的效果。
- 设置背景的移动速度。

20.2.2 不断出现的台阶

（1）制作台阶预制体。

制作台阶预制体 platform_0，如图 20-3 所示。

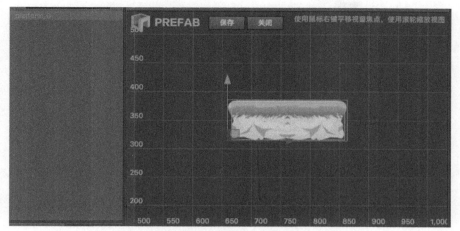

图 20-3　platform_0 预制体

节点 platform_0 的属性设置如图 20-4 所示。

图 20-4　platform_0 的属性设置

利用同样的方法依次制作预制体 platform_1、platform_2、platform_3、platform_4。

（2）实现不断生成台阶。

添加脚本文件 platform-generator.js，并将该脚本文件添加到节点 platform-generator 上。

📋思考：

- 台阶随机生成。
- 台阶离开屏幕的处理。
- 台阶的高度（防止台阶太高熊猫跳不过去）。

```
// 台阶脚本
cc.Class({
    extends: cc.Component,
```

```
// 声明
properties: {
    // 台阶数组
    platform_list:[],
    // 移动速度
    move_speed:0.1,
    // 台阶预制体
    platform_prafab: [cc.Prefab],
    // 台阶根节点
    platform_layer: cc.Node,
    // 台阶最大移动速度
    maxMoveSpeed:8,
},
// 初始化数据
initPlatforms: function (list) {
    // 台阶数组
    this.platform_list = list;
    list.forEach(function(element) {
        element.setAnchorPoint(0, 0);
    }, this);
},
// 台阶生成
generate: function (last_platform) {
    //随机的 N 种台阶
    var random_num = Math.random() * 4;
    random_num = Math.floor(random_num);
    // 初始化台阶
    var platform_temp =cc.instantiate(this.platform_prafab[random_num]);
    platform_temp.setAnchorPoint(0,0);
    /**
     *设置坐标
     */
    //x
    var layer_size = this.platform_layer.getContentSize();
    platform_temp.x = layer_size.width;
    //随机 Y 值
    platform_temp.y = Math.random() * (layer_size.height - 100);
    cc.log(platform_temp.y);
    //防止台阶过高，熊猫跳不上去
    var max_offy = 100;
    if (platform_temp.y > last_platform.y + max_offy) {
        platform_temp.y = last_platform.y + max_offy;
    }
    //添加节点
    this.platform_list.push(platform_temp);
```

```
        this.platform_layer.addChild(platform_temp);
        //cc.log("产出一个台阶,台阶数=", this.platform_list.length);
    },
    // 刷新
    update: function (dt) {
        // 台阶变化
        var platform;
        var remove_count = 0;
        var list_new = [];
        for (var index = 0; index < this.platform_list.length; index++) {
            platform = this.platform_list[index];
            platform.x -= this.move_speed;
            // 台阶是否离开屏幕
            if (platform.getBoundingBox().xMax > 0) {
                list_new.push(platform);
            }
            else{
                platform.removeFromParent();
            }
        }
        // 台阶数组
        this.platform_list = list_new;
        if (!platform) {
            return;
        }
        // 最后一个台阶
        var winSize = cc.director.getWinSize();
        // 获取控件大小
        var last_platform_bounding_box = platform.getBoundingBox();
        var right_x =
        last_platform_bounding_box.x +
        last_platform_ bounding_box.width;
        if (right_x < winSize.width * 0.8) {
            // 生成台阶
            this.generate(platform)
        }
        // 台阶移动速度变更
        if (this.move_speed < this.maxMoveSpeed) {
            this.move_speed += 0.001;
        }
    },
}));
```

代码解读：声明台阶数组，不断随机添加台阶；通过控制台阶的移动速度控制游戏的难易度——台阶移动速度越快游戏越难。台阶离开屏幕的时候要做销毁处理。

（3）设置节点 platform-generator 下的 platform-generator 组件的属性，如图 20-5 所示。

图 20-5　platform-generator 组件的属性设置

添加脚本文件 game-scene.js，并将该脚本文件添加到节点 game-scene 下，运行项目。

```
// game-scene
cc.Class({
    extends: cc.Component,
    // 声明
    properties: {
        // 台阶根节点
        platform_generator: null,
        // 台阶
        platform_default_0: cc.Node,
        platform_default_1: cc.Node
    },
    // 初始化
    onLoad: function () {
        // 初始化数据
        var platform_generator_node = cc.find("platform-generator")
        // 引用脚本
        this.platform_generator  =  platform_generator_node.getComponent
("platform-generator");
        // 初始化台阶
        this.platform_generator.initPlatforms([this.platform_default_0,
this.platform_default_1]);
    },
    //called every frame, uncomment this function to activate update callback
    // update: function (dt) {
    // },
});
```

代码解读：初始化实现游戏中的台阶元素。

（4）运行模拟器可以看到游戏背景不断移动，随机生成台阶。

20.2.3　随机生成金币

（1）选择金币节点，使用动画编辑器编辑金币的动画，如图 20-6 所示。

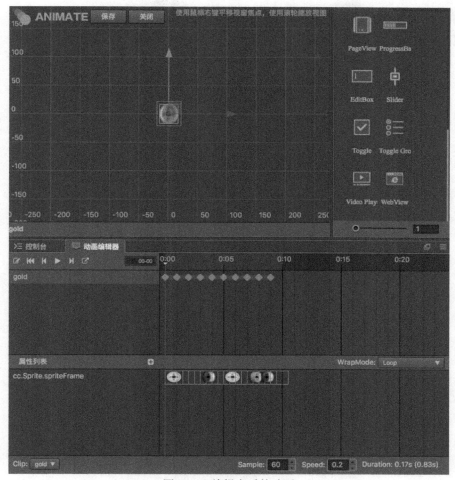

图 20-6　编辑金币的动画

将编辑好的金币动画保存在资源管理器面板中，方便以后使用。

（2）制作金币预制体，如图 20-7 所示。

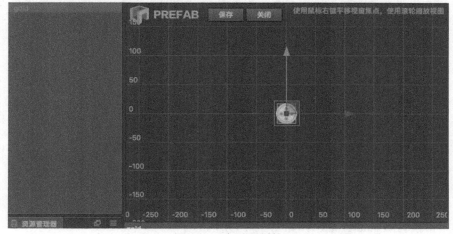

图 20-7　金币预制体

从图 20-7 可以看出：金币预制体 gold 中有一个 gold 节点（金币）。

在属性检查器面板中设置 gold 节点的属性，如图 20-8 所示。

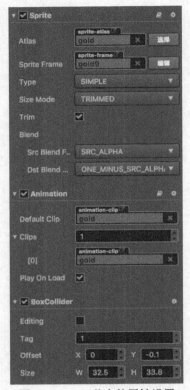

图 20-8　gold 节点的属性设置

（3）制作金币预制体 gold-group-0，如图 20-9 所示。

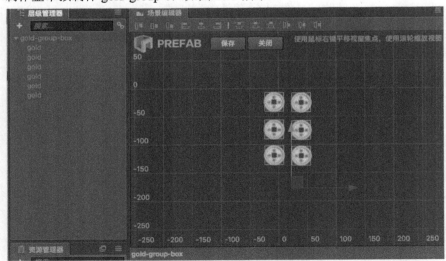

图 20-9　gold-group-0 预制体

制作金币预制体 gold-group-1，如图 20-10 所示。

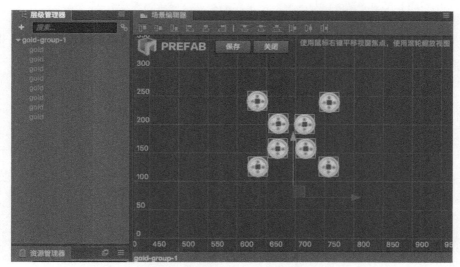

图 20-10　gold-group-1 预制体

制作金币预制体 gold-group-2，如图 20-11 所示。

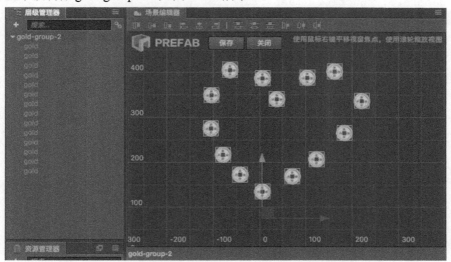

图 20-11　gold-group-2 预制体

（4）编辑脚本文件 platform-generator.js，实现金币的随机生成。

```
// 台阶脚本
cc.Class({
    extends: cc.Component,
    // 声明
    properties: {
        // 台阶数组
        platform_list:[],
        // 移动速度
        move_speed:0.1,
        // 台阶预制体
```

```
    platform_prafab: [cc.Prefab],
    // 台阶根节点
    platform_layer: cc.Node,
    // 金币预制体
    gold_group_list: [cc.Prefab],
    // 台阶最大移动速度
    maxMoveSpeed:8,
},
// 初始化数据
initPlatforms: function (list) {
    // 台阶数组
    this.platform_list = list;
    list.forEach(function(element) {
        element.setAnchorPoint(0, 0);
    }, this);
},
// 台阶生成
generate: function (last_platform) {
    //随机的 N 种台阶
    var random_num = Math.random() * 4;
    random_num = Math.floor(random_num);
    // 台阶初始化
    var platform_temp = cc.instantiate(this.platform_prafab[random_num]);
    platform_temp.setAnchorPoint(0,0);
    /**
     *设置坐标
     */
    //x
    var layer_size = this.platform_layer.getContentSize();
    platform_temp.x = layer_size.width;
    //随机 Y 值
    platform_temp.y = Math.random() * (layer_size.height - 100);
    cc.log(platform_temp.y);
    //防止台阶过高，熊猫跳不上去
    var max_offy = 100;
    if (platform_temp.y > last_platform.y + max_offy) {
        platform_temp.y = last_platform.y + max_offy;
    }
    //添加节点
    this.platform_list.push(platform_temp);
    this.platform_layer.addChild(platform_temp);
    // 随机添加金币
    // if (Math.random() >= 0.5) {
        var index = Math.random() * 3;
        index = Math.floor(index);
        var gold_group = cc.instantiate(this.gold_group_list[index]);
```

```
            var platform_size = platform_temp.getContentSize();
            gold_group.setPosition(platform_size.width / 2, platform_size.
height);
            // 添加节点
            platform_temp.addChild(gold_group);
    // }
        //cc.log("产出一个台阶,台阶数=", this.platform_list.length);
    },
    // // use this for initialization
    // onLoad: function () {
    //     this.schedule(this.onAddSpeed,10);
    // },
    // 加速
    // onAddSpeed:function(){
    //     this.move_speed += 0.1;
    // },
    // 销毁
    // onDestroy: function onDisabled() {
    //      this.unschedule(this.onAddSpeed);
    // },
    // 刷新
    update: function (dt) {
        // 台阶变化
        var platform;
        var remove_count = 0;
        var list_new = [];
        for (var index = 0; index < this.platform_list.length; index++) {
            platform = this.platform_list[index];
            platform.x -= this.move_speed;
            // 台阶是否离开屏幕
            if (platform.getBoundingBox().xMax > 0) {
                list_new.push(platform);
            }
            else{
                platform.removeFromParent();
            }
        }
        // 台阶数组
        this.platform_list = list_new;
        if (!platform) {
            return;
        }
        // 最右边的台阶
        var winSize = cc.director.getWinSize();
        // 获取控件大小
        var last_platform_bounding_box = platform.getBoundingBox();
```

```
            var right_x = last_platform_bounding_box.x +
            last_platform_ bounding_box.width;
            if (right_x < winSize.width * 0.8) {
                // 台阶生成
                this.generate(platform)
            }
            // 台阶移动速度变更
            if (this.move_speed < this.maxMoveSpeed) {
                this.move_speed += 0.001;
            }
        },
    });
```

代码解读：实现金币的随机生成，利用不同类别的金币预制体在场景中生成不同类型的金币。

在属性检查器面板中设置节点 platform-generator 的 platform-generator 脚本组件属性，如图 20-12 所示。

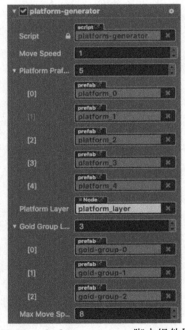

图 20-12　platform-generator 脚本组件属性

20.3　收集金币

本节主要讲解熊猫与金币的碰撞检测，以及熊猫奔跑收集金币。

（1）实现熊猫收集金币，金币数量变化。

添加脚本文件 uiLayer.js，并将该脚本文件添加到 ui-layer 节点上。

```
// 收集金币的数量
cc.Class({
    extends: cc.Component,
    // 声明
    properties: {
        // 金币数
        gold_label: cc.Label,
        // 初始金币为 0
        goldNum: 0,
    },
    // 初始化
    onLoad: function () {
    },
    // 收集金币
    addGold: function() {
        // 更改金币数
        this.goldNum++;
        this.gold_label.string = this.goldNum + "";
    },
    // called every frame, uncomment this function to activate update
callback
    // update: function (dt) {
    // },
});
```

代码解读：收集金币，更改金币的文本。

（2）实现控制熊猫进行奔跑、跳跃、收集金币。

使用动画编辑器制作熊猫的 run 动画，如图 20-13 所示。

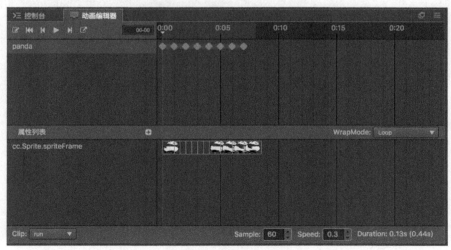

图 20-13　run 动画

依次制作熊猫的 jump 动画，如图 20-14 所示。

制作熊猫的连续跳动画 twiceJump，如图 20-15 所示。

添加脚本文件 panda.js，并将其添加到 panda 节点下。

思考：控制熊猫奔跑、跳跃。

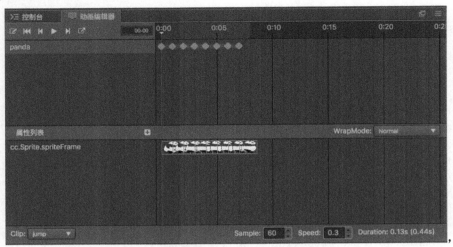

图 20-14　jump 动画

图 20-15　twiceJump 动画

```
// 控制熊猫脚本
cc.Class({
    extends: cc.Component,
    // 声明
    properties: {
        // 速度
        speed:cc.v2(0, 0),
        // 加速度
        addSpeed: 600,
        // 最大速度
        maxSpeed: cc.v2(10, 1000),
```

```
            gravity: -1000,
            // 跳跃速度
            jumpSpeed: 300,
            collisionX: 0,
            collisionY: 0,
            // 控制方向，向左或向右
            direction: 0,
            jumping: false,
            // 跳跃次数
            jumpCount: 0,
            drag: 1000,
            // 上一帧的坐标
            prePosition:cc.v2(0,0),
            // 动画播放器
            player: null,
        },
    // 初始化
    onLoad: function () {
        // 初始化位置
        this.prePosition.x = this.node.x;
        this.prePosition.y = this.node.y;
        // 播放动画
        this.player = this.node.getComponent(cc.Animation);
        // 添加事件
        cc.eventManager.addListener({
            event: cc.EventListener.KEYBOARD,
            onKeyPressed: this.onKeyPressed.bind(this),
            onKeyReleased: this.onKeyReleased.bind(this)
        }, this.node);
    },
    // 利用键盘控制熊猫奔跑、跳跃
    onKeyPressed: function (keyCode, event) {
        switch (keyCode) {
            // 按 D 键
            case cc.KEY.d: // 向前奔跑
                this.direction = 1;
                // 奔跑动画
                if (!this.jumping) this.player.play("run");
                break;
            // 按 A 键
            case cc.KEY.a: // 向后奔跑
                this.direction = -1;
                // 奔跑动画
                if (!this.jumping) this.player.play("run");
                break;
            // 按 J 键
```

```
            case cc.KEY.j: // 跳跃
                if (!this.jumping || this.jumpCount < 2) {
                    this.jumping = true;
                    this.speed.y = this.jumpSpeed;
                    this.jumpCount++;
                    // 跳跃动画
                    this.jumpCount < 2 ? this.player.play("jump") : this.
player.play("twiceJump");
                }
                break;
        }
    },
    // 控制熊猫移动方向
    onKeyReleased: function (keyCode, event) {
        switch (keyCode) {
            case cc.KEY.d: // 按 D 键
                if (this.direction == 1) {
                    this.direction = 0;
                }
                break;
            case cc.KEY.a: // 按 A 键
                if (this.direction == -1) {
                    this.direction = 0;
                }
                break;
        }
    },
    // 刷新
    update: function (dt) {
        /**
         * y 轴变化
         * */
        if (this.collisionY === 0) //没有碰撞，计算重力
        {
            this.speed.y += this.gravity * dt;
            if (Math.abs(this.speed.y) > this.maxSpeed.y)
            {
                this.speed.y = this.speed.y > 0 ? this.maxSpeed.y : -this.
maxSpeed.y;
            }
        }
        if (this.direction === 0) {
            // 熊猫停下的时候计算摩擦力
            if (this.speed.x > 0) {
                this.speed.x -= this.drag * dt;
                if (this.speed.x <= 0) this.speed.x = 0;
            } else if (this.speed.x < 0) {
```

```
                this.speed.x += this.drag * dt;
                if (this.speed.x >= 0) this.speed.x = 0;
            }
        } else {
            // 角色左右行走，如果反方向来回走，速度用更大的摩擦力，令方向更快地改变
            var trueDir = this.speed.x > 0 ? 1 : -1;
            if (this.speed.x == 0) trueDir = 0;
            var speed = (trueDir == this.direction ? this.addSpeed : 3000);
            this.speed.x += (this.direction > 0 ? 1 : -1) * speed * dt;
            if (Math.abs(this.speed.x) > this.maxSpeed.x) {
                this.speed.x = this.speed.x > 0 ? this.maxSpeed.x : -this.
maxSpeed.x;
            }
        }
        // 在左、右方向发生碰撞，熊猫立刻停下
        if (this.speed.x * this.collisionX > 0) {
            this.speed.x = 0;
        }
        // 熊猫的位置
        this.prePosition.x = this.node.x;
        this.prePosition.y = this.node.y;
        this.node.x += this.speed.x * dt;
        this.node.y += this.speed.y * dt;
    },
});
```

代码解读：

- 利用键盘控制熊猫的移动、跳跃，移动的方向只有左和右。
- 通过监听按钮单击事件控制熊猫移动（移动速度、跳跃速度），播放熊猫的奔跑、跳跃动画。

思考：

- 熊猫收集金币。
- 熊猫死亡。

```
// 控制熊猫脚本
cc.Class({
    extends: cc.Component,
    // 声明
    properties: {
        // 速度
        speed:cc.v2(0, 0),
        // 加速度
        addSpeed: 600,
        // 最大速度
        maxSpeed: cc.v2(10, 1000),
```

```
        gravity: -1000,
        // 跳跃速度
        jumpSpeed: 300,
        collisionX: 0,
        collisionY: 0,
        // 控制移动方向，只有左和右
        direction: 0,
        jumping: false,
        // 跳跃次数
        jumpCount: 0,
        drag: 1000,
        // 上一帧的坐标
        prePosition:cc.v2(0,0),
        // 动画播放器
        player: null,
        // 外部组件
        uiLayer: cc.Node,
        uiLayerComonent: null,
    },
    // 初始化
    onLoad: function () {
        // 初始化位置
        this.prePosition.x = this.node.x;
        this.prePosition.y = this.node.y;
        // 打开物理引擎
        var manager = cc.director.getCollisionManager();
        manager.enabled = true;
        // manager.enabledDebugDraw = true;
        // 播放动画
        this.player = this.node.getComponent(cc.Animation);
        // 金币变动
        this.uiLayerComonent = this.uiLayer.getComponent("uiLayer");
        // 添加事件
        cc.eventManager.addListener({
            event: cc.EventListener.KEYBOARD,
            onKeyPressed: this.onKeyPressed.bind(this),
            onKeyReleased: this.onKeyReleased.bind(this)
        }, this.node);
    },
    // 销毁
    onDestroy: function onDisabled() {
        // 关闭碰撞事件，绘制调试信息
        cc.director.getCollisionManager().enabled = false;
        cc.director.getCollisionManager().enabledDebugDraw = false;
    },
    // 利用键盘控制熊猫奔跑、跳跃
```

```
onKeyPressed: function (keyCode, event) {
    switch (keyCode) {
        // 按 D 键
        case cc.KEY.d: // 向前奔跑
            this.direction = 1;
            // 奔跑动画
            if (!this.jumping) this.player.play("run");
            break;
        // 按 A 键
        case cc.KEY.a: // 向后奔跑
            this.direction = -1;
            // 奔跑动画
            if (!this.jumping) this.player.play("run");
            break;
        // 按 J 键
        case cc.KEY.j: // 跳跃
            if (!this.jumping || this.jumpCount < 2) {
                this.jumping = true;
                this.speed.y = this.jumpSpeed;
                this.jumpCount++;
                // 跳跃动画
                this.jumpCount < 2 ? this.player.play("jump") : this.
player.play("twiceJump");
            }
            break;
    }
},
// 控制熊猫移动方向
onKeyReleased: function (keyCode, event) {
    switch (keyCode) {
        case cc.KEY.d: // 按 D 键
            if (this.direction == 1) {
                this.direction = 0;
            }
            break;
        case cc.KEY.a: // 按 A 键
            if (this.direction == -1) {
                this.direction = 0;
            }
            break;
    }
},
// 金币
collisionGoldEnter: function (other, self) {
    other.node.removeFromParent();
    this.uiLayerComonent.addGold();
```

```
    },
    // 熊猫收集金币
    collisionPlatformEnter: function (other, self) {
        // 克隆
        var selfAabb = self.world.aabb.clone();
        var otherAabb = other.world.aabb;
        var preAabb = self.world.preAabb;
        selfAabb.x = preAabb.x;
        selfAabb.y = preAabb.y;
        // 检查是否发生碰撞
        selfAabb.x = self.world.aabb.x;
        // 判断在 x 轴上是否发生了碰撞
        if (cc.Intersection.rectRect(selfAabb, otherAabb)) {
            if (this.speed.x < 0 && selfAabb.xMax > otherAabb.xMax) {
                this.node.x = otherAabb.xMax;
                this.collisionX = -1;
            } else if (this.speed.x > 0 && selfAabb.xMin < otherAabb.xMin) {
                this.node.x = otherAabb.xMin - selfAabb.width;
                this.collisionX = 1;
            }
            this.speed.x = 0;
            return;
        }
        //检查是否发生碰撞
        selfAabb.y = self.world.aabb.y;
        // 判断在 y 轴上是否发生了碰撞
        if (cc.Intersection.rectRect(selfAabb, otherAabb)) {
            if (this.speed.y < 0 && selfAabb.yMax > otherAabb.yMax) {
                this.node.y = otherAabb.yMax;
                this.jumping = false;
                this.player.play("run");
                this.jumpCount = 0;
                this.collisionY = -1;
            } else if (this.speed.y > 0 && selfAabb.yMin < otherAabb.yMin) {
                this.node.y = otherAabb.yMin - selfAabb.height;
                this.collisionY = 1;
            }
            this.speed.y = 0;
        }
    },
    // 碰撞触发
    // 两个事物相互碰撞时，各自触发 OnCollisionEnter 方法，前提是两者都没有勾选 isTrigger
    onCollisionEnter: function (other, self) {
        // console.log('on collision enter');
        cc.log("coll tag = " + other.tag);
        if (other.tag == 1) {
```

```
                this.collisionGoldEnter(other, self);
            }
            else{
                this.collisionPlatformEnter(other, self);
            }
        },
        // 碰撞停留
        onCollisionStay: function (other, self) {
            // console.log('on collision stay');
            if (other.tag != 0) return;
            if (this.collisionY === -1) {
                var offset = cc.v2(other.world.aabb.x - other.world.preAabb.x,0);
                // var temp = cc.affineTransformClone(self.world.transform);
                // temp.tx = temp.ty = 0;
                // offset = cc.pointApplyAffineTransform(offset, temp);
                this.node.x += offset.x;
            }
        },
        /**
         * 当碰撞结束后调用
         * @param {Collider} other 产生碰撞的其他碰撞组件
         * @param {Collider} self  产生碰撞的自身碰撞组件
         */
        onCollisionExit: function (other, self) {
            // console.log('on collision exit');
            if (other.tag != 0) return;
            this.collisionX = 0;
            this.collisionY = 0;
            this.jumping = true;
            this.jumpCount = 1;
            this.player.play("jump");
        },
        // 刷新
        update: function (dt) {
            /**
             * y轴变化
             * */
            if (this.collisionY === 0) //没有碰撞，计算重力
            {
                this.speed.y += this.gravity * dt;
                if (Math.abs(this.speed.y) > this.maxSpeed.y)
                {
                    this.speed.y = this.speed.y > 0 ? this.maxSpeed.y : -this.
maxSpeed.y;
                }
            }
            if (this.direction === 0) {
```

```
        // 熊猫停下的时候计算摩擦力
        if (this.speed.x > 0) {
            this.speed.x -= this.drag * dt;
            if (this.speed.x <= 0) this.speed.x = 0;
        } else if (this.speed.x < 0) {
            this.speed.x += this.drag * dt;
            if (this.speed.x >= 0) this.speed.x = 0;
        }
    } else {
        // 角色左右行走, 如果反方向来回走, 速度用更大的摩擦力, 令方向更快改变
        var trueDir = this.speed.x > 0 ? 1 : -1;
        if (this.speed.x == 0) trueDir = 0;
        var speed = (trueDir == this.direction ? this.addSpeed : 3000);
        this.speed.x += (this.direction > 0 ? 1 : -1) * speed * dt;
        if (Math.abs(this.speed.x) > this.maxSpeed.x) {
            this.speed.x = this.speed.x > 0 ? this.maxSpeed.x : -this.
maxSpeed.x;
        }
    }
    // 在左、右方向发生碰撞, 熊猫立刻停下
    if (this.speed.x * this.collisionX > 0) {
        this.speed.x = 0;
    }
    // 熊猫的位置
    this.prePosition.x = this.node.x;
    this.prePosition.y = this.node.y;
    this.node.x += this.speed.x * dt;
    this.node.y += this.speed.y * dt;
    },
});
```

代码解读:

- 这是 panda.js 文件的完整脚本;
- 实现熊猫收集金币, 调用脚本文件 uiLayer.js, 更改金币数。
- 收集金币的动作就是熊猫与金币的碰撞检测及处理。
- 熊猫死亡销毁, 成功收集金币的处理。

(3) 运行模拟器可查看整个游戏效果。

第 21 章　抽奖游戏

21.1　转盘抽奖游戏

项目简介：常见的转盘抽奖游戏，控制转盘转动抽奖，搭建一个弱联网的服务器，配置请求与响应，初步认识服务器。

项目难点：

- 搭建弱联网服务器。
- 请求与响应。
- 转盘的控制及动画实现。

项目运行效果如图 21-1 所示。

图 21-1　项目运行效果

项目流程：

（1）项目初始化，包括项目基本信息设置、项目文件分级、项目资源导入；

（2）转盘游戏场景搭建；

（3）弱联网服务器搭建；

（4）控制转盘转动动画的实现；

（5）实现游戏中的请求与响应。

21.1.1 创建项目

（1）使用 Cocos Creator 编辑器创建新项目 RotaryTable。

（2）在 Cocos Creator 编辑器中添加项目资源到资源管理器。

（3）在层级管理器面板中添加节点，构建初始化游戏场景：游戏背景、转盘、转盘指针等可见视图，并设置基本属性参数，如图 21-2 所示。

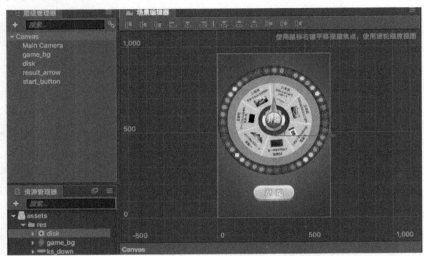

图 21-2　游戏场景

- game_bg：游戏背景。
- disk：转盘。
- result_arrow：转盘指针。
- start_button：开始游戏按钮。

21.1.2 搭建弱联网服务器

（1）搭建一个基于 js 的服务器开发环境（Node.js），在官网上下载安装 Node.js。

（2）搭建一个基于 Node.js 服务器开发环境的 Web 框架（express）。

在 GitHub 上搜索 "express"，创建文件夹 webserver，安装 express 到该文件夹下。

（3）搭建一个 http 的 Web 服务器（网站）。

在文件夹 webserver 下创建并编写脚本文件 webserver.js，发送消息 "hello world"。

```
// 引用 express
// createApplication
var express = require('express')
// 创建一个 web application
var app = express()
// 站点地址为 http://127.0.0.1:3000
// Web 服务器监听在 3000 端口上，发起连接的时候就要发 3000 端口
app.listen(3000)
```

```
// get 发送请求
// 连接请求地址 req、回调函数 res
app.get('/lucky', function (req, res) {
    // 发送请求
    res.send('hello world');
})
```

启动服务器，在浏览器中输入"http://127.0.0.1:3000"即可看到信息"hello world"。

（4）实现简单的请求、响应。

在 webserver 文件夹下创建文件夹 w_root，用于放置路径。在路径文件夹下放置游戏路径，这样就可以简单地实现利用网页访问小游戏，供玩家进行操作。

21.1.3　脚本编辑

本节主要讲解弱联网游戏的实现；转盘的控制及动画实现；核心组件等脚本编码的编码逻辑实现；游戏中的请求与响应实现。

1. 转盘转动抽奖

（1）实现单击按钮控制转盘转动：添加脚本文件 game_main.js，并将该脚本文件添加到根节点 Canvas 下；添加脚本文件 table_anim.js，并将该脚本文件添加到节点 disk 下实现转盘转动。

　　思考：控制转盘转动。

```
// 主脚本文件
// 引用脚本文件
var table_anim = require("table_anim");
cc.Class({
    extends: cc.Component,
    // 声明
    properties: {
        // 转盘
        disk: {
            type: table_anim,
            default: null,
        },
    },
    // LIFE-CYCLE CALLBACKS
    // onLoad () {},
    // 初始化
    start () {
    },
    // 转盘转动抽奖
    do_show(ret) {
        this.disk.start_lucky_draw(ret);
    },
    // 单击"开始"按钮
    on_start_click() {
```

```
        // 转盘转动抽奖
        this.do_show(ret);
    },
    // update (dt) {},
});
```

代码解读：实现开始按钮单击方法，转动转盘。

为节点 start_button 的 Button 组件属性设置单击事件，如图 21-3 所示。

图 21-3　Button 组件的属性

（2）实现转盘转动动画，编辑脚本文件 table_anim.js。

思考：

● 转盘开始转动与停止。

● 转盘转动的速度变化。

```
// 转盘动画
cc.Class({
    extends: cc.Component,
    properties: {
    },
    // 初始化
    onLoad: function () {
        // 是否开始转动
        this.started = false;
        this.disk = this.node;
        // 速度
        this.v_speed = 1000;
        // 时间
        this.total_time = 0;
        this.working_time = 0;
```

```
    },
    // 转盘转动
    start_lucky_draw: function(result) {
        this.started = true;
        var degree_set = [133.5, 31.5, -71.5, -175, 83, -20, -123];
        var degree = this.disk.rotation;
        degree = degree - (Math.floor(degree / 360)) * 360;
        // 转盘转动的速度
        this.v_speed = 1000;
        var s = (6) * 360 + degree_set[result - 1] - degree;
        s += (-15 + Math.random() * 30);
        // 时间
        this.working_time = 0;
        this.total_time = (s * 2) / this.v_speed;
        this.a_v = -this.v_speed / this.total_time;
    },
    // 刷新
    update: function (dt) {
        // 转盘是否开始转动及停止
        if (this.started === false || this.working_time >=
        this.total_ time) {
            return;
        }
        // 控制转盘转动时间
        this.working_time += dt;
        if (this.working_time >= this.total_time) {
            dt -= (this.working_time - this.total_time);
            this.started = false;
        }
        // 速度变化
        var s = this.v_speed * dt + this.a_v * dt * dt * 0.5;
        this.disk.rotation += s;
        this.v_speed += this.a_v * dt;
    },
}));
```

代码解读：控制转盘转动速度的变化，以及转盘开始转动与停止。

（3）运行模拟器，单击"开始"按钮即可看到转盘转动效果。

2. 请求与响应

（1）设置允许跨域访问，编辑 webserver.js 脚本文件。

🎯 思考：

- 跨域访问。
- 发送请求。
- 路径设置。

```
// 引用 express
// createApplication
var express = require('express')
// 创建一个 web application
var app = express()
// 设置允许跨域访问
app.all("*",function(req,res,next){
    // 设置允许跨域的域名，*代表允许任意域名跨域
    res.header("Access-Control-Allow-Origin","*");
    // 允许的 header 类型
    res.header("Access-Control-Allow-Headers","content-type");
    // 跨域允许的请求方式
    res. header("Access-Control-Allow-Methods","DELETE, PUT, POST, GET,
OPTIONS");
    if (req.method.toLowerCase() == 'options')
        // 让 options 尝试请求快速结束
        res.send(200);
    else
        next();
});
// 路径
var path = require("path");
app.use("/", express.static(path.join(process.cwd(), "w_root")));
// 站点地址 http://127.0.0.1:3000
// web 服务器监听在 3000 端口上，发起连接的时候就要发 3000 端口
app.listen(3000)
// get 发送请求
// 连接请求地址 req、回调函数 res
app.get('/table', function (req, res) {
    // [0, 1)
    var ret = Math.random() * 7 + 1;
    // [1, 8)
    ret = Math.floor(ret);
    // 发送请求
    res.send("" + ret);
})
```

代码解读：配置信息允许跨域访问，设置请求参数、方式。

（2）添加脚本文件 http.js，实现请求的编写。

🀄思考：http 请求。

```
// http
var http = {
    // callback(err, data)
    // get 请求
```

```javascript
get: function(url, path, params, callback) {
    var xhr = cc.loader.getXMLHttpRequest();
    // 时间
    xhr.timeout = 5000;
    // 路径
    var requestURL = url + path;
    if (params) {
        requestURL = requestURL + "?" + params;
    }
    // 请求方式
    xhr.open("GET",requestURL, true);
    if (cc.sys.isNative){
        xhr.setRequestHeader("Accept-Encoding","gzip,deflate","text/
html;charset=UTF-8");
    }
    // 请求响应
    xhr.onreadystatechange = function() {
        if(xhr.readyState === 4 && (xhr.status >= 200 && xhr.status <
300)){
            console.log("http res("+ xhr.responseText.length + "):" +
xhr.responseText);
            // 错误处理
            try {
                var ret = xhr.responseText;
                if(callback !== null){
                    callback(null, ret);
                }
                return;
            } catch (e) {
                callback(e, null);
            }
        }
        else {
            // 其他
            callback(xhr.readyState + ":" + xhr.status, null);
        }
    };
    // 发送请求
    xhr.send();
    return xhr;
},
// post 请求
post: function(url, path, params, body, callback) {
    var xhr = cc.loader.getXMLHttpRequest();
    // 时间
    xhr.timeout = 5000;
```

```
        // 路径
        var requestURL = url + path;
        if (params) {
            requestURL = requestURL + "?" + params;
        }
        // 请求方式
        xhr.open("POST",requestURL, true);
        if (cc.sys.isNative){
            xhr.setRequestHeader("Accept-Encoding","gzip,deflate","text/
html;charset=UTF-8");
        }
        // 请求 body
        if (body) {
            xhr.setRequestHeader("Content-Type", "application/x-www-form-
urlencoded");
            xhr.setRequestHeader("Content-Length", body.length);
        }
        // 请求响应
        xhr.onreadystatechange = function() {
            if(xhr.readyState === 4 && (xhr.status >= 200 && xhr.status <
300)){
                // 错误处理
                try {
                    var ret = xhr.responseText;
                    if(callback !== null){
                        callback(null, ret);
                    }
                    return;
                } catch (e) {
                    callback(e, null);
                }
            }
            else {
                // 其他
                callback(xhr.readyState + ":" + xhr.status, null);
            }
        };
        if (body) {
            // 发送
            xhr.send(body);
        }
        return xhr;
    },
    // 下载
    download: function(url, path, params, callback) {
        var xhr = cc.loader.getXMLHttpRequest();
```

```
        xhr.timeout = 5000;
        // 路径
        var requestURL = url + path;
        if (params) {
            requestURL = requestURL + "?" + params;
        }
        // 响应类型
        xhr.responseType = "arraybuffer";
        xhr.open("GET",requestURL, true);
        if (cc.sys.isNative){
            xhr.setRequestHeader("Accept-Encoding","gzip,deflate","text/
html;charset=UTF-8");
        }
        xhr.onreadystatechange = function() {
            if(xhr.readyState === 4 && (xhr.status >= 200 && xhr.status <
300)){
                // 失败
                var buffer = xhr.response;
                var dataview = new DataView(buffer);
                var ints = new Uint8Array(buffer.byteLength);
                for (var i = 0; i < ints.length; i++) {
                    ints[i] = dataview.getUint8(i);
                }
                callback(null, ints);
            }
            else {
                // 其他
                callback(xhr.readyState + ":" + xhr.status, null);
            }
        };
        // 发送
        xhr.send();
        return xhr;
    },
};
// 供外部使用
module.exports = http;
```

代码解读：

- 设置 http 的请求方法、请求参数、请求方式，供项目外部使用。
- 在 http 中声明 get 请求方法、post 请求方法、下载方法。

（3）编辑脚本文件 game_main.js，发送请求。

```
// 主脚本文件
// 引用脚本文件
var http = require("http");
var table_anim = require("table_anim");
```

```
cc.Class({
    extends: cc.Component,
    // 声明
    properties: {
        // 转盘
        disk: {
            type: table_anim,
            default: null,
        },
    },
    // LIFE-CYCLE CALLBACKS
    // onLoad () {},
    // 初始化
    start () {
    },
    // 展示
    do_show(ret) {
        this.disk.start_lucky_draw(ret);
    },
    // 单击开始按钮
    on_start_click() {
        // 发送请求
        http.get("http://127.0.0.1:3000", "/table", null, function(err,
ret) {
            // 报错
            if (err) {
                return;
            }
                console.log(ret);
                // 返回整数
                ret = parseInt(ret);
                // 抽奖
            this.do_show(ret);
        }.bind(this));
    },
    // update (dt) {},
});
```

代码解读：在脚本文件中实现单击事件，调用 http.js 脚本文件的方法发送请求。

根节点 Canvas 的 game_main.js 属性设置如图 21-4 所示。

图 21-4　game_main.js 的属性

（4）运行模拟器可查看整个游戏效果。至此基本完成了转盘游戏的弱联网，实现信息的请求和响应。

21.2　街机抽奖游戏

项目简介：常见的街机抽奖游戏，单击"点击抽奖"按钮，高亮框开始绕行，一定时间后停留在某个奖品上。

项目难点：

* 街机抽奖的动画。
* 高亮框转动的路径。

项目运行效果如图 21-5 所示。

图 21-5　项目运行效果

项目流程：

（1）项目初始化，包括项目基本信息设置、项目文件分级、项目资源导入；

（2）街机抽奖游戏场景搭建；

（3）实现街机抽奖动画；

（4）单击按钮进行抽奖。

21.2.1　项目初始化

（1）使用 Cocos Creator 编辑器创建新项目 Lucky。

（2）在 Cocos Creator 编辑器中添加项目资源到资源管理器。

（3）在层级管理器中添加节点，构建初始化游戏场景：游戏背景、奖品等可见视图，并设置基本属性参数，如图 21-6 所示。

* lucky_table：抽奖场景根节点。
* bg：抽奖背景。
* item_root：数字（放置奖品）根节点。
* item：数字背景。
* src：数字文本。
* start_button：开始抽奖按钮。
* running_item：高亮状态背景。

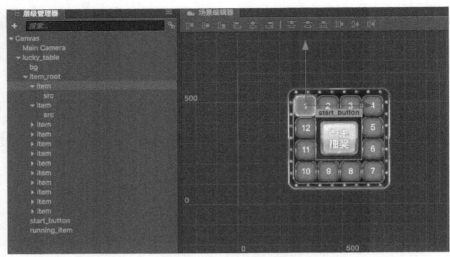

图 21-6　游戏场景

21.2.2　脚本编辑

（1）实现街机抽奖动画。添加脚本文件 lucky.js，并将该脚本文件添加到节点 lucky_table 上。

思考：

- 街机抽奖动画。
- 高亮框的移动、速度、停止。
- 高亮框的移动路径。
- 连续单击按钮的处理。

```
// lucky_table 节点下的脚本组件
cc.Class({
    extends: cc.Component,
    // 属性列表
    properties: {
        // 高亮的方框
        running_item: {
            type: cc.Node,
            default: null,
        },
        // 方框根节点
        item_root: {
            type: cc.Node,
            default: null,
        },
    },
    // 初始化
    start () {
        // [0, 1], 随机获取子节点, [0, item_root 的子节点数目)
```

```
            this.start_index = Math.random() * this.item_root.childrenCount;
            // 开始
            this.start_index = Math.floor(this.start_index);
            this.end_index = 0; // 暂时为 0
            this.is_runing = false;
            // 随机设置初始位置
            this.running_item.setPosition(this.item_root.children[this.start_index].
getPosition());
        },
        // 转动动画
        show_anim() {
            // 随机转动的圈数
            var round = 3 + Math.random() * 2;
            // 3 or 4
            round = Math.floor(round);
            // 路径数组
            this.road_data = [];
            for(var i = 0; i < round; i ++) {
                // start_index → 最后
                for(var j = this.start_index; j < this.item_root.childrenCount;
j ++) {
                    this.road_data.push(this.item_root.children[j].
getPosition());
                }
                for(var j = 0; j <= this.start_index - 1; j ++) {
                    this.road_data.push(this.item_root.children[j].
getPosition());
                }
            }
            // [start, Count, 0, start_index-1], [start, Count, 0, start_
index-1], [start, Count, 0, start_index-1],
            // 光点旋转行走 start → end
            if (this.start_index <= this.end_index) {
                // start_index → 最后，光点停止
                for(var j = this.start_index; j <= this.end_index; j ++) {
                    this.road_data.push(this.item_root.children[j].
getPosition());
                }
            }
            else {
                // start_index → 最后，光点停止
                for(var j = this.start_index; j < this.item_root.childrenCount;
j ++) {
                    this.road_data.push(this.item_root.children[j].
getPosition());
                }
```

```
            for(var j = 0; j <= this.end_index; j ++) {
                this.road_data.push(this.item_root.children[j].
getPosition());
            }
        }
        // 判断是否有可走的方框
        if (this.road_data.length < 2) {
            return;
        }
        // running → 0;
        this.running_item.setPosition(this.road_data[0]);
        // 下一个要走的方框
        this.next_step = 1;
        // 速度
        this.v_speed = 5000;
        this.a_v = this.v_speed / (this.road_data.length + 1);
        // 行走
        this.walk_to_next();
    },
    // 行走到下一个方框
    walk_to_next() {
        // 行走完毕
        if (this.next_step >= this.road_data.length) {
            this.is_runing = false;
            this.start_index = this.end_index;
            return;
        }
        // 位置
        var src = this.running_item.getPosition();
        var dst = this.road_data[this.next_step];
        var dir = dst.sub(src);
        var len = dir.mag();
        if (len <= 0) {
            this.next_step = this.next_step + 1;
            this.walk_to_next();
            return;
        }
        this.is_runing = true;
        // 时间
        this.walk_time = len / this.v_speed;
        // 速度
        this.vx = this.v_speed * dir.x / len;
        this.vy = this.v_speed * dir.y / len;
        // 过去的时间
        this.passed_time = 0;
```

```
    },
    // 刷新
    update (dt) {
        // 是否运行
        if (this.is_runing === false) {
            return;
        }
        // 播放动画
        this.passed_time += dt; //
        if (this.passed_time > this.walk_time) {
            // 光点循环行走
            dt -= (this.passed_time - this.walk_time);
        }
        // 动画的中间状态
        this.running_item.x += (this.vx * dt);
        this.running_item.y += (this.vy * dt);
        // 速度变化
        if (this.passed_time >= this.walk_time) {
            //this.running_item.setPosition(this.road_data[this.next_step]);
            this.next_step ++;
            this.v_speed -= this.a_v;
            this.walk_to_next();
        }
        // end
    },
    // 开始游戏
    on_start_click() {
        if (this.is_runing) {
            return;
        }
        // [0, item_root 的子节点数目)，随机数
        this.end_index = Math.random() * this.item_root.childrenCount;
        // 开始
        this.end_index = Math.floor(this.end_index);
        // end
        console.log(this.start_index + 1, "<======>", this.end_index + 1);
        // 动画
        this.show_anim();
    },
});
```

代码解读：

- 高亮框的移动路径（固定的路径）；
- 设置高亮框移动的初始位置、速度，以一定的速度改变高亮框的位置；
- 控制高亮框移动的圈数，随机设置一个移动圈数。

节点 lucky_table 的 lucky.js 脚本组件属性设置如图 21-7 所示。

节点 start_button 的 Button 属性设置如图 21-8 所示。

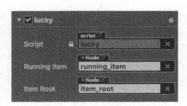

图 21-7 lucky.js 组件属性　　　　　　　　图 21-8 Button 属性

（2）运行模拟器进行街机抽奖。

第 22 章　疯狂坦克

项目简介：控制坦克移动，随机产生 NPC 坦克，NPC 坦克会攻击角色控制的坦克及坦克的军营，若 NPC 坦克攻破军营则玩家失败。玩家需要控制坦克进行移动、攻击，消灭 NPC 坦克，通过关卡，获得胜利。

项目难点：

- 游戏主页面搭建。
- 游戏逻辑编写。
- NPC 坦克的控制。
- 控制坦克移动、攻击。

项目运行效果如图 22-1 所示。

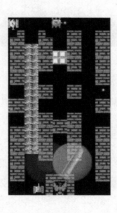

图 22-1　项目运行效果

项目流程：

（1）项目初始化，包括项目基本信息设置、项目文件分级、项目资源导入；

（2）游戏场景搭建；

（3）主游戏页面搭建；

（4）页面跳转；

（5）游戏关卡制作；

（6）主游戏逻辑编写；

（7）控制坦克移动与攻击；

（8）NPC 坦克的决策与思考；

（9）角色坦克、NPC 坦克与墙体、军营等之间的攻击（碰撞检测）。

22.1　项目初始化

本节主要讲解疯狂坦克游戏项目的初始化配置：项目初始化创建、项目资源导入、项目文件分级、项目基本文件创建、项目偏好设置、场景搭建。

22.1.1　创建项目

（1）使用 Cocos Creator 编辑器创建新项目 Tank。

（2）在 Cocos Creator 编辑器中添加项目资源到资源管理器。

（3）在层级管理器中添加节点，构建初始化游戏场景。

构建开始场景 ScenceStart，如图 22-2 所示。

图 22-2　游戏场景

- ScenceStart：游戏场景。
- StartButton：开始游戏按钮。

22.1.2　搭建游戏场景

（1）在层级管理器面板中添加节点，构建初始化游戏场景。

构建游戏场景 Scene1，如图 22-3 所示。

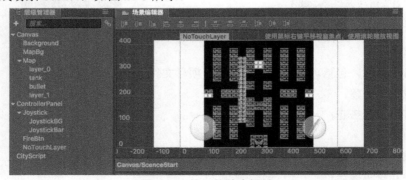

图 22-3　第一关游戏场景

- Background：游戏背景。
- MapBg：游戏地图关卡背景。
- Map：游戏关卡根节点。

- layer：墙体。
- tank：坦克。
- bullet：子弹。
- ControllerPanel：摇杆控制角色坦克移动、攻击的根节点。
- Joystick：摇杆根节点。
- FireBtn：触摸发射子弹按钮。
- scoreNum：得分文本。
- CityScript：主游戏的节点，方便控制游戏。
- NoTouchLayer：截获事件处理节点。

（2）制作关卡。

使用 TiledMap 制作第一个关卡 Round1。

① 使用 TiledMap 创建一张地图 Round1；

② 创建图层，对图层进行操作，搭建第一关游戏地图；

③ 将地图保存为 tmx 文件，并导入到 Cocos Creator 的资源中；

④ 在 Cocos Creator 中调用图层，脚本编写如下。

```
//获取指定名称的图层
var layer = this.tileMap.getLayer('图层名');
//获取左上角瓦片坐标为（x，y）的图块的像素坐标
var pos = layer.getPositionAt(x,y);
//获得当前图块的 id。注意:这里的 id 是从 1 开始的，与 TiledMap Editor 中显示的不
//同，如果返回值为 0，则为空）
var gid = layer.getTileGIDAt(0,0);
//将像素坐标转化为瓦片坐标
getTilePos: function (posInPixel) {
  var mapSize = this.map.node.getContentSize();
  var tileSize = this.map.getTileSize();
  var x = Math.floor(posInPixel.x / tileSize.width);
  var y = Math.floor((mapSize.height - posInPixel.y) / tileSize.
height);
  return cc.p(x, y);
},
```

⑤为节点 Map 添加 TiledMap 组件，并设置属性，如图 22-4 所示。

图 22-4　设置属性

（3）使用同样的方法制作其他关卡。

22.2　脚本编辑

本节主要讲解疯狂坦克游戏的玩法实现：核心组件等脚本的编码逻辑实现、疯狂坦克的游戏逻辑、NPC 坦克的思考与决策、控制角色坦克的移动与攻击、游戏重新开局的控制处理。

22.2.1 开始游戏页面

（1）添加 Start.js 脚本文件，并将该脚本文件添加到 ScenceStart 场景的根节点下。

💠思考：切换场景，进入游戏第一关。

```
// 开始游戏脚本
cc.Class({
    extends: cc.Component,
    properties: {
    },
    // 初始化
    onLoad: function () {
        //全局数据
        if(!cc.globalData){
            cc.globalData = {};
        }
    },
    // 单击按钮进入游戏
    loadChoiceScene: function() {
        cc.director.loadScene("Scene1");
    },
    // called every frame, uncomment this function to activate update
callback
    // update: function (dt) {
    // },
});
```

代码解读：实现按钮单击方法，切换场景。

在属性检查器面板中设置节点 StartButton 的 Button 组件属性，设置按钮的不同状态、单击事件，如图 22-5 所示。

图 22-5　StartButton 属性

（2）运行模拟器，显示开始游戏场景，单击"PLAY GAME"按钮进入游戏第一关。

22.2.2　主游戏页面

（1）坦克被击中产生爆炸动画。

思考：

- 爆炸预制体的制作。
- 爆炸动画。
- 爆炸动画完成后的处理。

添加 Blast.js 脚本文件，制作 Blast 预制体，如图 22-6 所示。

图 22-6　Blast 预制体

预制体的爆炸动画，如图 22-7 所示。

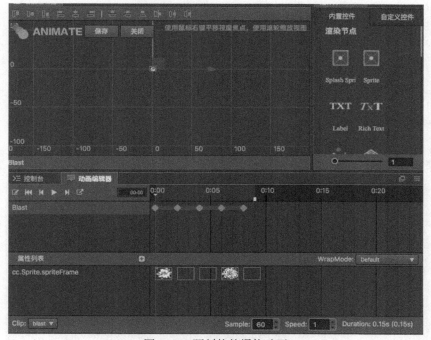

图 22-7　预制体的爆炸动画

添加脚本文件 Blast.js，并将该文件添加到预制体的 Blast 节点下，实现对爆炸的处理。

```
// 爆炸预制体脚本
cc.Class({
    extends: cc.Component,
    // 声明
    properties: {
    },
    // use this for initialization
    onLoad: function () {
    },
    // 爆炸完成
    playFinish: function () {
        this.node.parent = null;
    },
    // called every frame, uncomment this function to activate update callback
    // update: function (dt) {
    // },
});
```

代码解读：编辑爆炸的脚本，爆炸完成之后做处理。

（2）坦克要发射子弹，先制作子弹预制体，然后制作坦克预制体。

为方便管理，添加一些基本属性管理的脚本文件。

```
// 坦克脚本文件
// 坦克类型
var _tankType = cc.Enum({
    Normal: 0,
    Speed: 1, // 速度
    Armor: 2, // 方向
    Player: 3 // 角色
});
// 供外部使用
module.exports = {
    tankType: _tankType
};
```

制作子弹预制体，如图 22-8 所示。

图 22-8　子弹预制体

添加脚本文件 Bullet.js，并将该脚本文件添加到子弹预制体的 bullet 节点上。

🌀思考：

- 对子弹的控制（方向、速度）。
- 子弹离开屏幕的处理。
- 子弹的碰撞处理。

```javascript
// 子弹脚本文件
// 引用
var TankType = require("TankData").tankType;
cc.Class({
    extends: cc.Component,
    // 声明
    properties: {
        // 子弹速度
        speed: 20
    },
    // 初始化
    onLoad: function () {
    },
    //对象池获取对象时调用此方法
    reuse: function (bulletPool) {
        // get 方法中传入的子弹对象池
        this.bulletPool = bulletPool;
    },
    // 子弹移动
    bulletMove: function () {
        // 偏移
        var angle = 90 - this.node.rotation;
        if(angle==0 || angle==180 || angle==90){
            this.offset = cc.v2(Math.floor(Math.cos(Math.PI/180*angle)),
                            Math.floor(Math.sin(Math.PI/180*angle)));
        }else if(angle==270){
            this.offset = cc.v2(Math.ceil(Math.cos(Math.PI/180*angle)),
                            Math.floor(Math.sin(Math.PI/180*angle)));
        }else {
            this.offset = cc.v2(Math.cos(Math.PI/180*angle),
                            Math.sin(Math.PI/180*angle));
        }
    },
    // 刷新
    update: function (dt) {
        //移动
        this.node.x += this.offset.x*this.speed*dt;
        this.node.y += this.offset.y*this.speed*dt;
    },
});
```

代码解读：发射子弹，子弹以一定的角度和速度移动。

编辑坦克的预制体 TankPref，如图 22-9 所示。

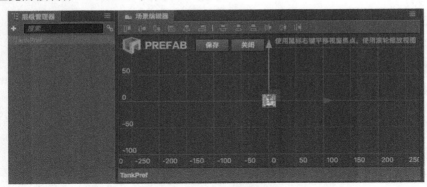

图 22-9　坦克预制体

思考：

- 对坦克的控制（类型、速度、移动、血量）。
- 坦克的效果（爆炸动画、射击音效）。

添加脚本文件 Tank.js，并将该脚本文件添加到坦克预制体 TankPref 节点下。

```
// 坦克脚本文件
// 引用
var TankType = require("TankData").tankType;
cc.Class({
    extends: cc.Component,
    // 声明
    properties: {
        // 坦克类型
        tankType: {
            default: TankType.Normal,
            type: TankType
        },
        //速度
        speed: 20,
        // 子弹
        bullet: cc.Prefab,
        // 发射子弹间隔时间
        fireTime: 0.5,
        // 血量
        blood: 1,
        // 所属组织
        team: 0,
        // 爆炸动画
        blast: cc.Prefab,
        // 射击音效
        shootAudio: {
            default: null,
```

```
                url: cc.AudioClip,
            },
            die: false,
        },
    // 初始化
    onLoad: function () {
    },
    // 初始设置
    start: function() {
        // 初始是停止状态的
        this.stopMove = true;
        // 偏移量
        this.offset = cc.v2();
        // 坦克类型
        if(this.tankType != TankType.Player){
            var self = this;
            //添加 AI
            var callback = cc.callFunc(function(){
                var angles = [0, 90, 180, 270];
                var index = parseInt(Math.random()*4, 10);
                self.tankMoveStart(angles[index]);
            }, this);
            // 循环动作
            var seq = cc.sequence(cc. delayTime(0.3), callback, cc.
delayTime(1));
            this.node.runAction(cc.repeatForever(seq));
        }
    },
    // 添加坦克移动动作
    tankMoveStart: function (angle) {
        this.node.rotation = 90 - angle;
        if(angle==0 || angle==180 || angle==90){
            this.offset = cc.v2(Math.floor(Math.cos(Math.PI/180*angle)),
                            Math.floor(Math.sin(Math.PI/180*angle)));
        }else if(angle==270){
            this.offset = cc.v2(Math.ceil(Math.cos(Math.PI/180*angle)),
                            Math.floor(Math.sin(Math.PI/180*angle)));
        }else {
            this.offset = cc.v2(Math.cos(Math.PI/180*angle),
                            Math.sin(Math.PI/180*angle));
        }
        this.stopMove = false;
    },
    // 移除坦克移动动作
    tankMoveStop: function () {
        this.stopMove = true;
    },
```

```
    // 刷新
    update: function (dt) {
        if(!this.stopMove){
            var boundingBox = this.node.getBoundingBox();
            var rect = cc.rect(boundingBox.xMin + this.offset.x*this.
speed*dt*1.5,
                        boundingBox.yMin + this.offset.y*this.speed*
dt*1.7,
                        boundingBox.size.width,
                        boundingBox.size.height);
        }
    },
});
```

代码解读：
- 编辑坦克脚本，初始化设置坦克的一些属性，如速度、血量、类型等。
- 坦克移动角度为 0°、90°、180°、270°。

22.2.3　主游戏脚本

（1）为便于对整个游戏的控制，编辑 CityScript.js 脚本文件，并将该脚本文件添加到 CityScript 节点下。

```
// 主游戏脚本文件
// 引用
var TankType = require("TankData").tankType;
cc.Class({
    extends: cc.Component,
    // 声明
    properties: {
        //地图
        curMap: cc.TiledMap,
        //子弹预制体
        bullet: cc.Prefab,
        //坦克预制体
        tank: {
            default: null,
            type: cc.Prefab,
        },
        //最大数量
        maxCount: 5,
        //出生地
        bornPoses: {
            default: [],
            type: cc.Vec2,
        },
        //坦克皮肤
```

```
        spriteFrames: {
            default: [],
            type: cc.SpriteFrame,
        },
        //坦克移动速度
        tankSpeeds: {
            default: [],
            type: cc.Float,
        },
        //坦克发射子弹间隔时间
        tankFireTimes: {
            default: [],
            type: cc.Float,
        },
        //坦克血量
        tankBloods: {
            default: [],
            type: cc.Integer,
        },
    },
    // use this for initialization
    onLoad: function () {
        cc.director.setDisplayStats(true);
        //获取地图 TiledMap 组件
        this._tiledMap = this.curMap.getComponent('cc.TiledMap');
    },
    // 初始化设置
    start: function(err){
        if(err){
            return;
        }
        //默认角度
        this.curAngle = null;
        var self = this;
        //注册监听事件
        this.registerInputEvent();
        //引入地图数据
        this._tiledMapData = require("TiledMapData");
        //获取地图尺寸
        this._curMapTileSize = this._tiledMap.getTileSize();
        this._curMapSize = cc.v2(this._tiledMap.node.width,this._tiledMap.
node.height);
        //地图墙层
        this.mapLayer0 = this._tiledMap.getLayer("layer_0");
        //初始化对象池(参数必须为对应脚本的文件名)
        this.bulletPool = new cc.NodePool("Bullet");
        var initBulletCount = 20;
```

```
        for(var i=0; i<initBulletCount; ++i){
            var bullet = cc.instantiate(this.bullet);
            this.bulletPool.put(bullet);
        }
        this.tankPool = new cc.NodePool("Tank");
        for(var i=0; i<this.maxCount; ++i){
            var tank = cc.instantiate(this.tank);
            this.tankPool.put(tank);
        }
        if(!cc.gameData){
            cc.gameData = {};
        }
        //初始化
        cc.gameData.teamId = 0;
        //临时状态
        cc.gameData.single = true;
        //地图内坦克列表
        cc.gameData.tankList = [];
        //地图内子弹列表
        cc.gameData.bulletList = [];
        //获取组件
        this.tankNode = cc.find("/Canvas/Map/tank");
        //加入player
        this.player = this.addPlayerTank();
        //获取坦克控制组件
        this._playerTankCtrl = this.player.getComponent("Tank");
        //启动定时器，增加坦克
        this.schedule(this.addAITank,3,cc.macro.REPEAT_FOREVER,1);
    },
    //加入玩家坦克
    addPlayerTank: function(team) {
        if(this.tankPool.size()>0){
            var tank = this.tankPool.get();
            tank.getComponent(cc.Sprite).spriteFrame = this.spriteFrames
[this.spriteFrames.length-1];
            tank.position = this.bornPoses[this.bornPoses.length-1];
            //获取坦克控制组件
            var tankCtrl = tank.getComponent("Tank");
            // 设置坦克属性
            tankCtrl.tankType = TankType.Player;
            tankCtrl.speed = this.tankSpeeds[this.tankSpeeds.length-1];
            tankCtrl.fireTime = this.tankFireTimes[this.tankFireTimes.
length-1];
            tankCtrl.blood = this.tankBloods[this.tankBloods.length-1];
            tankCtrl.die = false;

            if(!team){
```

```
            if(cc.gameData.single){
                // 单机版
                tankCtrl.team = 0;
            }else {
                // 大乱斗
                tankCtrl.team = ++cc.gameData.teamId;
            }

        }else {
            // 组队
            tankCtrl.team = team;
        }
        tank.parent = this.tankNode;
        // 加到列表
        cc.gameData.tankList.push(tank);
        return tank;
    }
    return null;
},
// 加入 AI
addAITank: function(dt, team) {
    if(this.tankPool.size()>0){
        var tank = this.tankPool.get();
        var index = parseInt(Math.random()*3, 10);
        // 获取坦克控制组件
        var tankCtrl = tank.getComponent("Tank");
        // 设置坦克属性
        tank.getComponent(cc.Sprite).spriteFrame = this.spriteFrames
[index];
        tank.position = this.bornPoses[index];
        tankCtrl.tankType = index;
        tankCtrl.speed = this.tankSpeeds[index];
        tankCtrl.fireTime = this.tankFireTimes[index];
        tankCtrl.blood = this.tankBloods[index];
        tankCtrl.die = false;
        if(!team){
            if(cc.gameData.single){
                // 单机版
                tankCtrl.team = 1;
            }else {
                // 大乱斗
                tankCtrl.team = ++cc.gameData.teamId;
            }
        }else {
            // 组队
            tankCtrl.team = team;
        }
```

```
        if(index == 0){
            tank.rotation = 90;
        }else if(index == 1){
            tank.rotation = 180;
        }else if(index == 2){
            tank.rotation = 270;
        }
        if(tankCtrl.collisionTank(tank.getBoundingBox())){
            for(var i=0; i<this.bornPoses.length-1; i++){
                tank.position = this.bornPoses[i];
                if(!tankCtrl.collisionTank(tank.getBoundingBox())){
                    break;
                }
            }
        }
        tank.parent = this.tankNode;
        // 加到列表
        cc.gameData.tankList.push(tank);
    }
    },
});
```

代码解读：

- 初始化整个游戏场景，添加游戏背景（制作好的关卡）；
- 添加 NPC 坦克，通过坦克预制体添加；
- 添加玩家坦克，也是通过坦克预制体添加。

（2）碰撞处理。

思考：

- 子弹射击到坦克的碰撞处理。
- 角色坦克和 NPC 坦克的碰撞。
- 坦克和墙体的碰撞。

编辑子弹脚本文件 Bullet.js，实现子弹碰撞处理。

```
// 子弹脚本文件
// 引用
var TankType = require("TankData").tankType;
cc.Class({
    extends: cc.Component,
    properties: {
        // 子弹速度
        speed: 20
    },
    // 初始化
    onLoad: function () {
        // 获取组件
```

```
        this._cityCtrl = cc.find("/CityScript").getComponent("CityScript");
    },
    // 对象池获取对象时调用此方法
    reuse: function (bulletPool) {
        // get 方法中传入的子弹对象池
        this.bulletPool = bulletPool;
    },
    // 子弹移动
    bulletMove: function () {
        // 偏移
        var angle = 90 - this.node.rotation;
        if(angle==0 || angle==180 || angle==90){
            this.offset = cc.v2(Math.floor(Math.cos(Math.PI/180*angle)),
                            Math.floor(Math.sin(Math.PI/180*angle)));
        }else if(angle==270){
            this.offset = cc.v2(Math.ceil(Math.cos(Math.PI/180*angle)),
                            Math.floor(Math.sin(Math.PI/180*angle)));
        }else {
            this.offset = cc.v2(Math.cos(Math.PI/180*angle),
                            Math.sin(Math.PI/180*angle));
        }
    },
    // 子弹爆炸
    bulletBoom: function () {
        this.node.parent = null;
        this.bulletPool.put(this.node);
    },
    // 刷新
    update: function (dt) {
        // 移动
        this.node.x += this.offset.x*this.speed*dt;
        this.node.y += this.offset.y*this.speed*dt;
        // 检测碰撞
        var rect = this.node.getBoundingBox();
        if(this._cityCtrl.collisionTest(rect, true)
            // this.collisionTank(rect)){
            // 子弹爆炸
            this.bulletBoom();
        }
    },
    // 判断是否与坦克碰撞
    collisionTank: function(rect) {
        for(var i=0; i<cc.gameData.tankList.length; i++){
            var tank = cc.gameData.tankList[i]
            var tankCtrl = tank.getComponent("Tank");
            // 是否是敌对坦克
            if(tankCtrl.team == this.node.tag || tankCtrl.die){
```

```
            // 同一队的成员不互相伤害
            continue;
        }
        var boundingBox = tank.getBoundingBox();
        if(cc.rectIntersectsRect(rect, boundingBox)){
            if(--tankCtrl.blood <= 0){
                tankCtrl.boom();
            }
            return true;
        }
    }
    return false;
    },
});
```

代码解读：

- 开启物理系统，使用碰撞系统。
- 分析游戏中的碰撞场景（子弹与坦克碰撞、坦克间的碰撞、坦克与墙体的碰撞）。

思考：

- 子弹射击到坦克的碰撞处理。
- 角色坦克和 NPC 坦克的碰撞。
- 坦克和墙体的碰撞。
- 声音处理。
- 爆炸处理。
- NPC 坦克的决策与思考。

编辑 Tank.js 脚本文件，实现坦克的处理。

```
// 坦克脚本文件
// 引用
var TankType = require("TankData").tankType;
cc.Class({
    extends: cc.Component,
    // 声明
    properties: {
        // 坦克类型
        tankType: {
            default: TankType.Normal,
            type: TankType
        },
        // 速度
        speed: 20,
        // 子弹
        bullet: cc.Prefab,
        // 发射子弹间隔时间
        fireTime: 0.5,
```

```
        // 血量
        blood: 1,
        // 所属组织
        team: 0,
        // 爆炸动画
        blast: cc.Prefab,
        // 射击音效
        shootAudio: {
            default: null,
            url: cc.AudioClip,
        },
        die: false,
    },
    // 初始化
    onLoad: function () {
        //获取组件
        this._cityCtrl = cc.find("/CityScript").getComponent("CityScript");
        this.bulletNode = cc.find("/Canvas/Map/bullet");
    },
    // 初始设置
    start: function() {
        // 初始是停止状态的
        this.stopMove = true;
        // 偏移量
        this.offset = cc.v2();
        // 坦克类型
        if(this.tankType != TankType.Player){
            var self = this;
            // 添加 AI
            var callback = cc.callFunc(function(){
                // 角度
                var angles = [0, 90, 180, 270];
                // 随机数
                var index = parseInt(Math.random()*4, 10);
                // 移动
                self.tankMoveStart(angles[index]);
                self.startFire(self._cityCtrl.bulletPool);
            }, this);
            // 循环动作——移动射击
            var seq = cc.sequence(cc.delayTime(0.3), callback, cc.
delayTime(1));
            this.node.runAction(cc.repeatForever(seq));
        }
    },
    // 添加坦克移动动作
    tankMoveStart: function (angle) {
        this.node.rotation = 90 - angle;
```

```
        // 移动角度
        if(angle==0 || angle==180 || angle==90){
            this.offset = cc.v2(Math.floor(Math.cos(Math.PI/180*angle)),
                            Math.floor(Math.sin(Math.PI/180*angle)));
        }else if(angle==270){
            this.offset = cc.v2(Math.ceil(Math.cos(Math.PI/180*angle)),
                            Math.floor(Math.sin(Math.PI/180*angle)));
        }else {
            this.offset = cc.v2(Math.cos(Math.PI/180*angle),
                            Math.sin(Math.PI/180*angle));
        }
        this.stopMove = false;
    },
    // 移除坦克移动动作
    tankMoveStop: function () {
        this.stopMove = true;
    },
    // 刷新
    update: function (dt) {
        if(!this.stopMove){
            var boundingBox = this.node.getBoundingBox();
            var rect = cc.rect(boundingBox.xMin + this.offset.x*this.
speed*dt*1.5,
                            boundingBox.yMin + this.offset.y*this.speed*
dt*1.7,
                            boundingBox.size.width,
                            boundingBox.size.height);
            // 检测坦克与地图的碰撞
            if(this._cityCtrl.collisionTest(rect)
                || this.collisionTank(rect)
                ){
                // 停止
                this.tankMoveStop();
            }else {
                // 移动
                this.node.x += this.offset.x*this.speed*dt;
                this.node.y += this.offset.y*this.speed*dt;
            }
        }
        // 停止开火
        if(this.stopFire){
            this.fireTime -= dt;
            if(this.fireTime<=0){
                this.stopFire = false;
            }
        }
    },
```

```
// 判断是否与其他坦克碰撞
collisionTank: function(rect) {
    for(var i=0; i<cc.gameData.tankList.length; i++){
        var tank = cc.gameData.tankList[i]
        if(this.node === tank){
            continue;
        }
        var boundingBox = tank.getBoundingBox();
        // 是否碰撞
        if(cc.rectIntersectsRect(rect, boundingBox)){
            return true;
        }
    }
    return false;
},
// 开火
startFire: function (bulletPool){
    // 是否开火
    if(this.stopFire){
        return false;
    }
    // 开火控制
    this.stopFire = true;
    this.fireTime = 0.5;
    // 子弹
    var bullet = null;
    if(bulletPool.size()>0){
        bullet = bulletPool.get(bulletPool);
    }else {
        bullet = cc.instantiate(this.bullet);
    }
    // 设置子弹位置、角度
    bullet.rotation = this.node.rotation;
    var pos = this.node.position;
    // 角度
    var angle = 90 - this.node.rotation;
    var offset = cc.v2(0, 0);
    if(angle==0 || angle==180 || angle==90){
        offset = cc.v2(Math.floor(Math.cos(Math.PI/180*angle)),
                    Math.floor(Math.sin(Math.PI/180*angle)));
    }else if(angle==270){
        offset = cc.v2(Math.ceil(Math.cos(Math.PI/180*angle)),
                    Math.floor(Math.sin(Math.PI/180*angle)));
    }else {
        offset = cc.v2(Math.cos(Math.PI/180*angle),
                    Math.sin(Math.PI/180*angle));
    }
```

```
        // 子弹移动
        bullet.position = cc.pAdd(pos,cc.v2(10*offset.x, 10*offset.y));
        bullet.getComponent("Bullet").bulletMove();
        bullet.parent = this.bulletNode;
        // 子弹标记
        bullet.tag = this.team;
        // 加到列表
        cc.gameData.bulletList.push(bullet);
        return true;
    },
    // 爆炸
    boom: function(){
        // 调用爆炸动画
        var blast = cc.instantiate(this.blast);
        blast.parent = this.node.parent;
        blast.position = this.node.position;
        var anim = blast.getComponent(cc.Animation);
        anim.play();
        // 对角色坦克死亡的处理
        this._cityCtrl.tankBoom(this.node);
    },
});
```

代码解读：

- 碰撞检测及处理，包括子弹与坦克的碰撞、坦克间的碰撞、坦克与墙体的碰撞；
- 每种碰撞的声音播放，子弹与坦克发生碰撞的爆炸动画处理；
- NPC 坦克的决策与思考，包括移动、旋转、发射子弹、碰撞。

（3）实现坦克游戏逻辑。

为方便对游戏地图关卡的控制，添加脚本文件 TiledMapData.js。

```
// MapData
var _tileType = cc.Enum({
    tileNone: 0,
    tileGrass: 1,
    tileSteel: 2,
    tileWall: 3,
    tileRiver: 4,
    tileKing: 5
});
// gid 的值从 1 开始
var _gidToTileType = [
    _tileType.tileNone,
    _tileType.tileNone, _tileType.tileNone, _tileType.tileGrass, _tileType.
tileGrass, _tileType.tileSteel, _tileType.tileSteel,
    _tileType.tileNone, _tileType.tileNone, _tileType.tileGrass, _tileType.
tileGrass, _tileType.tileSteel, _tileType.tileSteel,
```

```
      _tileType.tileWall, _tileType.tileWall, _tileType.tileRiver, _tileType.
tileRiver, _tileType.tileKing, _tileType.tileKing,
      _tileType.tileWall, _tileType.tileWall, _tileType.tileRiver, _tileType.
tileRiver, _tileType.tileKing, _tileType.tileKing,
      _tileType.tileKing, _tileType.tileKing, _tileType.tileNone, _tileType.
tileNone, _tileType.tileNone, _tileType.tileNone,
      _tileType.tileKing, _tileType.tileKing, _tileType.tileNone, _tileType.
tileNone, _tileType.tileNone, _tileType.tileNone
    ];
    // 供外部使用
    module.exports = {
        tileType: _tileType,
        gidToTileType: _gidToTileType
    };
```

代码解读：对游戏中的一些数据做统一脚本管理，方便开发和阅读代码。

🗭思考：

● 控制角色坦克移动、发射子弹。

● 角色坦克死亡处理。

● 坦克与地图的碰撞处理。

编辑主游戏脚本文件 CityScript.js。

```
// 主游戏脚本文件
// 引用
var TankType = require("TankData").tankType;
cc.Class({
    extends: cc.Component,
    properties: { // 声明
        curMap: cc.TiledMap, // 地图
        bullet: cc.Prefab, // 子弹预制体
        tank: { // 坦克预制体
            default: null,
            type: cc.Prefab,
        },
        maxCount: 5, // 最大数量
        bornPoses: { // 出生地
            default: [],
            type: cc.Vec2,
        },
        spriteFrames: {  // 坦克皮肤
            default: [],
            type: cc.SpriteFrame,
        },
        tankSpeeds: { // 坦克移动速度
            default: [],
            type: cc.Float,
```

```
        },
        tankFireTimes: { // 坦克发射子弹间隔时间
            default: [],
            type: cc.Float,
        },
        tankBloods: {  // 坦克血量
            default: [],
            type: cc.Integer,
        },
    },
    // use this for initialization
    onLoad: function () {
        cc.director.setDisplayStats(true);
        // 获取地图 TiledMap 组件
        this._tiledMap = this.curMap.getComponent('cc.TiledMap');
    },
    // 初始化设置
    start: function(err){
        if(err){
            return;
        }
        // 默认角度
        this.curAngle = null;
        var self = this;
        // 注册监听事件
        this.registerInputEvent();
        // 引入地图数据
        this._tiledMapData = require("TiledMapData");
        // 获取地图尺寸
        this._curMapTileSize = this._tiledMap.getTileSize();
        this._curMapSize = cc.v2(this._tiledMap.node.width,this._tiledMap.
node.height);
        // 地图墙层
        this.mapLayer0 = this._tiledMap.getLayer("layer_0");
        // 初始化对象池(参数必须为对应脚本的文件名)
        // 子弹
        this.bulletPool = new cc.NodePool("Bullet");
        var initBulletCount = 20;
        for(var i=0; i<initBulletCount; ++i){
            var bullet = cc.instantiate(this.bullet);
            this.bulletPool.put(bullet);
        }
        // 坦克
        this.tankPool = new cc.NodePool("Tank");
        for(var i=0; i<this.maxCount; ++i){
            var tank = cc.instantiate(this.tank);
            this.tankPool.put(tank);
```

```
        }
        if(!cc.gameData){
            cc.gameData = {};
        }
        // 初始化
        cc.gameData.teamId = 0;
        // 临时状态
        cc.gameData.single = true;
        // 地图内坦克列表
        cc.gameData.tankList = [];
        // 地图内子弹列表
        cc.gameData.bulletList = [];
        //获取组件
        this.tankNode = cc.find("/Canvas/Map/tank");
        //加入 player
        this.player = this.addPlayerTank();
        //获取坦克控制组件
        this._playerTankCtrl = this.player.getComponent("Tank");
        //启动定时器，增加坦克
        this.schedule(this.addAITank,3,cc.macro.REPEAT_FOREVER,1);
    },
    //注册输入事件
    registerInputEvent: function () {
        var self = this;
        // 按住按键，控制坦克移动、发射子弹
        cc.systemEvent.on(cc.SystemEvent.EventType.KEY_DOWN,
                    function (event) {
                        var angle = null;
                        // 坦克移动按钮
                        switch(event.keyCode) {
                            case cc.KEY.w:
                                angle = 90;
                                break;
                            case cc.KEY.s:
                                angle = 270;
                                break;
                            case cc.KEY.a:
                                angle = 180;
                                break;
                            case cc.KEY.d:
                                angle = 0;
                                break;
                        }
                        // 坦克发射子弹按钮
                        if(event.keyCode == cc.KEY.k){
                            this.fireBtnClick();
                        }else {
```

```
                                self._playerTankCtrl.tankMoveStop();
                            }
                            if(angle!=null){
                                //开始前进
                                self._playerTankCtrl.tankMoveStart(angle);
                            }
                        }, this);
            // 松开按键
            cc.systemEvent.on(cc.SystemEvent.EventType.KEY_UP,
                        function (event){
                            // 停止前进
                            if(event.keyCode != cc.KEY.k){
                                self._playerTankCtrl.tankMoveStop();
                            }
                        }, this);
        },
        // 加入玩家坦克
        addPlayerTank: function(team) {
            if(this.tankPool.size()>0){
                var tank = this.tankPool.get();
                tank.getComponent(cc.Sprite).spriteFrame = this.spriteFrames
[this.spriteFrames.length-1];
                tank.position = this.bornPoses[this.bornPoses.length-1];
                //获取坦克控制组件
                var tankCtrl = tank.getComponent("Tank");
                //设置坦克属性
                tankCtrl.tankType = TankType.Player;
                tankCtrl.speed = this.tankSpeeds[this.tankSpeeds.length-1];
                tankCtrl.fireTime  =  this.tankFireTimes[this.tankFireTimes.
length-1];
                tankCtrl.blood = this.tankBloods[this.tankBloods.length-1];
                tankCtrl.die = false;
                if(!team){
                    if(cc.gameData.single){
                        // 单机版
                        tankCtrl.team = 0;
                    }else {
                        // 大乱斗
                        tankCtrl.team = ++cc.gameData.teamId;
                    }

                }else {
                    // 组队
                    tankCtrl.team = team;
                }
                tank.parent = this.tankNode;
                // 加到列表
                cc.gameData.tankList.push(tank);
```

```
            return tank;
        }
        return null;
    },
    // 加入 AI; NPC
    addAITank: function(dt, team) {
        if(this.tankPool.size()>0){
            // 坦克预制体
            var tank = this.tankPool.get();
            var index = parseInt(Math.random()*3, 10);
            //获取坦克控制组件
            var tankCtrl = tank.getComponent("Tank");
            //设置坦克属性
            tank.getComponent(cc.Sprite).spriteFrame = this.spriteFrames
[index];
            tank.position = this.bornPoses[index];
            tankCtrl.tankType = index;
            tankCtrl.speed = this.tankSpeeds[index];
            tankCtrl.fireTime = this.tankFireTimes[index];
            tankCtrl.blood = this.tankBloods[index];
            tankCtrl.die = false;
            if(!team){
                if(cc.gameData.single){
                    //单机版
                    tankCtrl.team = 1;
                }else {
                    //大乱斗
                    tankCtrl.team = ++cc.gameData.teamId;
                }
            }else {
                //组队
                tankCtrl.team = team;
            }
            // 角度
            if(index == 0){
                tank.rotation = 90;
            }else if(index == 1){
                tank.rotation = 180;
            }else if(index == 2){
                tank.rotation = 270;
            }
            if(tankCtrl.collisionTank(tank.getBoundingBox())){
                for(var i=0; i<this.bornPoses.length-1; i++){
                    tank.position = this.bornPoses[i];
                    if(!tankCtrl.collisionTank(tank.getBoundingBox())){
                        break;
                    }
```

```
                }
            }
            tank.parent = this.tankNode;
            //加到列表
            cc.gameData.tankList.push(tank);
        }
    },
    // 单击开火按钮
    fireBtnClick: function(){
        if(this._playerTankCtrl.startFire(this.bulletPool)){
            //播放射击音效
            cc.audioEngine.play(this._playerTankCtrl.shootAudio, false, 1);
        }
    },
});
```

代码解读：利用键盘控制坦克的移动（改变坦克角度、位置）和射击（发射子弹、播放发射声音）。

CityScript.js 完整脚本文件如下。

```
// 主游戏脚本文件
// 引用
var TankType = require("TankData").tankType;
cc.Class({
    extends: cc.Component,
    // 声明
    properties: {
        curMap: cc.TiledMap, // 地图
        bullet: cc.Prefab, // 子弹预制体
        tank: { // 坦克预制体
            default: null,
            type: cc.Prefab,
        },
        maxCount: 5, // 最大数量
        bornPoses: { // 出生地
            default: [],
            type: cc.Vec2,
        },
        spriteFrames: {   // 坦克皮肤
            default: [],
            type: cc.SpriteFrame,
        },
        tankSpeeds: { // 坦克移动速度
            default: [],
            type: cc.Float,
        },
        tankFireTimes: {  // 坦克发射子弹间隔时间
            default: [],
```

```
            type: cc.Float,
        },
        tankBloods: { // 坦克血量
            default: [],
            type: cc.Integer,
        },
    },
    // use this for initialization
    onLoad: function () {
        cc.director.setDisplayStats(true);
        // 获取地图 TiledMap 组件
        this._tiledMap = this.curMap.getComponent('cc.TiledMap');
    },
    // 初始化设置
    start: function(err){
        if(err){
            return;
        }
        // 默认角度
        this.curAngle = null;
        var self = this;
        // 注册监听事件
        this.registerInputEvent();
        // 引入地图数据
        this._tiledMapData = require("TiledMapData");
        // 获取地图尺寸
        this._curMapTileSize = this._tiledMap.getTileSize();
        this._curMapSize = cc.v2(this._tiledMap.node.width,this._tiledMap.
node.height);
        // 地图墙层
        this.mapLayer0 = this._tiledMap.getLayer("layer_0");
        // 初始化对象池(参数必须为对应脚本的文件名)
        this.bulletPool = new cc.NodePool("Bullet"); // 子弹
        var initBulletCount = 20;
        for(var i=0; i<initBulletCount; ++i){
            var bullet = cc.instantiate(this.bullet);
            this.bulletPool.put(bullet);
        }
        // 坦克
        this.tankPool = new cc.NodePool("Tank");
        for(var i=0; i<this.maxCount; ++i){
            var tank = cc.instantiate(this.tank);
            this.tankPool.put(tank);
        }
        if(!cc.gameData){
            cc.gameData = {};
        }
        // 初始化
        cc.gameData.teamId = 0;
```

```javascript
            // 临时
            cc.gameData.single = true;
            // 地图内坦克列表
            cc.gameData.tankList = [];
            // 地图内子弹列表
            cc.gameData.bulletList = [];
            //获取组件
            this.tankNode = cc.find("/Canvas/Map/tank");
            //加入 player
            this.player = this.addPlayerTank();
            //获取坦克控制组件
            this._playerTankCtrl = this.player.getComponent("Tank");
            //启动定时器，增加坦克
            this.schedule(this.addAITank,3,cc.macro.REPEAT_FOREVER,1);
    },
    //注册输入事件
    registerInputEvent: function () {
        var self = this;
        // 按住按键，控制坦克移动、发射子弹
        cc.systemEvent.on(cc.SystemEvent.EventType.KEY_DOWN,
                    function (event) {
                        var angle = null;
                        // 坦克移动按钮
                        switch(event.keyCode) {
                            case cc.KEY.w:
                                angle = 90;
                                break;
                            case cc.KEY.s:
                                angle = 270;
                                break;
                            case cc.KEY.a:
                                angle = 180;
                                break;
                            case cc.KEY.d:
                                angle = 0;
                                break;
                        }
                        // 坦克发射子弹按钮
                        if(event.keyCode == cc.KEY.k){
                            this.fireBtnClick();
                        }else {
                            self._playerTankCtrl.tankMoveStop();
                        }
                        if(angle!=null){
                            //开始前进
                            self._playerTankCtrl.tankMoveStart(angle);
                        }
                    }, this);
```

```
                    // 松开按键
            cc.systemEvent.on(cc.SystemEvent.EventType.KEY_UP,
                        function (event){
                            // 停止前进
                            if(event.keyCode != cc.KEY.k){
                                self._playerTankCtrl.tankMoveStop();
                            }
                        }, this);
        },
    // 碰撞检测
    collisionTest: function(rect, bullet){
        // 判断坦克是否碰到地图边界
        if (rect.xMin <= -this._curMapSize.x/2 || rect.xMax >=
            this._ curMapSize.x/2 ||
            rect.yMin <= -this._curMapSize.y/2 || rect.yMax >=
            this._ curMapSize.y/2){
            return true;
        }
        // 判断是否撞墙
        // 将坐标转换为地图坐标系
        var MinY = this._curMapSize.y/2 - rect.yMin;
        var MaxY = this._curMapSize.y/2 - rect.yMax;
        var MinX = this._curMapSize.x/2 + rect.xMin;
        var MaxX = this._curMapSize.x/2 + rect.xMax;
        // 获取四个角的顶点
        var LeftDown = cc.v2(MinX, MinY);
        var RightDown = cc.v2(MaxX, MinY);
        var LeftUp = cc.v2(MinX, MaxY);
        var RightUp = cc.v2(MaxX, MaxY);
        // 获取四条边的中心点
        var MidDown = cc.v2(MinX+(MaxX-MinX)/2, MinY);
        var MidUp = cc.v2(MinX+(MaxX-MinX)/2, MaxY);
        var MidLeft = cc.v2(MinX, MinY+(MaxY-MinY)/2);
        var MidRight= cc.v2(MaxX, MinY+(MaxY-MinY)/2);
        // 检测碰撞
        return this._collisionTest([LeftDown,RightDown,LeftUp,RightUp,
                    MidDown,MidUp,MidLeft,MidRight],
                    bullet);
    },
    // 内部碰撞检测方法
    _collisionTest: function(points, bullet){
        var point = points.shift()
        var gid = this.mapLayer0.getTileGIDAt(cc.v2(parseInt(point.x /
this._curMapTileSize.width),parseInt(point.y / this._curMapTileSize.height)));
        if (this._tiledMapData.gidToTileType[gid] != this._tiledMapData.
tileType.tileNone &&
            this._tiledMapData.gidToTileType[gid] != this._tiledMapData.
tileType.tileGrass){
```

```
            if(bullet && this._tiledMapData.gidToTileType[gid] ==
            this._tiledMapData.tileType.tileWall){
                this.mapLayer0.removeTileAt(cc.v2(parseInt(point.x /
                this._curMapTileSize.width),parseInt(point.y / this._
curMapTileSize.height)));
            }
            return true;
        }
        if(points.length>0){
            return this._collisionTest(points, bullet);
        }else{
            return false;
        }
    },
    // 加入玩家坦克
    addPlayerTank: function(team) {
        if(this.tankPool.size()>0){
            var tank = this.tankPool.get();
            tank.getComponent(cc.Sprite).spriteFrame = this.spriteFrames
[this.spriteFrames.length-1];
            tank.position = this.bornPoses[this.bornPoses.length-1];
            //获取坦克控制组件
            var tankCtrl = tank.getComponent("Tank");
            //设置坦克属性
            tankCtrl.tankType = TankType.Player;
            tankCtrl.speed = this.tankSpeeds[this.tankSpeeds.length-1];
            tankCtrl.fireTime = this.tankFireTimes[this.tankFireTimes.
length-1];
            tankCtrl.blood = this.tankBloods[this.tankBloods.length-1];
            tankCtrl.die = false;
            if(!team){
                if(cc.gameData.single){
                    // 单机版
                    tankCtrl.team = 0;
                }else {
                    // 大乱斗
                    tankCtrl.team = ++cc.gameData.teamId;
                }
            }else {
                // 组队
                tankCtrl.team = team;
            }
            tank.parent = this.tankNode;
            // 加到列表
            cc.gameData.tankList.push(tank);
            return tank;
        }
        return null;
```

```
        },
        // 加入 AI：NPC
        addAITank: function(dt, team) {
            if(this.tankPool.size()>0){
                var tank = this.tankPool.get();
                var index = parseInt(Math.random()*3, 10);
                //获取坦克控制组件
                var tankCtrl = tank.getComponent("Tank");
                //设置坦克属性
                tank.getComponent(cc.Sprite).spriteFrame = this.spriteFrames
[index];
                tank.position = this.bornPoses[index];
                tankCtrl.tankType = index;
                tankCtrl.speed = this.tankSpeeds[index];
                tankCtrl.fireTime = this.tankFireTimes[index];
                tankCtrl.blood = this.tankBloods[index];
                tankCtrl.die = false;
                if(!team){
                    if(cc.gameData.single){
                        //单机版
                        tankCtrl.team = 1;
                    }else {
                        //大乱斗
                        tankCtrl.team = ++cc.gameData.teamId;
                    }
                }else {
                    //组队
                    tankCtrl.team = team;
                }
                // 角度
                if(index == 0){
                    tank.rotation = 90;
                }else if(index == 1){
                    tank.rotation = 180;
                }else if(index == 2){
                    tank.rotation = 270;
                }
                if(tankCtrl.collisionTank(tank.getBoundingBox())){
                    for(var i=0; i<this.bornPoses.length-1; i++){
                        tank.position = this.bornPoses[i];
                        if(!tankCtrl.collisionTank(tank.getBoundingBox())){
                            break;
                        }
                    }
                }
                tank.parent = this.tankNode;
                //加到列表
                cc.gameData.tankList.push(tank);
```

```
        }
    },
    // 角色坦克死亡
    tankBoom: function(tank) {
        tank.parent = null;
        tank.getComponent("Tank").die = true;
        this.tankPool.put(tank);
        if(cc.gameData.single && tank.getComponent("Tankt").team == 0){
            // 回到开始游戏页面
            cc.director.loadScene("StartScene");
        }
    },
    // 单击开火按钮
    fireBtnClick: function(){
        if(this._playerTankCtrl.startFire(this.bulletPool)){
            //播放射击音效
            cc.audioEngine.play(this._playerTankCtrl.shootAudio, false, 1);
        }
    },
    //销毁时调用
    onDestroy: function () {
        // 销毁
        this.unschedule(this.addAITank,this);
    },
});
```

代码解读：完整的坦克脚本文件，检测子弹与坦克的碰撞，以及角色坦克的死亡处理。

到这里游戏基本设置已完成，运行模拟器可以试玩游戏，通过按钮控制角色坦克移动、发射子弹。

（4）实现触摸控制角色移动、发射子弹。

① 实现摇杆制作。

思考：摇杆实现。

制作摇杆预制体，如图 22-10 所示。

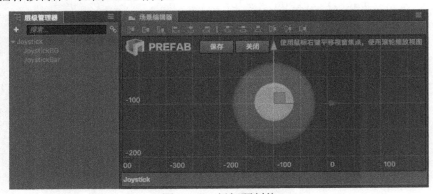

图 22-10　摇杆预制体

- JoystickBG：摇杆背景（活动范围）。
- JoystickBar：摇杆中心点。

添加脚本文件 JoystickCtr.js，并将该脚本文件添加到摇杆预制体的 Joystick 节点下。

思考：

- 摇杆角度、方向。
- 触摸事件。

```
// 摇杆脚本文件
// 触摸类型
var TouchType = cc.Enum({
    DEFAULT: 0,
    FOLLOW: 1
});
// 方向类型
var DirectionType = cc.Enum({
    FOUR: 0,
    EIGHT: 1,
    ALL: 2
});
cc.Class({
    extends: cc.Component,
    // 声明
    properties: {
        // 摇杆
        joystickBar: {
            default: null,
            type: cc.Node
        },
        // 摇杆背景
        joystickBG: {
            default: null,
            type: cc.Node
        },
        // 半径
        radius: 0,
        // 触摸类型
        touchType: {
            default: TouchType.DEFAULT,
            type: TouchType
        },
        // 方向类型
        directionType: {
            default: DirectionType.ALL,
            type: DirectionType
        },
        // 当前角度
```

```
        curAngle: {
            default: 0,
            visible: false
        },
        // 当前距离
        distance: {
            default: 0,
            visible: false
        }
    },
    // use this for initialization
    onLoad: function () {
        // 角度
        if(this.radius == 0){
            this.radius = this.joystickBG.width/2
        }
        // 事件
        this.registerInput()
        // 初始化数据设置
        this.distance = 0
        this.curAngle = 0
        this.initPos = this.node.position
        this.node.opacity = 50
    },
    // 添加触摸事件
    addJoyStickTouchChangeListener: function(callback) {
        this.angleChange = callback;
    },
    // 注册事件
    registerInput: function() {
        var self = this;
        // touch input
        this._listener = cc.eventManager.addListener({
            event: cc.EventListener.TOUCH_ONE_BY_ONE,
            // 开始
            onTouchBegan: function(touch, event) {
                return self.onTouchBegan(touch, event)
            },
            // 移动
            onTouchMoved: function(touch, event) {
                self.onTouchMoved(touch, event)
            },
            // 结束
            onTouchEnded: function(touch, event) {
                self.onTouchEnded(touch, event)
            }
        }, self.node);
```

```
        },
        // 触摸事件
        onTouchBegan: function(touch, event) {
            // 如果触摸类型为 FOLLOW，则摇杆的位置为触摸位置，触摸开始时显现
            if(this.touchType == TouchType.FOLLOW)
            {
                var touchPos = this.node.parent.convertToNodeSpaceAR(touch.
getLocation())
                this.node.setPosition(touchPos);
                return true;
            }
            else
            {
                // 把触摸点坐标转换为相对于目标的模型坐标
                var touchPos = this.node.convertToNodeSpaceAR(touch.getLocation())
                // 点与圆心的距离
                var distance = cc.pDistance(touchPos, cc.p(0, 0));
                // 如果点与圆心的距离小于圆的半径，返回 true
                if(distance < this.radius ) {
                    if(distance>20){
                        this.node.opacity = 255
                        this.joystickBar.setPosition(touchPos);
                        // 更新角度
                        this._getAngle(touchPos)
                    }
                    return true;
                }
            }
            return false;
        },
        // 触摸事件
        onTouchMoved: function(touch, event) {
            // 把触摸点坐标转换为相对于目标的模型坐标
            var touchPos = this.node.convertToNodeSpaceAR(touch.getLocation())
            // 点与圆心的距离
            var distance = cc.pDistance(touchPos, cc.p(0, 0));
            // 如果点与圆心的距离小于圆的半径，摇杆随触摸点移动
            if(this.radius >= distance){
                if(distance>20){
                    this.node.opacity = 255;
                    this.joystickBar.setPosition(touchPos);
                    // 更新角度
                    this._getAngle(touchPos)
                }else {
                    this.node.opacity = 50
                    // 摇杆恢复到初始位置
                    this.joystickBar.setPosition(cc.p(0,0));
```

```
                this.curAngle = null;
                // 调用角度变化回调
                if(this.angleChange){
                    this.angleChange(this.curAngle);
                }
            }
        }else{
            // 触摸监听目标
            var x = Math.cos(this._getRadian(touchPos)) * this.radius;
            var y = Math.sin(this._getRadian(touchPos)) * this.radius;
            if(touchPos.x>0 && touchPos.y<0){
                y *= -1;
            }else if(touchPos.x<0 && touchPos.y<0){
                y *= -1;
            }
            this.joystickBar.setPosition(cc.p(x, y));
            // 更新角度
            this._getAngle(touchPos)
        }
    },
    // 触摸事件
    onTouchEnded: function(touch, event) {
        this.node.opacity = 50
        // 如果触摸类型为 FOLLOW，不再触摸后隐藏
        if(this.touchType == TouchType.FOLLOW){
            this.node.position = this.initPos
        }
        // 摇杆恢复到初始位置
        this.joystickBar.setPosition(cc.p(0,0));
        this.curAngle = null
        // 调用角度变化回调
        if(this.angleChange){
            this.angleChange(this.curAngle);
        }
    },
    // 计算角度并返回
    _getAngle: function(point)
    {
        this._angle = Math.floor(this._getRadian(point)*180/Math.PI);
        if(point.x>0 && point.y<0){
            this._angle = 360 - this._angle;
        }else if(point.x<0 && point.y<0){
            this._angle = 360 - this._angle;
        }else if(point.x<0 && point.y==0){
            this._angle = 180;
        }else if(point.x>0 && point.y==0){
            this._angle = 0;
        }else if(point.x==0 && point.y>0){
```

```
            this._angle = 90;
        }else if(point.x==0 && point.y<0){
            this._angle = 270;
        }
        this._updateCurAngle()
        return this._angle;
    },
    // 计算弧度并返回
    _getRadian: function(point) {
        var curZ = Math.sqrt(Math.pow(point.x,2)+Math.pow(point.y,2));
        if(curZ==0){
            this._radian = 0;
        }else {
            this._radian = Math.acos(point.x/curZ);
        }
        return this._radian;
    },
    // 更新当前角度
    _updateCurAngle: function()
    {
        // 方向类型
        switch (this.directionType)
        {
            case DirectionType.FOUR:
                this.curAngle = this._fourDirections();
                break;
            case DirectionType.EIGHT:
                this.curAngle = this._eightDirections();
                break;
            case DirectionType.ALL:
                this.curAngle = this._angle
                break;
            default :
                this.curAngle = null
                break;
        }
        // 调用角度变化回调
        if(this.angleChange){
            this.angleChange(this.curAngle);
        }
    },
    // 在四个方向移动(上、下、左、右)
    _fourDirections: function()
    {
        if(this._angle >= 45 && this._angle <= 135)
        {
            return 90
        }
```

```
            else if(this._angle >= 225 && this._angle <= 322)
            {
                return 270
            }
            else if(this._angle <= 225 && this._angle >= 180 || this._angle >=
135 && this._angle <= 180)
            {
                return 180
            }
            else if(this._angle <= 360 && this._angle >= 322 || this._angle >=
0 && this._angle <= 45)
            {
                return 0
            }
        },
        // 在八个方向移动(上、下、左、右、左上、右上、左下、右下)
        _eightDirections: function()
        {
            if(this._angle >= 67.5 && this._angle <= 112.5)
            {
                return 90
            }
            else if(this._angle >= 247.5 && this._angle <= 292.5)
            {
                return 270
            }
            else if(this._angle <= 202.5 && this._angle >= 180 ||
this._angle >= 227.5 && this._angle <= 180)
            {
                return 180
            }
            else if(this._angle <= 360 && this._angle >= 337.5 ||
this._angle >= 0 && this._angle <= 22.5)
            {
                return 0
            }
            else if(this._angle >= 112.5 && this._angle <= 227.5)
            {
                return 135
            }
            else if(this._angle >= 22.5 && this._angle <= 67.5)
            {
                return 45
            }
            else if(this._angle >= 202.5 && this._angle <= 247.5)
            {
                return 225
            }
```

```
        else if(this._angle >= 292.5 && this._angle <= 337.5)
        {
            return 322
        }
    },
    // 销毁
    onDestroy: function()
    {
        // 移除事件
        cc.eventManager.removeListener(this._listener);
    }
});
```

代码解读：摇杆的实现在前面有详细介绍，这里不赘述。

② 实现摇杆控制角色移动。

思考：

● 触摸控制射击。

● 摇杆控制角色移动。

```
// 主游戏脚本文件
// 引用
var TankType = require("TankData").tankType;
cc.Class({
    extends: cc.Component,
    // 声明
    properties: {
        // 地图
        curMap: cc.TiledMap,
        //摇杆
        yaogan: cc.Node,
        // 子弹预制体
        bullet: cc.Prefab,
        // 坦克预制体
        tank: {
            default: null,
            type: cc.Prefab,
        },
        // 最大数量
        maxCount: 5,
        // 出生地
        bornPoses: {
            default: [],
            type: cc.Vec2,
        },
        // 坦克皮肤
        spriteFrames: {
```

```
            default: [],
            type: cc.SpriteFrame,
        },
        // 坦克移动速度
        tankSpeeds: {
            default: [],
            type: cc.Float,
        },
        // 坦克发射子弹间隔时间
        tankFireTimes: {
            default: [],
            type: cc.Float,
        },
        // 坦克血量
        tankBloods: {
            default: [],
            type: cc.Integer,
        },
    },
    // use this for initialization
    onLoad: function () {
        cc.director.setDisplayStats(true);
        //获取摇杆控制组件
        this._joystickCtrl = this.yaogan.getComponent("JoystickCtrl");
        // 获取地图 TiledMap 组件
        this._tiledMap = this.curMap.getComponent('cc.TiledMap');
    },
    // 初始化设置
    start: function(err){
        if(err){
            return;
        }
        // 默认角度
        this.curAngle = null;
        var self = this;
        // 注册监听事件
        this.registerInputEvent();
        // 引入地图数据
        this._tiledMapData = require("TiledMapData");
        // 获取地图尺寸
        this._curMapTileSize = this._tiledMap.getTileSize();
        this._curMapSize = cc.v2(this._tiledMap.node.width,this._tiledMap.node.height);
        // 地图墙层
        this.mapLayer0 = this._tiledMap.getLayer("layer_0");
        // 初始化对象池(参数必须为对应脚本的文件名)
        // 子弹
```

```
        this.bulletPool = new cc.NodePool("Bullet");
        var initBulletCount = 20;
        for(var i=0; i<initBulletCount; ++i){
            var bullet = cc.instantiate(this.bullet);
            this.bulletPool.put(bullet);
        }
        // 坦克
        this.tankPool = new cc.NodePool("Tank");
        for(var i=0; i<this.maxCount; ++i){
            var tank = cc.instantiate(this.tank);
            this.tankPool.put(tank);
        }
        if(!cc.gameData){
            cc.gameData = {};
        }
        // 初始化
        cc.gameData.teamId = 0;
        // 临时状态
        cc.gameData.single = true;
        // 地图内坦克列表
        cc.gameData.tankList = [];
        // 地图内子弹列表
        cc.gameData.bulletList = [];
        //获取组件
        this.tankNode = cc.find("/Canvas/Map/tank");
        //加入 player
        this.player = this.addPlayerTank();
        //获取坦克控制组件
        this._playerTankCtrl = this.player.getComponent("Tank");
        //启动定时器，增加坦克
        this.schedule(this.addAITank,3,cc.macro.REPEAT_FOREVER,1);
    },
    //注册输入事件
    registerInputEvent: function () {
        var self = this;
        // 摇杆控制角色移动
        this._joystickCtrl.addJoyStickTouchChangeListener(function (angle) {

            if(angle == self.curAngle &&
                !self._playerTankCtrl.stopMove ){
                return;
            }
            self.curAngle = angle;
            if(angle!=null){
                //开始前进
                self._playerTankCtrl.tankMoveStart(angle);
            }else {
```

```
                    //停止前进
                    self._playerTankCtrl.tankMoveStop();
                }
            });
    // 按住按键，控制坦克移动、发射子弹
    cc.systemEvent.on(cc.SystemEvent.EventType.KEY_DOWN,
                function (event) {
                    var angle = null;
                    // 坦克移动按钮
                    switch(event.keyCode) {
                        case cc.KEY.w:
                            angle = 90;
                            break;
                        case cc.KEY.s:
                            angle = 270;
                            break;
                        case cc.KEY.a:
                            angle = 180;
                            break;
                        case cc.KEY.d:
                            angle = 0;
                            break;
                    }
                    // 坦克发射按钮
                    if(event.keyCode == cc.KEY.k){
                        this.fireBtnClick();
                    }else {
                        self._playerTankCtrl.tankMoveStop();
                    }
                    if(angle!=null){
                        //开始前进
                        self._playerTankCtrl.tankMoveStart(angle);
                    }
                }, this);
    // 松开按键
    cc.systemEvent.on(cc.SystemEvent.EventType.KEY_UP,
                function (event){
                    // 停止前进
                    if(event.keyCode != cc.KEY.k){
                        self._playerTankCtrl.tankMoveStop();
                    }
                }, this);
},
// 碰撞检测
collisionTest: function(rect, bullet){
    // 判断坦克是否碰到地图边界
    if (rect.xMin <= -this._curMapSize.x/2 || rect.xMax >=
    this._ curMapSize.x/2 ||
```

```
        rect.yMin <= -this._curMapSize.y/2 || rect.yMax >=
        this._ curMapSize.y/2){

            return true;
        }
        // 判断坦克是否撞墙
        // 将坐标转换为地图坐标系
        var MinY = this._curMapSize.y/2 - rect.yMin;
        var MaxY = this._curMapSize.y/2 - rect.yMax;
        var MinX = this._curMapSize.x/2 + rect.xMin;
        var MaxX = this._curMapSize.x/2 + rect.xMax;
        // 获取四个角的顶点
        var LeftDown = cc.v2(MinX, MinY);
        var RightDown = cc.v2(MaxX, MinY);
        var LeftUp = cc.v2(MinX, MaxY);
        var RightUp = cc.v2(MaxX, MaxY);
        // 获取四条边的中心点
        var MidDown = cc.v2(MinX+(MaxX-MinX)/2, MinY);
        var MidUp = cc.v2(MinX+(MaxX-MinX)/2, MaxY);
        var MidLeft = cc.v2(MinX, MinY+(MaxY-MinY)/2);
        var MidRight= cc.v2(MaxX, MinY+(MaxY-MinY)/2);
        // 检测碰撞
        return this._collisionTest([LeftDown,RightDown,LeftUp,RightUp,
                    MidDown,MidUp,MidLeft,MidRight],
                    bullet);
    },
    // 内部碰撞检测方法
    _collisionTest: function(points, bullet){
        var point = points.shift()
        var gid = this.mapLayer0.getTileGIDAt(cc.v2(parseInt(point.x /
this._curMapTileSize.width),parseInt(point.y / this._curMapTileSize.height)));
        if (this._tiledMapData.gidToTileType[gid] != this._tiledMapData.
tileType.tileNone &&
            this._tiledMapData.gidToTileType[gid] != this._tiledMapData.
tileType.tileGrass){
            if(bullet && this._tiledMapData.gidToTileType[gid] ==
            this._ tiledMapData.tileType.tileWall){
                this.mapLayer0.removeTileAt(cc.v2(parseInt(point.x /
                this._ curMapTileSize.width),parseInt(point.y / this._
curMapTileSize.height)));
            }
            return true;
        }
        if(points.length>0){
            return this._collisionTest(points, bullet);
        }else{
            return false;
        }
```

```
        },
        // 加入玩家坦克
        addPlayerTank: function(team) {
            if(this.tankPool.size()>0){
                var tank = this.tankPool.get();
                tank.getComponent(cc.Sprite).spriteFrame = this.spriteFrames
[this.spriteFrames.length-1];
                tank.position = this.bornPoses[this.bornPoses.length-1];
                //获取坦克控制组件
                var tankCtrl = tank.getComponent("Tank");
                //设置坦克属性
                tankCtrl.tankType = TankType.Player;
                tankCtrl.speed = this.tankSpeeds[this.tankSpeeds.length-1];
                tankCtrl.fireTime  =  this.tankFireTimes[this.tankFireTimes.
length-1];
                tankCtrl.blood = this.tankBloods[this.tankBloods.length-1];
                tankCtrl.die = false;
                if(!team){
                    if(cc.gameData.single){
                        // 单机版
                        tankCtrl.team = 0;
                    }else {
                        // 大乱斗
                        tankCtrl.team = ++cc.gameData.teamId;
                    }

                }else {
                    // 组队
                    tankCtrl.team = team;
                }
                tank.parent = this.tankNode;
                // 加到列表
                cc.gameData.tankList.push(tank);
                return tank;
            }
            return null;
        },
        // 加入AI：NPC
        addAITank: function(dt, team) {
            if(this.tankPool.size()>0){
                var tank = this.tankPool.get();
                var index = parseInt(Math.random()*3, 10);
                //获取坦克控制组件
                var tankCtrl = tank.getComponent("Tank");
                //设置坦克属性
                tank.getComponent(cc.Sprite).spriteFrame = this.spriteFrames
[index];
```

```
        tank.position = this.bornPoses[index];
        tankCtrl.tankType = index;
        tankCtrl.speed = this.tankSpeeds[index];
        tankCtrl.fireTime = this.tankFireTimes[index];
        tankCtrl.blood = this.tankBloods[index];
        tankCtrl.die = false;
        if(!team){
            if(cc.gameData.single){
                //单机版
                tankCtrl.team = 1;
            }else {
                //大乱斗
                tankCtrl.team = ++cc.gameData.teamId;
            }
        }else {
            //组队
            tankCtrl.team = team;
        }
        // 角度
        if(index == 0){
            tank.rotation = 90;
        }else if(index == 1){
            tank.rotation = 180;
        }else if(index == 2){
            tank.rotation = 270;
        }
        if(tankCtrl.collisionTank(tank.getBoundingBox())){
            for(var i=0; i<this.bornPoses.length-1; i++){
                tank.position = this.bornPoses[i];
                if(!tankCtrl.collisionTank(tank.getBoundingBox())){
                    break;
                }
            }
        }
        tank.parent = this.tankNode;
        //加到列表
        cc.gameData.tankList.push(tank);
    }
},
// 角色坦克死亡
tankBoom: function(tank) {
    tank.parent = null;
    tank.getComponent("Tank").die = true;
    this.tankPool.put(tank);
    if(cc.gameData.single && tank.getComponent("Tankt").team == 0){
        // 回到开始游戏页面
        cc.director.loadScene("StartScene");
    }
```

```
    },
    //单击开火按钮
    fireBtnClick: function(){
        if(this._playerTankCtrl.startFire(this.bulletPool)){
            //播放射击音效
            cc.audioEngine.play(this._playerTankCtrl.shootAudio, false, 1);
        }
    },
    //销毁时调用
    onDestroy: function () {
        // 销毁
        this.unschedule(this.addAITank,this);
    },
});
```

代码解读：摇杆控制的原理就是获取摇杆的角度，使角色按摇杆的角度移动即可，这里只是增加了摇杆控制坦克移动的方法。

到这里游戏的逻辑代码基本编辑完成，节点 CityScript 的 CityScript 脚本组件属性设置如图 22-11 所示。

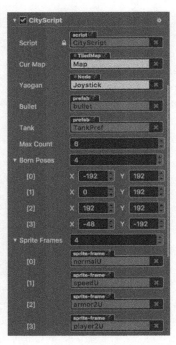

图 22-11 CityScript 脚本组件属性设置

（5）添加脚本文件 NoTouch.js，并将该脚本文件添加到节点 NoTouchLayer 上，进行事件截获处理。

```
// 截获事件脚本
cc.Class({
    extends: cc.Component,
    properties: {
    },
    // 初始化
    onLoad: function () {
        var self = this;
        // touch input
        this._listener = cc.eventManager.addListener({
            event: cc.EventListener.TOUCH_ONE_BY_ONE,
            // 开始
            onTouchBegan: function(touch, event) {
                // 截获事件
                event.stopPropagation();
                return true;
            },
            // 移动
            onTouchMoved: function(touch, event) {
                // 截获事件
                event.stopPropagation();
            },
            // 结束
            onTouchEnded: function(touch, event) {
                // 截获事件
                event.stopPropagation();
            }
        }, self.node);
        // 按住按键
        cc.systemEvent.on(cc.SystemEvent.EventType.KEY_DOWN,
                function (event) {
                    // 截获事件
                    event.stopPropagation();
                }, this);
        // 松开按键
        cc.systemEvent.on(cc.SystemEvent.EventType.KEY_UP,
                function (event){
                    // 截获事件
                    event.stopPropagation();
                }, this);
    },
    // called every frame, uncomment this function to activate update callback
    // update: function (dt) {
    // },
});
```

代码解读：设置截获事件处理，屏蔽区域外的触摸操作。

（6）运行模拟器可查看整个主游戏页面效果。

第 23 章　橡皮怪

项目简介：控制橡皮怪在地道里行走、跳跃，每走一步加一分。橡皮怪在地道里奔跑闯关限时一分种，一分钟后自动结束游戏。

项目难点：

- 游戏主页面搭建。
- 游戏逻辑编写。
- 主游戏场景实现。
- 控制橡皮怪闯关。
- 游戏倒计时及得分。

项目运行效果如图 23-1 所示。

图 23-1　项目运行效果

项目流程：

（1）项目初始化，包括项目基本信息设置、项目文件分级、项目资源导入；

（2）游戏场景搭建；

（3）主游戏页面搭建；

（4）页面跳转；

（5）主游戏场景实现；

（6）控制橡皮怪行走、跳跃；

（7）游戏得分、倒计时实现；

（8）重新开始游戏控制。

23.1　项目初始化

本节主要讲解橡皮怪游戏项目的初始化配置：项目初始化创建、项目资源导入、项目文件分级、项目基本文件创建、项目偏好设置、场景搭建。

23.1.1　创建项目

（1）使用 Cocos Creator 编辑器创建新项目 Monster。

（2）在 Cocos Creator 编辑器中添加项目资源到资源管理器。

（3）在层级管理器中添加节点，构建初始化游戏场景。

构建开始场景 StartScene，如图 23-2 所示。

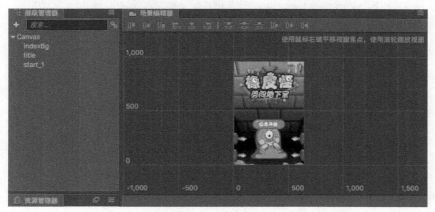

图 23-2　游戏场景

- indexBg：游戏背景。
- title：游戏名称。
- start_1：开始游戏按钮。

23.1.2　搭建游戏场景

在层级管理器面板中添加节点，构建初始化游戏场景——游戏场景 MainScene，如图 23-3 所示。

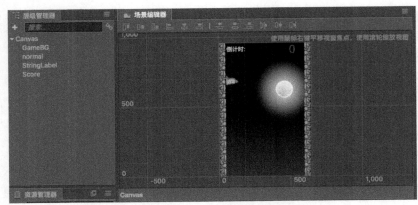

图 23-3　游戏场景

- GameBG：游戏背景。
- normal：橡皮怪。
- Score：分数。
- StringLabel：倒计时。

23.1.3　搭建游戏结束场景

在层级管理器面板中添加节点，构建初始化游戏场景——结束场景 OverScene，如图 23-4 所示。

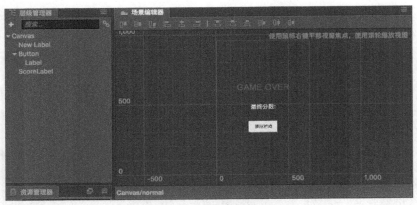

图 23-4　结束场景

- New Label：游戏结束提示。
- Button：游戏返回菜单按钮节点。
- Label：继续游戏。
- ScoreLabel：游戏结束，显示得分的根节点。

23.2　脚本编辑

本节主要讲解橡皮怪游戏的玩法实现：核心组件等脚本的编码逻辑实现；控制橡皮怪行走、跳跃；计算游戏时间；场景间的切换；计算游戏得分；游戏重新开局的控制处理。

23.2.1　开始游戏页面

（1）实现游戏开始页面。添加脚本文件 StartGame.js，并将该脚本文件添加到场景 StartScene 的根节点 Canvas 上。

思考：

- 场景切换。
- 背景音乐。
- 开始游戏按钮小动画。

```
// 开始游戏脚本
cc.Class({
    extends: cc.Component,
    // 声明
    properties: {
        // 背景音乐
        bgAudio:{
            default:null,
            url:cc.AudioClip
        },
        // 开始游戏按钮
        startBtn:{
            default:null,
            type:cc.Node
        }
    },
    // 初始化
    onLoad: function () {
        // 播放音乐
        cc.audioEngine.playMusic(this.bgAudio,true);
        cc.director.preloadScene("MainScene");
        // 开始游戏按钮动画
        var scaleTo = cc.scaleTo(0.8,0.9);
        var reverse = cc.scaleTo(0.8,1);
        var seq = cc.sequence(scaleTo,reverse);
        var repeat = cc.repeatForever(seq);
        this.startBtn.runAction(repeat);
        // 单击开始游戏按钮
        this.startBtn.on("touchstart",function(){
            cc.audioEngine.pauseMusic();
            // 切换场景，进入主游戏页面
            cc.director.loadScene("MainScene");
        });
    },
    // called every frame, uncomment this function to activate update callback
```

```
    // update: function (dt) {
    // },
});
```

代码解读：实现开始游戏按钮单击方法，播放游戏音乐、切换场景。

节点 Canvas 的 StartGame 组件属性如图 23-5 所示。

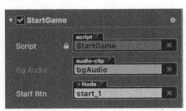

图 23-5　StartGame 组件属性

- bgAudio：声音。
- start_1：开始游戏按钮节点。

（2）实现场景切换，进入游戏，运行模拟器可以查看游戏开始页面，单击开始游戏按钮可以进入主游戏页面。

23.2.2　主游戏页面

（1）实现整个游戏的主逻辑：控制角色行走、跳跃，遇到地刺角色死亡。添加脚本文件 Player.js，并将该脚本文件添加到游戏场景 MainScene 的 normal 节点下。

思考：角色碰撞。

```
// 角色脚本文件
cc.Class({
    extends: cc.Component,
    // 声明
    properties: {
    },
    // use this for initialization
    onLoad: function () {
    },
    // 角色碰撞区域
    noteBox:function(){
        return this.node.getBoundingBox();
    }
    // called every frame, uncomment this function to activate update callback
    // update: function (dt) {
    // },
});
```

代码解读：编辑角色脚本，定义角色碰撞的区域。

（2）制作主游戏中的地刺 dici 预制体，如图 23-6 所示。

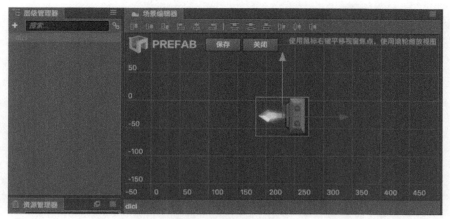

图 23-6　dici 预制体

添加脚本文件 Dici.js，并将该脚本文件添加到 dici 预制体的 dici 节点上。

思考：

- 角色与地刺碰撞死亡的声音。
- 角色与地刺碰撞处理。
- 碰撞检测。

```javascript
// 地刺预制体脚本
// 引用
var tmpPlayer = require("Player");
cc.Class({
    extends: cc.Component,
    // 声明
    properties: {
        // 死亡的声音
        dieAudio:{
            default:null,
            url:cc.AudioClip
        }
    },
    // 初始化
    onLoad: function () {
        var self= this;
        var listener = {
            event: cc.EventListener.TOUCH_ONE_BY_ONE,
            // 触摸事件
            onTouchBegan: function (touches, event) {
                var goAction= cc.moveBy(0.2,cc.p(0,140));
                self.node.runAction(goAction);
                return true; //这里必须要写 return true
            },
            // 移动
```

```
        onTouchMoved: function (touches, event) {

        },
        // 结束
        onTouchEnded: function (touches, event) {
        },
        // 取消
        onTouchCancelled: function (touches, event) {
        }
    }
    cc.eventManager.addListener(listener, this.node);
},
// 地刺碰撞区域
noteBox:function(){
    return this.node.getBoundingBoxToWorld();
},
// 刷新
 update: function (dt) {
    // 角色
    var player = cc.find("Canvas/normal").getComponent(tmpPlayer);
    // 发生碰撞
    if(cc.rectIntersectsRect(player.node.getBoundingBoxToWorld(),this.
noteBox())){
        // 切换声音
        cc.audioEngine.playEffect(this.dieAudio,false);
        // 游戏结束，跳转到游戏结束页面
        cc.director.loadScene('OverScene');
        //cc.log('碰撞');
    }
},
});
```

代码解读：
- 编辑地刺脚本，设置地刺的初始化；
- 监听触摸事件，设置地刺区域，角色与地刺发生碰撞的处理。

（3）实现游戏场景。添加脚本文件 Main.js，并将该脚本文件添加到 MainScene 场景的根节点上。

🗒️思考：

- 角色初始化位置。
- 地刺按一定规律展示。
- 地刺的角度。

```
// 主游戏脚本
cc.Class({
    extends: cc.Component,
```

```
// 声明
properties: {
  // 角色
  player:{
      default:null,
      type:cc.Node
  },
  // 地刺预制体
  dici:{
      default:null,
      type:cc.Prefab
  },
  // 地刺数量
  diciCount:0,
  // 背景音乐
  bgAudio:{
      default:null,
      url:cc.AudioClip
  },
  // 跳跃时的音乐
  jumpAudio:{
      default:null,
       url:cc.AudioClip
  },
  // 地刺间隔的距离
  dc_duration:140,
},
// 出现新的地刺
NewDici:function(){
    this.diciCount+=1;
    // 地刺初始化
    var newDici = cc.instantiate(this.dici);
    // 添加地刺
    this.node.addChild(newDici);
    var randD= cc.random0To1();
    // 判断地刺角度
    if(randD>=0.5){
        newDici.rotationY=0;
    }else{
        newDici.rotationY=180;
    }
    newDici.setPosition(this.diciPosition(randD));
},
// 地刺出现的位置
diciPosition:function(randD){
    var randX=0;
    var randY=0;
```

```
            // 大于0.5在右边出现，小于0.5在左边出现
            if(randD>=0.5){
                randX=this.node.width/2-80;
            }else{
                randX=-this.node.width/2+80;
            }
            // 地刺的数量
            if(this.diciCount<=8){
                randY=(this. node. height/2)-(this.dc_duration*this.diciCount)-
this.dc_duration*1;
            }else{
                randY=(this. node. height/2)-(this. dc_duration*8)-this. dc_
duration*1;
            }
            return cc.p(randX,randY);
        },
        // use this for initialization
        onLoad: function () {
            this.score=0;
            // 设置音效的音量
            cc.audioEngine.setEffectsVolume(0.2);
            cc.audioEngine.playMusic(this.bgAudio,true);
            // 初始化角色位置
            this.player.setPosition(-this.node.width/2+80,this.node.height/2-
175);
            // 初始化地刺
            for(var i=0;i<8;i++)
            {
                this.NewDici();
            }
        },
        // called every frame, uncomment this function to activate update callback
        // update: function (dt) {
        // },
    });
```

代码解读：

- 游戏场景的实现，按一定规则随机通过地刺预制体添加地刺；
- 设置游戏角色的初始位置、状态，播放游戏音效。

（4）实现橡皮怪的游戏逻辑。

📋思考：

- 倒计时的显示。
- 倒计时的处理。
- 控制角色行走、跳跃。

```
    // 主游戏脚本
    cc.Class({
        extends: cc.Component,
        // 声明
        properties: {
            // 角色
            player:{
                default:null,
                type:cc.Node
            },
            // 地刺预制体
            dici:{
                default:null,
                type:cc.Prefab
            },
            // 地刺的数量
            diciCount:0,
            // 背景音乐
            bgAudio:{
                default:null,
                url:cc.AudioClip
            },
            // 跳跃时的音乐
            jumpAudio:{
                default:null,
                 url:cc.AudioClip
            },
            //游戏时间
            playTime:60,
            // 倒计时
            timeLabe:{
                default:null,
                type:cc.Label
            },
            //地刺间隔的距离
            dc_duration:140,
        },
        // 向左移动
        playerMoveLeft:function(){
            // 移动
            var goLeft= cc.moveTo(0.2,cc.p(-this.node.width/2+80,this.player.
getPositionY()));
            var goL1= cc.moveTo(0.1, cc. p(-this. node. width/2+80+30, this.
player.getPositionY()));
            var  goL2=  cc.moveTo(0.1,cc.p(-this.node.width/2+80,this.player.
getPositionY()));
            var sque=cc.sequence(goL1,goL2);
```

```
        // 判断是否继续向左移动
        if(this.player.rotationY==0)
        {
            this.player.rotationY=0;
            this.player.runAction(sque);
        }
        else{
            this.player.rotationY=0;
            this.player.runAction(goLeft);
        }

    },
    // 向右移动
    playerMoveRight:function(){
        // 移动
        var goRight= cc.moveTo(0.2,cc.p(this.node.width/2-80,this.player.
getPositionY()));
        var goR1= cc.moveTo(0.1,cc.p(this.node.width/2-80-30,this.player.
getPositionY()));
        var  goR2=  cc.moveTo(0.1,cc.p(this.node.width/2-80,this.player.
getPositionY()));
        var sque=cc.sequence(goR1,goR2);
        // 判断是否继续向右移动
        if(this.player.rotationY==180){
            this.player.rotationY=180;
            this.player.runAction(sque);
        }
        else{
            this.player.rotationY=180;
            this.player.runAction(goRight);
        }

    },
    // 出现新的地刺
    NewDici:function(){
        this.diciCount+=1;
        // 初始化地刺
        var newDici = cc.instantiate(this.dici);
        // 添加地刺
        this.node.addChild(newDici);
        var randD= cc.random0To1();
        // 判断地刺的角度
        if(randD>=0.5){
            newDici.rotationY=0;
        }else{
            newDici.rotationY=180;
        }
        newDici.setPosition(this.diciPosition(randD));
```

```
        },
        //地刺出现的位置
        diciPosition:function(randD){
            var randX=0;
            var randY=0;
            //大于 0.5 在右边出现，小于 0.5 在左边出现
            if(randD>=0.5){
                randX=this.node.width/2-80;
            }else{
                randX=-this.node.width/2+80;
            }
            // 地刺的数量
            if(this.diciCount<=8){
                randY=(this.node.height/2)-(this.dc_duration*this.diciCount)-
this.dc_duration*1;
            }else{
                randY=(this. node. height/2)-(this. dc_duration*8)-this. dc_
duration*1;
            }
            return cc.p(randX,randY);
        },
        // 监听玩家操控
        setInputControl:function(){
            var self = this;
            var listener = {
                event: cc.EventListener.TOUCH_ONE_BY_ONE,
                // 开始触摸
                onTouchBegan: function (touches, event) {
                    // 跳跃时的声音
                    cc.audioEngine.playEffect(self.jumpAudio,false);
                    // 获取事件绑定的 target
                    var target = event.getCurrentTarget();
                    var  locationInNode = target.convertToNodeSpace(touches.
getLocation());
                    //cc.log('locationInNode: ' + locationInNode.x);
                    if(locationInNode.x>self.node.width/2){
                        // 角色向右移动
                        self.playerMoveRight();
                    }else{
                        // 角色向左移动
                        self.playerMoveLeft();
                    }
                    self.NewDici();
                    // 这里必须要写 return true
                    return true;
                },
                // 移动
                onTouchMoved: function (touches, event) {
```

```
        },
        // 结束
        onTouchEnded: function (touches, event) {

        },
        // 取消
        onTouchCancelled: function (touches, event) {
        }
    }
    cc.eventManager.addListener(listener, self.node);
},
// use this for initialization
onLoad: function () {
    // 设置音效的音量
    cc.audioEngine.setEffectsVolume(0.2);
    cc.audioEngine.playMusic(this.bgAudio,true);
    // 监听玩家操控
    this.setInputControl();
    // 初始化角色位置
    this.player.setPosition(-this.node.width/2+80,this.node.height/2-
175);
    // 初始化地刺
    for(var i=0;i<8;i++)
    {
        this.NewDici();
    }
    // 倒计时
    this.schedule(function(){
        this.playTime--;
        this.timeLabe.string = "倒计时:"+this.playTime;
        if(this.playTime<=0){
            // 时间结束，跳转到游戏结束页面
            cc.audioEngine.pauseMusic();
            cc.director.loadScene('OverScene');
        }
    },1);
},
// called every frame, uncomment this function to activate update callback
// update: function (dt) {
// },
});
```

代码解读：

- 游戏开始时使用计时器，进行倒计时；
- 触摸控制角色的行走（只有两个方向）、跳跃。

（5）实现游戏得分。完善脚本文件 Main.js。

思考：

- 游戏得分变化。
- 将游戏得分传到结束页面，保存分数。

```
// 主游戏脚本
cc.Class({
    extends: cc.Component,
    // 声明
    properties: {
      // 角色
      player:{
          default:null,
          type:cc.Node
      },
      // 地刺预制体
      dici:{
          default:null,
          type:cc.Prefab
      },
      // 地刺的数量
      diciCount:0,
      // 背景音乐
      bgAudio:{
          default:null,
          url:cc.AudioClip
      },
      // 跳跃时的音乐
      jumpAudio:{
          default:null,
           url:cc.AudioClip
      },
      //游戏时间
      playTime:60,
      // 倒计时
      timeLabe:{
          default:null,
          type:cc.Label
      },
      // 分数
      scoreLabel:{
          default:null,
          type:cc.Label
      },
      score:0,
      //地刺间隔的距离
      dc_duration:140,
```

```
        },
        // 向左移动
        playerMoveLeft:function(){
            // 移动
            var goLeft= cc.moveTo(0.2,cc.p(-this.node.width/2+80,this.player.
getPositionY()));
            var goL1= cc.moveTo(0.1,cc.p(-this.node.width/2+80+30,this.player.
getPositionY()));
            var goL2= cc.moveTo(0.1,cc.p(-this.node.width/2+80,this.player.
getPositionY()));
            var sque=cc.sequence(goL1,goL2);
            // 判断是否继续向左移动
            if(this.player.rotationY==0)
            {
                this.player.rotationY=0;
                this.player.runAction(sque);
            }
            else{
                this.player.rotationY=0;
                this.player.runAction(goLeft);
            }
        },
        // 向右移动
        playerMoveRight:function(){
            // 移动
            var goRight= cc.moveTo(0.2,cc.p(this.node.width/2-80,this.player.
getPositionY()));
            var goR1= cc.moveTo(0.1,cc.p(this.node.width/2-80-30,this.player.
getPositionY()));
            var goR2= cc.moveTo(0.1,cc.p(this.node.width/2-80,this.player.
getPositionY()));
            var sque=cc.sequence(goR1,goR2);
            // 判断是否继续向右移动
            if(this.player.rotationY==180){
                this.player.rotationY=180;
                this.player.runAction(sque);
            }
            else{
                this.player.rotationY=180;
                this.player.runAction(goRight);
            }

        },
        // 出现新的地刺
        NewDici:function(){
            this.diciCount+=1;
            // 地刺初始化
            var newDici = cc.instantiate(this.dici);
```

```
        // 添加地刺
        this.node.addChild(newDici);
        var randD= cc.random0To1();
        // 判断地刺的角度
        if(randD>=0.5){
            newDici.rotationY=0;
        }else{
            newDici.rotationY=180;
        }
        newDici.setPosition(this.diciPosition(randD));
    },
    //地刺出现的位置
    diciPosition:function(randD){
        var randX=0;
        var randY=0;
        //大于0.5在右边出现，小于0.5在左边出现
        if(randD>=0.5){
            randX=this.node.width/2-80;
        }else{
            randX=-this.node.width/2+80;
        }
        // 地刺的数量
        if(this.diciCount<=8){
            randY=(this.node.height/2)-(this.dc_duration*this.diciCount)-
this.dc_duration*1;
        }else{
            randY=(this. node. height/2)-(this. dc_duration*8)-this. dc_
duration*1;
        }
        return cc.p(randX,randY);
    },
    // 监听玩家操控
    setInputControl:function(){
        var self = this;
        var listener = {
            event: cc.EventListener.TOUCH_ONE_BY_ONE,
            // 开始触摸
            onTouchBegan: function (touches, event) {
                // 跳跃时的声音
                cc.audioEngine.playEffect(self.jumpAudio,false);
                // 获取事件绑定的 target
                var target = event.getCurrentTarget();
                var locationInNode = target.convertToNodeSpace(touches.
getLocation());
                //cc.log('locationInNode: ' + locationInNode.x);
                if(locationInNode.x>self.node.width/2){
                    // 角色向右移动
                    self.playerMoveRight();
```

```
                    }else{
                        // 角色向左移动
                        self.playerMoveLeft();
                    }
                    //把分数保存到本地
                    self.score+=1;
                    cc.sys.localStorage.setItem("score",self.score);
                    // 显示分数
                    self.scoreLabel.string = self.score;
                    self.NewDici();
                    // 这里必须要写 return true
                    return true;
                },
                // 移动
                onTouchMoved: function (touches, event) {

                },
                // 结束
                onTouchEnded: function (touches, event) {

                },
                // 取消
                onTouchCancelled: function (touches, event) {
                }
            }
            cc.eventManager.addListener(listener, self.node);
    },
    // use this for initialization
    onLoad: function () {
        this.score=0;
        // 设置音效的音量
        cc.audioEngine.setEffectsVolume(0.2);
        cc.audioEngine.playMusic(this.bgAudio,true);
        cc.director.preloadScene("OverScene");
        // 监听玩家操控
        this.setInputControl();
        // 初始化角色的位置
        this.player.setPosition(-this.node.width/2+80,this.node.height/2-
175);
        // 初始化地刺
        for(var i=0;i<8;i++)
        {
            this.NewDici();
        }
        // 倒计时
        this.schedule(function(){
            this.playTime--;
```

```
            this.timeLabe.string = "倒计时:"+this.playTime;
            if(this.playTime<=0){
                // 时间结束，跳转到游戏结束页面
                cc.audioEngine.pauseMusic();
                cc.director.loadScene('OverScene');
            }
        },1);
    },
    // called every frame, uncomment this function to activate update callback
    // update: function (dt) {
    // },
});
```

代码解读：根据角色的行走、跳跃，更改游戏得分，并把分数保存在本地。

MainScene 场景的根节点 Canvas 的 Main 组件属性设置如图 23-7 所示。

图 23-7　Main 组件的属性

- bgAudio：声音文件。
- jump：声音文件。

（6）运行模拟器可查看整个主游戏页面效果。

23.2.3　游戏结束页面

（1）实现游戏结束页面，显示得分。添加脚本文件 Over.js，并将该脚本文件添加到场景 OverScene 的根节点 Canvas 上。

思考：

- 显示得分（数据存储读取）。
- 返回游戏页面继续游戏。

```
// 游戏结束脚本
cc.Class({
    extends: cc.Component,
    // 声明
    properties: {
        // 分数
        scoreLabel:{
            default:null,
            type:cc.Label
        },
        // 继续游戏按钮
        button:{
            default:null,
            type:cc.Node
        }
    },
    // use this for initialization
    onLoad: function () {
        // 获取存储的分数
        var score = cc.sys.localStorage.getItem("score");
        cc.log(score);
        // 分数展示
        this.scoreLabel.string = "最终得分: "+score;
        // 单击按钮继续游戏
        this.button.on("touchstart",function(){
            // 跳转到游戏主页面，继续游戏
            cc.director.loadScene("MainScene");
        });
    },
    // called every frame, uncomment this function to activate update
callback
     //update: function (dt) {

    // },
});
```

代码解读：游戏结束，切换场景继续游戏。

游戏结束 OverScene 场景的根节点 Canvas 的 Over 组件的属性设置如图 23-8 所示。

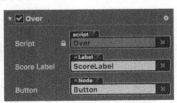

图 23-8　Over 组件的属性

（2）运行模拟器可查看整个游戏结束页面效果。

（3）运行模拟器可查看整个游戏效果。

第 24 章　棍子英雄

项目简介：英雄不断地跨越高台前行，单击生成棍子，棍子过短或过长都会使英雄掉下去，从而死亡。英雄每成功走过一个高台就获取一分。

项目难点：

- 游戏主页面搭建。
- 游戏逻辑编写。
- 主游戏场景实现。
- 控制棍子的生成。
- 英雄通过棍子前行的处理（死亡、成功）。

项目运行效果如图 24-1 所示。

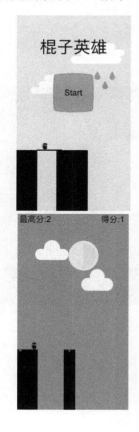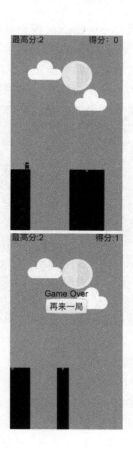

图 24-1　项目运行效果

项目流程：

（1）项目初始化，包括项目基本信息设置、项目文件分级、项目资源导入；

（2）游戏场景搭建；

（3）主游戏页面搭建；

（4）页面跳转；

（5）主游戏场景实现；

（6）控制生成棍子；

（7）英雄前行，得分；

（8）重新开始游戏控制。

24.1　项目初始化

本节主要讲解棍子英雄游戏项目的初始化配置：项目初始化创建、项目资源导入、项目文件分级、项目基本文件创建、项目偏好设置、场景搭建。

24.1.1　创建项目

（1）使用 Cocos Creator 编辑器创建新项目 Hero。

（2）在 Cocos Creator 编辑器中添加项目资源到资源管理器。

（3）在层级管理器中添加节点，构建初始化游戏场景。

构建开始场景 StartScene，如图 24-2 所示。

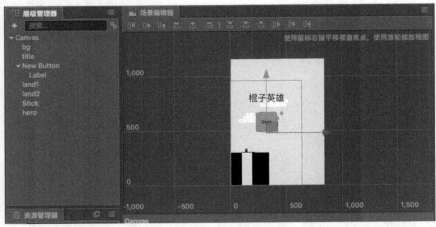

图 24-2　游戏场景

- bg：游戏背景。
- title：游戏名称。
- New Button：开始游戏按钮。
- Label：开始游戏按钮文本。
- land1：高台 1。

- land2：高台 2。
- Stick：棍子。
- hero：角色。

24.1.2　搭建游戏场景

在层级管理器面板中添加节点，构建初始化游戏场景——游戏场景 MainScene，如图 24-3 所示。

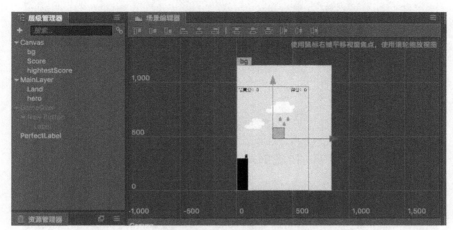

图 24-3　游戏场景

- bg：游戏背景。
- Score：分数。
- hightestScore：最高得分。
- MainLayer：高台与角色根节点。
- Land：高台。
- hero：角色
- PerfectLabel：关卡提示根节点。
- GameOver：游戏介绍根节点。
- New Button：游戏重新开始按钮根节点。

24.2　脚本编辑

本节主要讲解棍子英雄游戏的玩法实现：核心组件等脚本的编码逻辑实现；控制棍子生成；实现英雄通过棍子走向下一个高台；场景间的切换；计算游戏得分；游戏重新开始的控制处理。

24.2.1　开始游戏页面

（1）实现游戏开始页面：开始游戏按钮不断跳动的动画，以及角色不断行走的动画。

![思考图标]思考：

- 场景切换。
- 开始游戏按钮动画。
- 角色动画。

制作开始游戏按钮动画 startButton_anim。按钮 Y 值随关键帧变化改变，制作动画如图 24-4 所示。

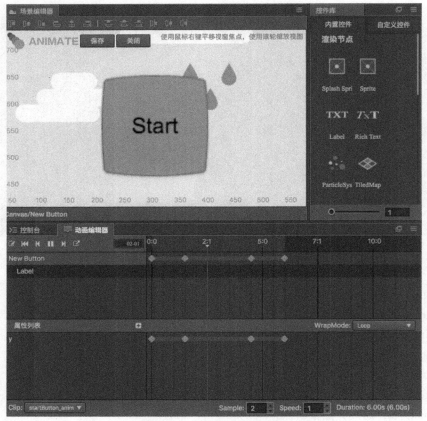

图 24-4　开始游戏按钮动画

制作动画完毕之后，在属性检查器面板中设置节点 New Button 的 Animation 属性，如图 24-5 所示。

图 24-5　Animation 属性

制作角色 hero 的动画。hero 图片随关键帧变化改变，制作奔跑动画 heroRun，如图 24-6 所示。

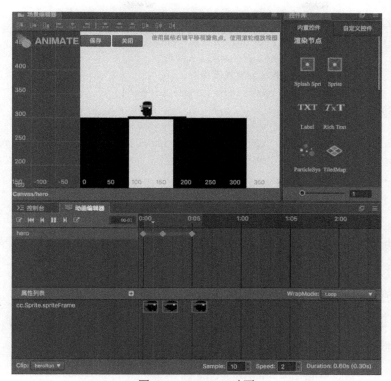

图 24-6　heroRun 动画

hero 节点的 Animation 属性设置如图 24-7 所示。

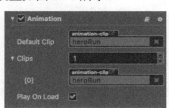

图 24-7　Animation 属性

添加脚本文件 StartGame.js，并将该脚本文件添加到场景 StartScene 的根节点 Canvas 上。

```
// 开始游戏脚本
cc.Class({
    extends: cc.Component,
    // 声明
    properties: {
        // 开始游戏按钮
        startBtn:{
            default:null,
            type:cc.Node
        },
    },
    // use this for initialization
    onLoad: function () {
```

```
        // 单击开始游戏按钮
        this.startBtn.on("touchstart",function(){
            cc.audioEngine.pauseMusic();
            // 切换场景，进入主游戏页面
            cc.director.loadScene("MainScene");
        });
    },
    // called every frame, uncomment this function to activate update callback
    // update: function (dt) {
    // },
});
```

代码解读：实现开始游戏按钮单击方法，切换场景。

（2）实现场景切换，进入游戏，运行模拟器可以查看游戏开始页面，单击开始游戏按钮进入主游戏页面。

24.2.2　主游戏页面

（1）实现游戏页面的不同场景。添加脚本文件 background.js，并将该脚本文件添加到 MainScene 场景的 bg 节点上。

思考：

- 实现不同的游戏场景（背景），更换背景图片。
- 随着角色前进更换游戏背景。

```
// 背景
cc.Class({
    extends: cc.Component,
    // 声明
    properties: {
    },
    // use this for initialization
    onLoad: function () {
        // 随机获取一张背景图
        var randomNum = "bg" + ((Math.random()*100|0)%3+1);
        var bgSprite = this.node.getComponent(cc.Sprite);
        // 随着角色前进更换背景
        cc. loader. loadRes("hero/" + randomNum, cc. SpriteFrame, (err,
SpriteFrame) => {
            // 设置背景
            bgSprite.spriteFrame = SpriteFrame;
        });
        cc.log(randomNum);
    },
    // called every frame, uncomment this function to activate update callback
```

```
    // update: function (dt) {
    // },
});
```

代码解读：随机设置一个游戏的主背景。

（2）游戏中不断出现高台和棍子，为方便对整个项目进行管理，添加脚本文件 spriteCreator.js，用于制造游戏中的高台和棍子，供外部使用。

思考：

- 高台生成。
- 棍子生成。
- 带有红点的高台。

```
// 制作高台、棍子脚本
var spriteCreator = (function (){
    var spriteFrameCache = null;
    return {
        // 制作高台
        createNewLand:function(width) {
        var newLand = new cc.Node("Land");
        // 初始
        newLand.anchorX = 0;
        newLand.anchorY = 0;
        // 添加
        var sprite = newLand.addComponent(cc.Sprite);
        // 设置高台样式
        sprite.sizeMode = cc.Sprite.SizeMode.CUSTOM;
        // 颜色
        newLand.color = cc.Color.BLACK;
        // 高度
        newLand.height = 300;
        // 宽度
        newLand.width = width;
        // 制作红点
        var redLand = new cc.Node("Red Land");
        redLand.anchorY = 1;
        // 添加
        var redSprite = redLand.addComponent(cc.Sprite);
        // 设置高台样式
        redSprite.sizeMode = cc.Sprite.SizeMode.CUSTOM;
        redLand.color = cc.Color.RED; // 颜色
        redLand.parent = newLand; // 父节点
        redLand.height = 10; // 高度
        redLand.width = 10; // 宽度
        redLand.setPosition(newLand.width/2,newLand.height); // 位置
        // 设置 spriteFrame
```

```
            if(spriteFrameCache){
                sprite.spriteFrame = spriteFrameCache;
                redSprite.spriteFrame = spriteFrameCache;
            }else{
                // 不断生成高台
                cc. loader. loadRes ("hero/blank", cc. SpriteFrame, (err,
SpriteFrame) => {
                    sprite.spriteFrame = SpriteFrame;
                    redSprite.spriteFrame = SpriteFrame;
                    spriteFrameCache = SpriteFrame;
                });
            }
            // 在新的高台的中心设置一个红色的点
            newLand.center = redLand;
            // 返回新的高台
            return newLand;
        },
        // 制作棍子
        createStick : function(width){
            // 制作一根棍子
            var stick = new cc.Node("stick");
            stick.anchorY = 0;
            stick.y = 300;
            // 添加
            var sprite = stick.addComponent(cc.Sprite);
            // 棍子样式设置
            sprite.sizeMode = cc.Sprite.SizeMode.CUSTOM;
            sprite.spriteFrame = spriteFrameCache;
            stick.color = cc.Color.BLACK;
            stick.width = width;
            stick.height = 0;
            // 返回棍子
            return stick;
        }};
})();
// 供外部使用
module.exports = spriteCreator;
```

代码解读：编辑一个脚本，生成棍子（一条线）和高台（一个矩形）。

（3）实现游戏玩法逻辑。添加脚本文件 landMaker.js，并将该脚本文件添加到 MainScene 场景的 MainLayer 节点上。

思考：

- 控制棍子生成。
- 控制高台生成。
- 角色行走（前进）成功、失败的处理。
- 角色动画制作与控制。

① 制作角色动画 heroTick，如图 24-8 所示。

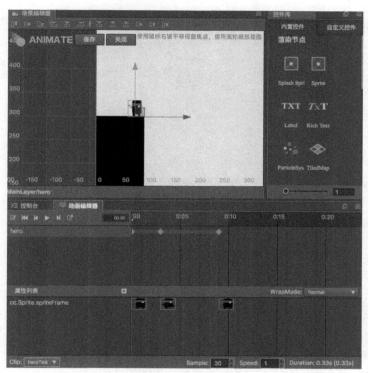

图 24-8　heroTick 动画

制作角色动画 heroPush，如图 24-9 所示。

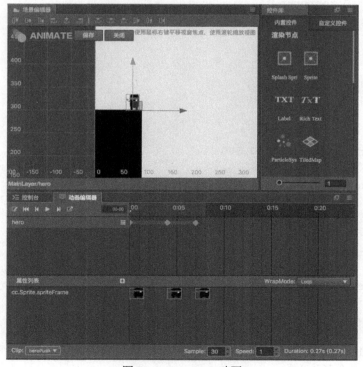

图 24-9　heroPush 动画

设置节点 hero 的 Animation 属性，如图 24-10 所示。

图 24-10　Animation 属性

② 实现高台生成、触摸控制棍子生成。编辑脚本文件 landMaker.js。

思考：

● 高台的生成。

● 触摸控制棍子的生成（动画、速度、长度）。

```javascript
// 主游戏脚本文件
// 引用脚本文件
// 制作高台、棍子脚本
var spriteCreator = require("spriteCreator");
var fsm = new StateMachine({
    data:{
        gameDirector:null,
    },
});
var gameDirector = null;
cc.Class({
    extends: cc.Component,
    // 声明
    properties: {
        // 高台范围
        landRange:cc.v2(20,300),
        // 高台宽度
        landWidth:cc.v2(20,200),
        // 角色
        hero:cc.Node,
        // 第一个高台
        firstLand:cc.Node,
        // 第二个高台
        secondLand:cc.Node,
        // 移动时间间隔
        moveDuration:0.5,
        // 棍子生成速度
        stickSpeed:400,
        // 角色移动速度
```

```
            heroMoveSpeed:400,
            // stick:cc.Node,
            // stickLengthen:false,
            // 棍子宽度
            stickWidth:6,
            // 根节点
            canvas:cc.Node,
            // 分数
            scoreLabel:cc.Label,
            // 最高得分
            hightestScoreLabel:cc.Label,
            // 游戏结束
            overLabel:cc.Label,
            // 关卡
            perfectLabel:cc.Node
        },
        // 初始化
        onLoad: function () {
            //init data
            // alert(storageManager.getHighestScore());
            gameDirector = this;
            this.runLength = 0,
            // 棍子
            this.stick = null;
            this.stickLengthen = false;
            // 当前高台范围
            this.currentLandRange = 0;
            this.heroWorldPosX = 0;
            // 创建新的高台
            this.createNewLand();
            var range = this.getLandRange();
            this.heroWorldPosX = this.firstLand.width - (1-this.hero.anchorX) *
this.hero.width - this.stickWidth;
            this.secondLand.setPosition(range+this.firstLand.width,0);
            // 初始角色动画
            var ani = gameDirector.hero.getComponent(cc.Animation);
            ani.on('stop',(event)=>{
                if(event.target.name =='heroTick'){
                    fsm.stickFall();
                }
            });
        },
        // 刷新
        update(dt){
            // console.log(dt);
            // 棍子的变化：速度、长度
            if(this.stickLengthen){
```

```
            this.stick.height += dt*this.stickSpeed;
            // this.stick.height = this.currentLandRange + this. secondLand.
            // width/2;
        }
    },
    // 高台的创建和移动
    landCreateAndMove(callFunc) {
        var winSize = cc.director.getWinSize();
        // 第一个高台
        var length = this.currentLandRange + this.secondLand.width;
        this.runLength +=length;
        var action = cc.moveBy(this.moveDuration,cc.p(-length,0));
        this.node.runAction(action);
        this.firstLand = this.secondLand;
        // 创建高台
        this.createNewLand();
        // 高台范围
        var range = this.getLandRange();
        // 第二个高台
        this.secondLand.setPosition(this.runLength+winSize.width,0);
        var l = winSize.width - range - this.heroWorldPosX - this.
hero.width * this.hero.anchorX - this.stickWidth;
        var secondAction = cc.moveBy(this.moveDuration,cc.p(-l,0));
        var seq =cc.sequence(secondAction,callFunc);
        this.secondLand.runAction(seq);
    },
    // 创建棍子
    createStick(){
        cc.log("sc");
        // 创建棍子
        var stick = spriteCreator.createStick(this.stickWidth);
        stick.parent = this.node;
        return stick
    },
    // 创建新高台
    createNewLand() {
        // 创建不同宽度的高台
        this.secondLand = spriteCreator.createNewLand(this.getLandWidth());
        this.secondLand.parent = this.node;
    },
    // 获取高台的范围
    getLandRange(){
        this.currentLandRange = this.landRange.x +(this.landRange.y -
this.landRange.x)*Math.random();
        var winSize = cc.director.getWinSize();
        // 当前高台范围
```

```
        if(winSize.width < this.currentLandRange + this.heroWorldPosX +
this.hero.width + this.secondLand.width){
            this.currentLandRange = winSize.width - this.heroWorldPosX -
this.hero.width - this.secondLand. width;
        }
        return this.currentLandRange;
    },
    // 获取高台的宽度
    getLandWidth(){
        return this.landWidth.x + (this.landWidth.y - this.landWidth.x)*
Math.random();
    }
});
// 供外部使用
module.exports = fsm;
```

代码解读：通过生成棍子、高台的脚本文件 spriteCreator.js 生成棍子和高台；触摸控制棍子的生成速度、长度（棍子生成动画）。

③ 实现游戏逻辑：角色移动、游戏得分。编辑脚本文件 landMaker.js。

思考：

- 角色的行走。
- 高台的移动。
- 对操作成功、失败的处理。

```
// 主游戏脚本文件
// 引用脚本文件
// 制作高台、棍子脚本
var spriteCreator = require("spriteCreator");
var fsm = new StateMachine({
    data:{
        gameDirector:null,
    },
    // 初始
    init: 'stand',
    // 过渡
    transitions:[
        {name:'stickLengthen',from:'stand',to:'stickLengthened'},
        {name:'heroTick',from:'stickLengthened',to:'heroTicked'},
        {name:'stickFall',from:'heroTicked',to:'stickFalled'},
        {name:'heroMoveToLand',from:'stickFalled',to:'heroMovedToLand'},
        {name:'landMove',from:'heroMovedToLand',to:'stand'},
        {name:'heroMoveToStickEnd',from:'stickFalled',to:
'heroMovedToStickEnd'},
        {name:'heroDown',from:'heroMovedToStickEnd',to:'heroDowned'},
    ],
```

```
// 方法
methods:{
    // 角色离开棍子
    onLeaveHeroTicked(){
        // 注销
        gameDirector.unregisterEvent();
    },
    // 棍子长度变化
    onStickLengthen(){
        gameDirector.stickLengthen = true;
        gameDirector.stick = gameDirector.createStick();
        gameDirector.stick.x = gameDirector.hero.x + gameDirector.
hero.width * (1-gameDirector.hero.anchorX) + gameDirector.stick.width *
gameDirector.stick.anchorX;
        // 调用 heroPush 动画
        var ani = gameDirector.hero.getComponent(cc.Animation);
        ani.play('heroPush');
    },
    // 角色在高台中心
    onHeroTick(){
        gameDirector.stickLengthen = false;
        // 调用 heroTick 动画
        var ani = gameDirector.hero.getComponent(cc.Animation);
        ani.play('heroTick');
    },
    // 棍子落下
    onStickFall(){
        // 棍子落下的处理
        var stickFall = cc.rotateBy(0.5, 90);
        stickFall.easing(cc.easeIn(3));
        var callFunc = cc.callFunc(function(){
            var stickLength = gameDirector.stick.height-gameDirector.
stick.width * gameDirector.stick.anchorX;
            // 操作是否成功
            if(stickLength < gameDirector.currentLandRange || stickLength
gameDirector.currentLandRange+gameDirector.secondLand.width){//failed.
                // 操作失败
                // 角色离开棍子
                fsm.heroMoveToStickEnd();
            }else{
                // 成功
                fsm.heroMoveToLand();
            }
        });
        var se =cc.sequence(stickFall,callFunc);
        gameDirector.stick.runAction(se);
    },
```

```
        // 角色在高台上行走
        onHeroMoveToLand(){
            var ani = gameDirector.hero.getComponent(cc.Animation);
            // 动画方法回调
            var callFunc = cc.callFunc(function(){
                // 停止动画
                ani.stop('heroRun');
                fsm.landMove();
            });
            // heroRun 动画
            ani.play('heroRun');
            // 角色移动
            gameDirector.heroMove(gameDirector.hero,{length:gameDirector.
currentLandRange+gameDirector.secondLand.width,callFunc:callFunc});
        },
        // 高台移动
        onLandMove(){
            var callFunc = cc.callFunc(function(){
                // 注册事件
                gameDirector.registerEvent();
            });
            // 高台移动
            gameDirector.landCreateAndMove(callFunc);
        },
        // 角色走到棍子尽头
        onHeroMoveToStickEnd(){
            var ani = gameDirector.hero.getComponent(cc.Animation);
            var callFunc = cc.callFunc(function(){
                // 停止动画
                ani.stop('heroRun');
                // 角色落下（落地）
                fsm.heroDown();
            });
            // 执行角色行走动画
            ani.play('heroRun');
            // 角色移动
    gameDirector. heroMove(gameDirector.hero,{length: gameDirector. stick.
height,callFunc:callFunc});
        },
        // 角色落下（落地）
        onHeroDown(){
            var callFunc = cc.callFunc(function(){
                fsm.gameOver();
            });
            gameDirector.stickAndHeroDownAction(callFunc);
        },
    }
```

```
    });
    var gameDirector = null;
    cc.Class({
        extends: cc.Component,
        // 声明
        properties: {
            // 高台范围
            landRange:cc.v2(20,300),
            // 高台宽度
            landWidth:cc.v2(20,200),
            // 角色
            hero:cc.Node,
            // 第一个高台
            firstLand:cc.Node,
            // 第二个高台
            secondLand:cc.Node,
            // 移动时间间隔
            moveDuration:0.5,
            // 棍子生成的速度
            stickSpeed:400,
            // 角色移动速度
            heroMoveSpeed:400,
            // stick:cc.Node,
            // stickLengthen:false,
            // 棍子宽度
            stickWidth:6,
            // 根节点
            canvas:cc.Node,
        },
        // 初始化
        onLoad: function () {
            // 数据初始化
            // alert(storageManager.getHighestScore());
            gameDirector = this;
            this.runLength = 0,
            // 棍子
            this.stick = null;
            this.stickLengthen = false;
            // 当前高台范围
            this.currentLandRange = 0;
            this.heroWorldPosX = 0;
            // 创建新的高台
            this.createNewLand();
            var range = this.getLandRange();
            this.heroWorldPosX = this.firstLand.width - (1-this.hero.anchorX) *
this.hero.width - this.stickWidth;
            this.secondLand.setPosition(range+this.firstLand.width,0);
```

```
        // 注册事件
        this.registerEvent();
        // 初始角色动画
        var ani = gameDirector.hero.getComponent(cc.Animation);
        ani.on('stop',(event)=>{
            if(event.target.name =='heroTick'){
                fsm.stickFall();
            }
        });
    },
    // 注册事件
    registerEvent(){
        // 开始触摸
        this.canvas.on(cc.Node.EventType.TOUCH_START, this.touchStart.bind
(this), this.node);
        // 结束触摸
        this.canvas.on(cc.Node.EventType.TOUCH_END,this.touchEnd.bind
(this), this.node);
        // 取消触摸
        this.canvas.on(cc.Node.EventType.TOUCH_CANCEL,this.touchCancel.
bind(this), this.node);
        console.log("on");
    },
    // 注销事件
    unregisterEvent(){
        this.canvas.targetOff(this.node);
        console.log("off");
    },
    // 刷新
    update(dt){
        // console.log(dt);
        // 棍子的变化：速度、长度
        if(this.stickLengthen){
            this.stick.height += dt*this.stickSpeed;
            // this. stick. height = this. currentLandRange + this.
            // secondLand.width/2;
        }
    },
    // 开始触摸
    touchStart(event){
        fsm.stickLengthen();
        cc.log("touchStart");
    },
    // 结束触摸
    touchEnd(event){
        fsm.heroTick();
        cc.log("touchEnd");
```

```
    },
    // 取消触摸
    touchCancel(){
        this.touchEnd();
        cc.log("touchCancel");
    },
    // 棍子和角色下落
    stickAndHeroDownAction(callFunc){
        // 棍子下落
        var stickAction = cc.rotateBy(0.5, 90);
        stickAction.easing(cc.easeIn(3));
        this.stick.runAction(stickAction);
        // 角色下落
        var heroAction = cc.moveBy(0.5,cc.p(0,-300 - this.hero.height));
        heroAction.easing(cc.easeIn(3));
        var seq =cc.sequence(heroAction,callFunc);
        this.hero.runAction(seq);
    },
    // 角色移动
    heroMove(target,data){
        // 为角色添加动作：移动到指定地点
        // 移动时间
        var time = data.length/this.heroMoveSpeed;
        // 移动到指定地点
        var heroMove = cc.moveBy(time,cc.p(data.length,0));
        if(data.callFunc){
            var se =cc.sequence(heroMove,data.callFunc);
            this.hero.runAction(se);
        }else{
            this.hero.runAction(heroMove);
        }
    },
    // 高台的创建和移动
    landCreateAndMove(callFunc) {
        var winSize = cc.director.getWinSize();
        // 第一个高台
        var length = this.currentLandRange + this.secondLand.width;
        this.runLength +=length;
        var action = cc.moveBy(this.moveDuration,cc.p(-length,0));
        this.node.runAction(action);
        this.firstLand = this.secondLand;
        // 创建高台
        this.createNewLand();
        // 高台范围
        var range = this.getLandRange();
        // 第二个高台
        this.secondLand.setPosition(this.runLength+winSize.width,0);
```

```
            var l = winSize.width - range - this.heroWorldPosX - this.
hero.width * this.hero.anchorX - this.stickWidth;
            var secondAction = cc.moveBy(this.moveDuration,cc.p(-l,0));
            var seq =cc.sequence(secondAction,callFunc);
            this.secondLand.runAction(seq);
        },
        // 创建棍子
        createStick(){
            cc.log("sc");
            // 创建棍子
            var stick = spriteCreator.createStick(this.stickWidth);
            stick.parent = this.node;
            return stick
        },
        // 创建新高台
        createNewLand() {
            // 创建不同宽度的高台
            this.secondLand = spriteCreator.createNewLand(this.getLandWidth());
            this.secondLand.parent = this.node;
        },
        // 获取高台的范围
        getLandRange(){
            this.currentLandRange = this.landRange.x +(this.landRange.y -
this.landRange.x)*Math.random();
            var winSize = cc.director.getWinSize();
            // 当前高台范围
            if(winSize.width < this.currentLandRange + this.heroWorldPosX +
this.hero.width + this.secondLand.width){
                this.currentLandRange = winSize.width - this.heroWorldPosX -
this.hero.width - this.secondLand.width;
            }
            return this.currentLandRange;
        },
        // 获取高台的宽度
        getLandWidth(){
            return this.landWidth.x + (this.landWidth.y - this.landWidth.x)*
Math.random();
        }
    });
    // 供外部使用
    module.exports = fsm;
```

代码解读：

- 触摸生成棍子后，角色行走；
- 角色行走是否成功，以及对成功、失败的处理；
- 角色行走过的高台的处理，新的高台的出现。

（4）实现游戏关卡提示。添加脚本文件 perfectLabel.js，并将该脚本文件添加到 MainScene 场景的 PerfectLabel 节点上。

🎯 **思考**：游戏关卡提示的显示与隐藏。

```javascript
// 关卡提示脚本
cc.Class({
    extends: cc.Component,
    // 声明
    properties: {
    },
    // use this for initialization
    onLoad: function () {
        // 关卡提示动画
        this.anim = this.node.getComponent(cc.Animation);
        // 关卡文本
        this.label = this.node.getComponent(cc.Label);
    },
    // 显示关卡提示：显示或隐藏
    showPerfect(count){
        // 关卡提示文本
        this.label.string = "Perfect x" + count;
        // 渐显
        var fadeInAction = cc.fadeIn(0.1);
        // 移动指定的距离
        var moveAction = cc.moveBy(1,cc.p(0,0));
        // 渐隐
        var fadeOutAction = cc.fadeOut(0);
        // 按顺序调用关卡提示
        var seq = cc.sequence(fadeInAction,moveAction,fadeOutAction);
        // 执行动作
        this.node.runAction(seq);
        // 网页预览运行，花屏、报错
        // this.anim.play("perfect_anim");
    },
    // 移除关卡提示
    removeLabel(){
        // this.node.x = -100;
        // this.node.y = -100;
        cc.log("removeLabel");
    },
    // 显示关卡文本
    showLabel(){
        // this.node.x = cc.director.getWinSize().width/2;
        // this.node.y = cc.director.getWinSize().height/2;
        cc.log("showLabel");
    }
});
```

代码解读：

- 封装一个关卡提示脚本，控制关卡显示或隐藏。
- 通过控制关卡提示窗口的位置（移动关卡提示窗口，离开屏幕、显示在屏幕）实现关卡的实现或隐藏。

（5）实现游戏最高分显示。先将游戏的最高分存储到本地，玩游戏的时候再从本地读取。添加脚本文件 storageManager.js。

🔲 思考：游戏最高分的管理（存储、读取）。

```
// 分数存储管理脚本
var storageManager = (function (){
    var spriteFrameCache = null;
    // 是否有最高分
    if(!cc.sys.localStorage.highestScore)
    {
        // 没有最高分设置为0分
        cc.sys.localStorage.highestScore = 0;
    }
    return {
        // 获取最高分数
        getHighestScore:function(){
            // 读取分数
            return cc.sys.localStorage.highestScore;
        },
        // 设置最高分数
        setHighestScore:function(score){
            // 存储分数
            cc.sys.localStorage.highestScore = score;
        }
    };
})();
// 供外部使用
module.exports = storageManager;
```

代码解读：游戏分数管理文本，主要定义分数的本地存储和读取方法，供项目中其他文本使用。

（6）实现整个游戏的主脚本文件 landMaker.js 的编写。

🔲 思考：

- 游戏关卡提示。
- 游戏最高得分管理。
- 游戏结束。

```
// 主游戏脚本文件
// 引用脚本文件
```

```
    // 制作高台、棍子脚本
    var spriteCreator = require("spriteCreator");
    // 关卡提示脚本
    var perfectLabel = require("perfectLabel");
    // 最高分管理脚本
    var storageManager = require("storageManager");
    var fsm = new StateMachine({
        data:{
            gameDirector:null,
        },
        // 初始
        init: 'stand',
        // 过渡
        transitions:[
            {name:'stickLengthen',from:'stand',to:'stickLengthened'},
            {name:'heroTick',from:'stickLengthened',to:'heroTicked'},
            {name:'stickFall',from:'heroTicked',to:'stickFalled'},
            {name:'heroMoveToLand',from:'stickFalled',to:'heroMovedToLand'},
            {name:'landMove',from:'heroMovedToLand',to:'stand'},
            {name:'heroMoveToStickEnd',from:'stickFalled',to:'heroMovedToStickEnd'},
            {name:'heroDown',from:'heroMovedToStickEnd',to:'heroDowned'},
            {name:'gameOver',from:'heroDowned',to:'end'},
            {name:'restart',from:'end',to:'stand'},
        ],
        // 方法
        methods:{
            // 角色离开棍子
            onLeaveHeroTicked(){
                // 注销
                gameDirector.unregisterEvent();
            },
            // 棍子长度变化
            onStickLengthen(){
                gameDirector.stickLengthen = true;
                gameDirector.stick = gameDirector.createStick();
                gameDirector.stick.x = gameDirector.hero.x + gameDirector.
hero.width * (1-gameDirector.hero.anchorX) + gameDirector.stick.width *
gameDirector.stick.anchorX;
                // 调用 heroPush 动画
                var ani = gameDirector.hero.getComponent(cc.Animation);
                ani.play('heroPush');
            },
            // 角色在高台中心
            onHeroTick(){
                gameDirector.stickLengthen = false;
                // 调用 heroTick 动画
```

```
            var ani = gameDirector.hero.getComponent(cc.Animation);
            ani.play('heroTick');
        },
    // 棍子落下
    onStickFall(){
        // 棍子落下处理
        var stickFall = cc.rotateBy(0.5, 90);
        stickFall.easing(cc.easeIn(3));
        var callFunc = cc.callFunc(function(){
            var stickLength = gameDirector.stick.height-gameDirector.
stick.width * gameDirector.stick.anchorX;
            // 操作是否成功
            if(stickLength < gameDirector.currentLandRange || stickLength >
gameDirector.currentLandRange+gameDirector.secondLand.width){//failed.
                // 操作失败
                // 英雄离开棍子
                fsm.heroMoveToStickEnd();
            }else{
                // 操作成功
                fsm.heroMoveToLand();
                if(stickLength   >   gameDirector.currentLandRange   +
gameDirector. secondLand.width/2-5
                    &&stickLength  <  gameDirector.currentLandRange  +
gameDirector.secondLand.width/2+5){
                    // 改变关卡
                    gameDirector.perfect ++;
                    // 分数
                    gameDirector.getScore(gameDirector.perfect);
                    var  pl  =  gameDirector.perfectLabel.getComponent
(perfectLabel);
                    // 显示关卡提示
                    pl.showPerfect(gameDirector.perfect);
                }else{
                    // 关卡提示
                    gameDirector.perfect = 0;
                }
            }
        });
        // 按顺序执行
        var se =cc.sequence(stickFall,callFunc);
        gameDirector.stick.runAction(se);
    },
    // 角色在高台上行走
    onHeroMoveToLand(){
        var ani = gameDirector.hero.getComponent(cc.Animation);
        var callFunc = cc.callFunc(function(){
            // 停止动画
```

```
            ani.stop('heroRun');
            // 获取分数
            gameDirector.getScore();
            // 高台移动
            fsm.landMove();
        });
        // 执行动画
        ani.play('heroRun');
        // 角色移动
        gameDirector.heroMove(gameDirector.hero,{length: gameDirector.
currentLandRange+gameDirector.secondLand.width,callFunc:callFunc});
    },
    // 高台移动
    onLandMove(){
        var callFunc = cc.callFunc(function(){
            // 注册事件
            gameDirector.registerEvent();
        });
        // 高台创建和移动
        gameDirector.landCreateAndMove(callFunc);
    },
    // 角色走到棍子尽头
    onHeroMoveToStickEnd(){
        var ani = gameDirector.hero.getComponent(cc.Animation);
        var callFunc = cc.callFunc(function(){
            // 停止动画
            ani.stop('heroRun');
            // 角色落下（落地）
            fsm.heroDown();
        });
        // 执行动画
        ani.play('heroRun');
        // 角色移动
        gameDirector.heroMove(gameDirector.hero,{length: gameDirector.
stick.height,callFunc:callFunc});
    },
    // 角色落下（落地）
    onHeroDown(){
        var callFunc = cc.callFunc(function(){
            // 游戏结束
            fsm.gameOver();
        });
        // 对角色、棍子进行处理
        gameDirector.stickAndHeroDownAction(callFunc);
    },
    // 游戏结束
```

```
        onGameOver(){
            // 显示游戏结束根节点
            gameDirector.overLabel.node.active = true;
        },
        // 重新开始游戏
        onRestart(){
            // 重新进入主游戏场景
            cc.director.loadScene("MainGameScene");
        }
    }
});
var gameDirector = null;
cc.Class({
    extends: cc.Component,
    // 声明
    properties: {
        // 高台范围
        landRange:cc.v2(20,300),
        // 高台宽度
        landWidth:cc.v2(20,200),
        // 角色
        hero:cc.Node,
        // 第一个高台
        firstLand:cc.Node,
        // 第二个高台
        secondLand:cc.Node,
        // 移动时间间隔
        moveDuration:0.5,
        // 棍子生成的速度
        stickSpeed:400,
        // 角色移动速度
        heroMoveSpeed:400,
        // stick:cc.Node,
        // stickLengthen:false,
        // 棍子宽度
        stickWidth:6,
        // 根节点
        canvas:cc.Node,
        // 分数
        scoreLabel:cc.Label,
        // 最高得分
        hightestScoreLabel:cc.Label,
        // 游戏结束
        overLabel:cc.Label,
        // 关卡
        perfectLabel:cc.Node
```

```
    },
    // 初始化
    onLoad: function () {
        // init data
        // alert(storageManager.getHighestScore());
        gameDirector = this;
        this.runLength = 0,
        // 棍子
        this.stick = null;
        this.stickLengthen = false;
        // 得分
        this.score = 0;
        // 关卡
        this.perfect = 0;
        // 当前高台范围
        this.currentLandRange = 0;
        this.heroWorldPosX = 0;
        // 改变最高得分
        this.changeHightestScoreLabel();
        // 创建新的高台
        this.createNewLand();
        var range = this.getLandRange();
        this.heroWorldPosX = this.firstLand.width - (1-this.hero.anchorX) *
this.hero.width - this.stickWidth;
        this.secondLand.setPosition(range+this.firstLand.width,0);
        // 注册事件
        this.registerEvent();
        // 初始角色动画
        var ani = gameDirector.hero.getComponent(cc.Animation);
        ani.on('stop',(event)=>{
            if(event.target.name =='heroTick'){
                fsm.stickFall();
            }
        });
    },
    // 注册事件
    registerEvent(){
        // 开始触摸
        this.canvas.on(cc.Node.EventType.TOUCH_START,  this.touchStart.bind
(this), this.node);
        // 结束触摸
        this.canvas.on(cc.Node.EventType.TOUCH_END,this.touchEnd.bind
(this), this.node);
        // 取消触摸
        this.canvas.on(cc.Node.EventType.TOUCH_CANCEL,this.touchCancel. bind
(this), this.node);
        console.log("on");
```

```
    },
    // 注销事件
    unregisterEvent(){
        this.canvas.targetOff(this.node);
        console.log("off");
    },
    // 刷新
    update(dt){
        // console.log(dt);
        // 棍子的变化：速度、长度
        if(this.stickLengthen){
            this.stick.height += dt*this.stickSpeed;
            // this. stick. height = this.currentLandRange + this.
secondLand.width/2;
        }
    },
    // 开始触摸
    touchStart(event){
        fsm.stickLengthen();
        cc.log("touchStart");
    },
    // 结束触摸
    touchEnd(event){
        fsm.heroTick();
        cc.log("touchEnd");
    },
    // 取消触摸
    touchCancel(){
        this.touchEnd();
        cc.log("touchCancel");
    },
    // 棍子和角色下落
    stickAndHeroDownAction(callFunc){
        // 棍子下落
        var stickAction = cc.rotateBy(0.5, 90);
        stickAction.easing(cc.easeIn(3));
        this.stick.runAction(stickAction);
        // 角色下落
        var heroAction = cc.moveBy(0.5,cc.p(0,-300 - this.hero.height));
        heroAction.easing(cc.easeIn(3));
        var seq =cc.sequence(heroAction,callFunc);
        this.hero.runAction(seq);
    },
    // 角色移动
    heroMove(target,data){
        // 为角色添加动作：移动到指定地点
        // 移动时间
```

```
            var time = data.length/this.heroMoveSpeed;
            // 移动到指定地点
            var heroMove = cc.moveBy(time,cc.p(data.length,0));
            if(data.callFunc){
                var se =cc.sequence(heroMove,data.callFunc);
                this.hero.runAction(se);
            }else{
                this.hero.runAction(heroMove);
            }
        },
        // 高台的创建和移动
        landCreateAndMove(callFunc) {
            var winSize = cc.director.getWinSize();
            // 第一个高台
            var length = this.currentLandRange + this.secondLand.width;
            this.runLength +=length;
            var action = cc.moveBy(this.moveDuration,cc.p(-length,0));
            this.node.runAction(action);
            this.firstLand = this.secondLand;
            // 创建高台
            this.createNewLand();
            // 高台范围
            var range = this.getLandRange();
            // 第二个高台
            this.secondLand.setPosition(this.runLength+winSize.width,0);
            var l = winSize.width - range - this.heroWorldPosX - this. hero.
width * this.hero.anchorX - this.stickWidth;
            var secondAction = cc.moveBy(this.moveDuration,cc.p(-l,0));
            var seq =cc.sequence(secondAction,callFunc);
            this.secondLand.runAction(seq);
        },
        // 创建棍子
        createStick(){
            cc.log("sc");
            // 创建棍子
            var stick = spriteCreator.createStick(this.stickWidth);
            stick.parent = this.node;
            return stick
        },
        // 创建新高台
        createNewLand() {
            // 创建不同宽度的高台
            this.secondLand = spriteCreator.createNewLand(this.getLandWidth());
            this.secondLand.parent = this.node;
        },
        // 获取得分
        getScore(num) {
```

```
            // 得分变化
            if(num){
                this.score += num;
            }else{
                this.score++;
            }
            // 更改最高得分
            if(storageManager.getHighestScore()<this.score){
                storageManager.setHighestScore(this.score);
                this.changeHightestScoreLabel();
            }
            // 显示得分
            this.scoreLabel.string = "得分:"+this.score;
        },
        // 改变最高得分
        changeHightestScoreLabel(){
            this.hightestScoreLabel.string = "最高分:" + storageManager.
getHighestScore();
        },
        // 获取高台的范围
        getLandRange(){
            this.currentLandRange = this.landRange.x +(this.landRange.y -
this.landRange.x)*Math.random();
            var winSize = cc.director.getWinSize();
            // 当前高台范围
            if(winSize.width < this.currentLandRange + this.heroWorldPosX +
this.hero.width + this.secondLand.width){
                this.currentLandRange = winSize.width - this.heroWorldPosX -
this.hero.width - this.secondLand.width;
            }
            return this.currentLandRange;
        },
        // 获取高台的宽度
        getLandWidth(){
            return this.landWidth.x + (this.landWidth.y - this.landWidth.x)*
Math.random();
        }
    });
    // 供外部使用
    module.exports = fsm;
```

代码解读：

- 判断角色是否死亡，以及对角色死亡的处理。
- 引用游戏关卡脚本，实现关卡提示。
- 引用游戏分数管理脚本，存储并读取游戏得分。
- 这是一种新的代码管理方式，将游戏中所有的功能放置在一个脚本中供外部使用，方便管理游戏中的功能，降低了耦合性，但读取代码的难度有所增加。

（7）运行模拟器查看整个主游戏页面效果。

（8）实现游戏结束后再玩一局。添加脚本文件 again.js，并将该脚本文件添加到节点 GameOver 上。

```
// 游戏结束脚本
// 引用脚本文件
var fsm =require("landMaker");
cc.Class({
    extends: cc.Component,
    // 声明
    properties: {
        // 再来一局
      button:{
          default:null,
          type:cc.Node
      }
    },
    // use this for initialization
    onLoad: function () {
        // 单击再来一局
        this.button.on("touchstart",function(){
            // 调用 fsm 方法
            fsm.restart();
        });
    },
    // called every frame, uncomment this function to activate update
callback
     //update: function (dt) {
    // },
 });
```

代码解读：再玩一局游戏，实现按钮单击方法，重置游戏初始状态。

（9）运行模拟器可查看整个游戏效果。